水资源与城市供水安全

王　琳　王　丽　黄绪达　著

科学出版社
北　京

内 容 简 介

本书针对供水安全设计调查方法与调查问卷，对山东省利用黄河水的城市供水安全情况进行了调查，形成了调查情况分析。开发了饮用水供应链水质关键控制因子（KCFs）筛选系统，利用该系统对不同供水形式进行了水源地与供应链的风险评估，既有黄河引水渠的风险评估、水源地风险评估，也有含海水淡化水的供应系统的风险评估，为城市供水系统的风险管控提供了技术参考。

大量的实践案例，为工程设计人员和城市供水系统管理人员进行城市供水系统风险管理和风险防控技术路径选择提供了参考。

图书在版编目(CIP)数据

水资源与城市供水安全／王琳，王丽，黄绪达著．—北京：科学出版社，2021. 12

ISBN 978-7-03-070159-6

Ⅰ. ①水…　Ⅱ. ①王…　②王…　③黄…　Ⅲ. ①水资源管理-研究-中国　②城市供水-研究-中国　Ⅳ. ①TV213. 4②TU991

中国版本图书馆 CIP 数据核字（2021）第 218924 号

责任编辑：霍志国／责任校对：杜子昂
责任印制：吴兆东／封面设计：东方人华

科学出版社 出版

北京东黄城根北街 16 号
邮政编码：100717
http://www.sciencep.com

北京中科印刷有限公司 印刷

科学出版社发行　各地新华书店经销

*

2021 年 12 月第　一　版　开本：720×1000　1/16
2021 年 12 月第一次印刷　印张：17 1/4
字数：340 000

定价：118.00 元

（如有印装质量问题，我社负责调换）

前　言

水质安全是我国供水行业关注度高和管控难度大的关键问题，根据有关专家估计，已经有96000种有机物通过不同途径进入人类环境，包括水环境。到目前为止，全世界生活用水中已测定出765种有害污染物。

供水系统的安全情况如何，我们团队于2017年参与专项调查，通过问卷调查等方式，对山东地区的饮水安全情况进行了调查，形成了调查报告。山东城市供水水源情况复杂，有水库水、地下水、引黄河水和海水淡化水。对于水源供水系统安全评估难度大，为此我们开发了饮用水供应链水质关键控制因子（KCFs）筛选系统，计算机软件著作权申请了国家发明专利：一种可以用于饮用水风险因子识别的关键控制因素筛选方法（2021年受理）。承担了即墨市饮用水水源地水安全与健康风险评价政府采购项目；完成了山东省科技专项“山东引黄饮用水水质安全评价及影响溯源方法的研究（2016GSF117018）”；参与了国家重点研发计划“水资源高效开发利用”重点专项，“滨海城市海水淡化综合利用技术研究及应用”；承担了淡化海水纳入城市供水系统水质风险评估与防控技术，淡化海水纳入城市供水系统水质安全保障技术研究（2018YFC0408004）。

利用关键控制因素筛选方法对山东省不同供水形式、海水淡化水纳入城市供水系统进行了风险评估，识别出关键控制因子，为不同供水系统的安全管控提供了技术支持。

在软件开发与应用的过程中，完成承担的科研任务，培养博士2名，硕士3名，他们分别承担完成了水源地风险评估、供水系统风险识别和海水纳入城市供水的安全风险评估。研究为供水安全保障提供了科学依据和重要参考，补充了该领域空白。

作　者

2021年6月

前言

目　　录

前言
第 1 章　饮用水水质安全 …… 1
1.1　山东省居民饮用水安全调查 …… 1
1.2　水源地状况与饮用水水源水质 …… 5
1.2.1　水源地现状 …… 5
1.2.2　水源地水质 …… 6
1.3　水源地污染防治 …… 15
1.3.1　山东省水源地保护面临的问题 …… 18
1.3.2　保障饮水安全措施 …… 23
1.4　山东省饮用水净化处理水平与供应能力 …… 24
1.4.1　公共供水能力 …… 24
1.4.2　饮用水净化处理水平与规模 …… 25
1.4.3　供水管网 …… 28
1.4.4　出厂水与管网水水质 …… 30
1.4.5　饮用水净化处理与供应的主要问题 …… 34
1.4.6　提高饮用水净化处理与供应水平 …… 35
1.5　山东省饮用水监督管理体系 …… 36
1.5.1　饮用水监督管理现状 …… 36
1.5.2　饮用水水质的监测和评价体系 …… 42
1.5.3　饮用水监督与管理的主要问题 …… 46
1.5.4　完善饮用水监督管理体系的措施 …… 47
1.6　小结 …… 48
参考文献 …… 49
第 2 章　山东省居民饮水安全 KAP 调查 …… 53
2.1　调查问卷与调查方式 …… 54
2.1.1　问卷发放与回收 …… 54
2.1.2　受访居民基本特征 …… 55
2.1.3　调查结果统计与分析 …… 56

2.1.4 不同人群饮水 KAP 的区别 …… 62
2.1.5 饮用黄河水对居民 KAP 的影响 …… 68
2.2 调查结论 …… 74
参考文献 …… 74
第3章 水源地变迁与水源地水质安全 …… 78
3.1 水源地变迁 …… 78
3.2 供水工艺改造升级 …… 83
3.2.1 泉水水质优良，直接取水 …… 83
3.2.2 水库水供水，常规处理工艺 …… 85
3.2.3 玉清水厂工艺改造升级 …… 86
3.3 水源地水质安全评价方法 …… 88
3.3.1 综合指数法 …… 88
3.3.2 水污染指数法 …… 89
3.3.3 主成分分析法 …… 89
3.3.4 聚类分析 …… 90
3.3.5 层次分析法 …… 90
3.3.6 灰色系统法 …… 90
3.3.7 人工神经网络法 …… 91
3.4 即墨市水源地水质安全评价 …… 92
3.4.1 即墨市城乡饮用水水源地基础环境 …… 92
3.4.2 城镇饮用水水源地水质评价 …… 99
3.4.3 饮用水水源地富营养化评价 …… 103
3.4.4 水质健康风险评价 …… 110
3.4.5 水质污染风险评价 …… 120
3.4.6 水源地水安全评价 …… 133
3.5 小结 …… 148
参考文献 …… 148
第4章 饮用水供水系统的安全风险识别 …… 153
4.1 水质风险识别方法 …… 153
4.2 关键控制因子（KCFs）模型 …… 157
4.2.1 基本原理 …… 157
4.2.2 分模型 …… 158
4.2.3 分析步骤 …… 160

4.2.4　KCFs 模型软件的开发 …… 164
4.2.5　KCFs 模型结果的应用 …… 168
4.2.6　KCFs 模型所做的改进与优点 …… 169
4.2.7　KCFs 模型开发方向与待提高的环节 …… 172
4.3　山东引黄饮用水供应链水质安全风险筛查 …… 172
4.3.1　研究对象 …… 172
4.3.2　研究方法 …… 174
4.3.3　KCFs 模型在引黄饮用水水质安全风险筛查中的意义 …… 174
4.3.4　引黄饮用水中的关键控制因子 …… 174
4.4　泰安城区饮用水供应系统水质安全风险筛查 …… 177
4.4.1　研究对象 …… 177
4.4.2　研究方法 …… 182
4.4.3　水质指标的检出情况分析 …… 182
4.4.4　长期 KCFs 的识别 …… 184
4.4.5　短期 KCFs 的识别 …… 189
4.4.6　泰安城区饮用水供水系统水质安全风险清单 …… 193
4.5　引黄济青工程集水区水质安全风险筛查 …… 195
4.5.1　研究对象 …… 196
4.5.2　研究方法 …… 197
4.5.3　KCFs 的识别及风险分析 …… 197
4.5.4　南水北调水与黄河水的影响对比 …… 201
4.5.5　水质风险因子与安全影响清单 …… 202
参考文献 …… 203
第 5 章　青岛市水源水质安全评价与供水系统安全风险识别 …… 210
5.1　水源地水质安全评价 …… 214
5.1.1　水质安全评价方法 …… 214
5.1.2　青岛地表水源水质安全评价 …… 218
5.2　供水系统风险识别 …… 224
5.2.1　供水系统风险识别方法 …… 224
5.2.2　引黄饮用水供水系统风险识别 …… 228
5.2.3　饮用水供水系统风险识别 …… 231
5.2.4　青岛网状供水系统风险清单 …… 239
5.3　主要结论 …… 239

参考文献 ······ 240
第 6 章 海水淡化水纳入城市供水系统水质风险评估 ······ 243
6.1 海水淡化水利用途径 ······ 243
6.2 海水淡化供水系统概况 ······ 244
6.3 海水淡化水纳入城市供水系统水质风险评估 ······ 244
6.3.1 海水淡化水纳入城市供水系统水质风险评估方法 ······ 245
6.3.2 海水淡化水纳入城市供水系统水质风险筛选与分析 ······ 250
6.3.3 海水淡化水纳入城市供水系统水质风险清单 ······ 260
参考文献 ······ 261

第1章　饮用水水质安全

水是一个古老的概念，是比人类更老的物质存在。水起源于地球，演化于初期，几乎与地球“同龄”。人类起源距今只有短短的数百万年，人类对水的认识过程是漫长而复杂的，这其中既有理性的思辨和科学的剖析，也有宗教的宣扬或迷信的蛊惑。水在古希腊语中称为ARCHE，原意是“万物之母”。早在公元前7世纪左右，古希腊哲学家泰勒斯就指出：水是形成万物的始因，一切均由水产生，最后还原于水。

水安全包括水量安全和水质安全，水质安全是公众健康的基础。饮用水安全关系到城乡居民身体健康，影响经济社会的可持续发展，是国家发展程度和城市居民生活质量的重要标志之一[1,2]。2015年供水系统水污染、水源污染、水处理系统等基础设施不足，导致全世界1800万人死亡[3]。我国人口增加和经济快速发展导致一系列环境问题，尤其是水环境问题，每年400亿t水短缺，80%湖泊富营养化，40%河流严重污染[4]。按照城市水质指数，大部分北方城市水质从较差到差，只有部分南方或者西南城市的水质较好或者优良。近年来，国内外饮用水安全事件频发[5-7]，凸显饮用水水源保护和饮用水供水系统管理等方面存在诸多问题，水质污染状况不容乐观，供需矛盾突出。

山东省是中国的人口和经济大省，保障该省居民饮用水安全对中国的社会和经济稳定有重大意义。近年来，学者针对山东居民饮用水安全进行了研究[1,8-10]，包括安全管理、法律法规、污染防治和安全评价等方面。本章对山东省饮用水供应安全状况进行全面调查，在资料收集与实地调查、取样分析、问卷调查和科学评价的基础上，并就安全管理、法律法规、污染防治、风险分析和管理结构等方面全面分析评价了山东省饮用水供应安全状况。

1.1　山东省居民饮用水安全调查

保证水质和水量是评价饮用水是否安全的基本标准[10]。饮用水水质直接关系到饮用者的健康。调查一个地区饮用水供应是否安全，主要通过以下方法：资料收集与实地勘察、监测与评价和问卷调查。通过对某个地区供水系统各环节进行资料收集与实地勘察，了解该地区饮用水的供水状况，分析其安全水平，指出其面临的主要问题，提出建议和措施，是饮用水安全调查的常用手段之一。

通过调查山东省总体水资源状况、饮用水水源地保护状况、饮用水处理水平、供水设施状况和饮用水水质监测数据等，评价山东省城乡居民饮用水安全水平和供水水质保障能力，分析影响居民饮用水安全的主要成因；通过调查山东省饮用水监督管理体制，总结山东省在饮用水污染防治方面累积的经验和存在的问题；通过问卷调查形式，了解山东省城乡居民对饮用水水质的满意度、水质安全和污染防治工作的了解程度及对相关工作的要求和愿望；以调查得出的总结为依据，提出山东省城乡居民饮用水水质安全保障和污染防治建议，进而为居民饮用水安全管理和风险防控提供切实可行的方案。

2015 年在山东省全面展开，通过实地调研、现场检测和问卷调查三种手段，获取山东省饮用水供应安全的基础资料。

1. 实地调研

赴山东省 9 地市 23 个县区实地调查，走访了各地与饮用水供应安全相关的政府单位、供水企业及居民，包括 12 个居民小区、11 个村庄和 4 个大学校区的居民点，18 个水源地、18 家净水厂和 2 处农村取水点等水务单位，实地调研对象汇总见表 1. 1。

表 1.1 实地调研对象汇总

地市	县区市	居民小区	村庄	校区	水厂	水源地
济南	章丘市、历城区、长清区、槐荫区、天桥区	王官庄小区、青龙山小区、建大花园、名士豪庭	塔窝村、朝阳村	山东建筑大学、商职学院	玉清水厂、鹊华水厂	狼猫山水库、玉清湖水库、鹊山水库
莱芜	莱城区、钢城区	滨河花苑、吕家花园小区	邢家峪村、涝洼村、西下游村	/	鹏山水厂、城源净水厂	乔店水库、雪野水库
泰安	岱岳区、泰山区	恒基·都市森林、广电家园、恒基·尚品	东武村、宋家庄村、东燕村	/	三合水厂、泉河水厂	黄前水库、东武水源地
滨州	滨城区、阳信县	泰山名郡、恒泰家园	赵集前街村	/	东郊水厂、秦台水厂、阳信城乡净水厂	东郊水库、秦台水库、幸福水库、仙鹤水库
烟台	芝罘区、福山区	/	/	/	宫家岛水厂	门楼水库
威海	文登市、环翠区、荣成市	/	学福村	/	崮山水厂	米山水库

续表

地市	县区市	居民小区	村庄	校区	水厂	水源地
青岛	崂山区、城阳区、市北区	/	/	中国海洋大学	仙家寨水厂、白沙河水厂	崂山水库
聊城	东昌府区、高唐县	/	董楼村	聊城大学	东郊水厂、金水湖供水中心、唐王水厂	东阿水源地、谭庄水库、唐王水库
济宁	兖州市、任城区	人和佳苑	/	/	高新水厂、大安水站	城北水源地

2. 现场检测

2015年7~8月对山东省6个地市的24处监测点位的水质进行了检测。检测点位包括9处水源水（地表水6处、地下水3处）、5家水厂的出厂水以及10处居民入户水，涵盖了饮用水水源地上游、地表水及地下水水源地、水厂出厂水、城乡居民水龙头，检测结果分别代表了水源水、出厂水和管网末梢水的水质。同一地市的监测点位均为同一饮用水处理供应流程的上下游。检测指标共计34项，涵盖了微生物指标、毒理指标、感观指标以及一般化学指标。本次监测的具体监测点位与项目见表1.2。

表1.2 现场检测点位与监测项目布置

序号	地区	检测点	监测项目
1	济南	塔窝村取水机井	基本监测项目、粪大肠菌群
2		塔窝村村民家水窖内	基本监测项目、粪大肠菌群、耐热大肠菌群、色度、嗅和味、余氯
3		黄河玉清湖水库引水渠入口	基本监测项目、总氮、总磷、粪大肠菌群、邻苯二甲酸二丁酯、邻苯二甲酸二（2-乙基己基）酯、苯并［*a*］芘
4		玉清湖水库取水口	基本监测项目、总氮、总磷、粪大肠菌群、邻苯二甲酸二丁酯、邻苯二甲酸二（2-乙基己基）酯、苯并［*a*］芘
5		玉清水厂出水口	基本监测项目、邻苯二甲酸二丁酯、邻苯二甲酸二（2-乙基己基）酯、苯并［*a*］芘、总氮、总磷、色度、嗅和味、余氯
6		名士豪庭高区居民水龙头	基本监测项目、总氮、总磷、邻苯二甲酸二丁酯、邻苯二甲酸二（2-乙基己基）酯、苯并［*a*］芘、耐热大肠菌群、色度、嗅和味、余氯

续表

序号	地区	检测点	监测项目
7	济南	名士豪庭低区居民水龙头	基本监测项目、总氮、总磷、耐热大肠菌群、色度、嗅和味、余氯
8	滨州	幸福水库取水口	基本监测项目、总氮、总磷、粪大肠菌群
9		阳信城乡净水厂出水口	基本监测项目、总氮、总磷、色度、嗅和味、余氯
10		恒泰家园居民水龙头	基本监测项目、总氮、总磷、耐热大肠菌群、色度、嗅和味、余氯
11		赵集前街村居民水龙头	基本监测项目、总氮、总磷、耐热大肠菌群、色度、嗅和味、余氯
12	济宁	城北水源地	基本监测项目
13		高新水厂	基本监测项目、耐热大肠菌群、色度、嗅和味、余氯
14		人和佳苑高区居民水龙头	基本监测项目、耐热大肠菌群、色度、嗅和味、余氯
15		人和佳苑低区居民水龙头	基本监测项目、耐热大肠菌群、色度、嗅和味、余氯
16	聊城	谭庄水库取水口	基本监测项目、总氮、总磷、粪大肠菌群
17		金水湖供水站出水口	基本监测项目、总氮、总磷、色度、嗅和味、余氯
18		朱老庄镇政府院内	基本监测项目、总氮、总磷、耐热大肠菌群、色度、嗅和味、余氯
19	威海	荣成市阜柳镇学福村取水机井	基本监测项目、粪大肠菌群、耐热大肠菌群、色度、嗅和味
20		学福村饮用水净化装置取水	基本监测项目、粪大肠菌群、耐热大肠菌群、色度、嗅和味、余氯
21	青岛	崂山水库入口	基本监测项目、总氮、总磷、粪大肠菌群
22		崂山水库取水口	基本监测项目、总氮、总磷、粪大肠菌群
23		仙家寨水厂出水口	基本监测项目、总氮、总磷、色度、臭和味、余氯
24		中国海洋大学崂山校区学生宿舍水龙头	基本监测项目、总氮、总磷、耐热大肠菌群、色度、嗅和味、余氯

注：基本监测项目为水温、氨氮、高锰酸盐指数、总大肠菌群、pH、总硬度、硫酸盐、氯化物、铁、锰、铜、锌、挥发酚、氟化物、氰化物、砷、汞、镉、铅、六价铬、硝酸盐氮、亚硝酸盐氮共22项。

1.2　水源地状况与饮用水水源水质

1.2.1　水源地现状

生活饮用水水源是取自地表水或地下水，经处理后用于生活饮用的水体。作为饮用水生产的原料，其水质对饮用水质起着决定性作用。饮用水水源地涵盖了提供城镇居民生活及公共服务用水（如政府机关、企事业单位、医院、学校、餐饮业、旅游业等用水）取水工程的水源地，包括河流、湖泊、水库、地下水等多种形式。

1. 集中式饮用水水源地

集中式饮用水水源地是指供水人口数大于1000人的饮用水水源地。在管理上，分为地级以上集中式饮用水水源地、县级及乡镇集中式饮用水水源地和小型自备井。

（1）地级以上集中式饮用水水源地

山东省重要的地级以上集中式饮用水水源地约有50处，是城市供水的主要水源。地级以上集中式饮用水水源地2011—2013年总取水量分别约为126405.40万t、141035.56万t、141789.42万t，总服务人口分别为1389.18万人、1728.44万人、1655.02万人。2011—2013年地级以上集中式饮用水水源地供水情况见图1.1。

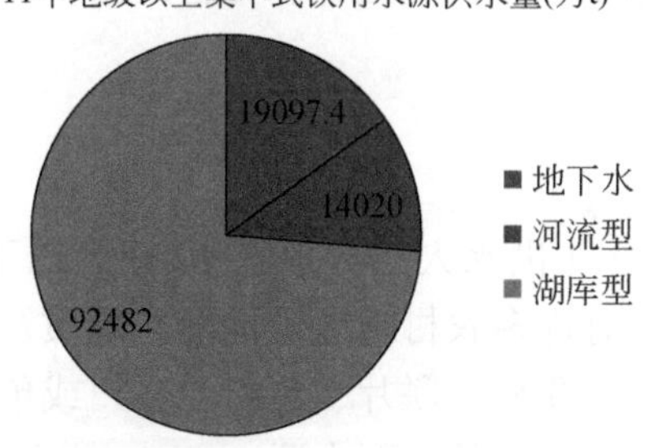

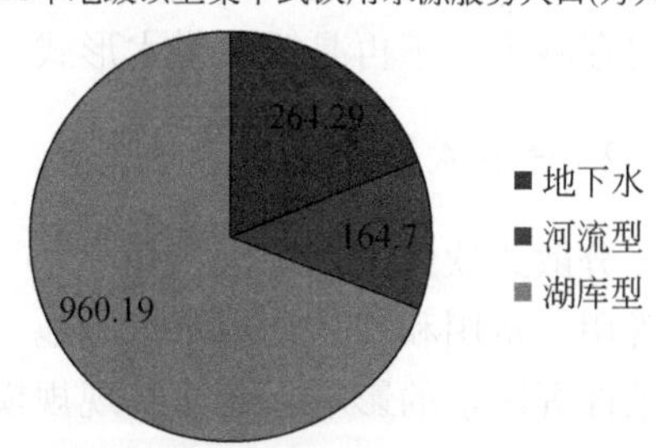

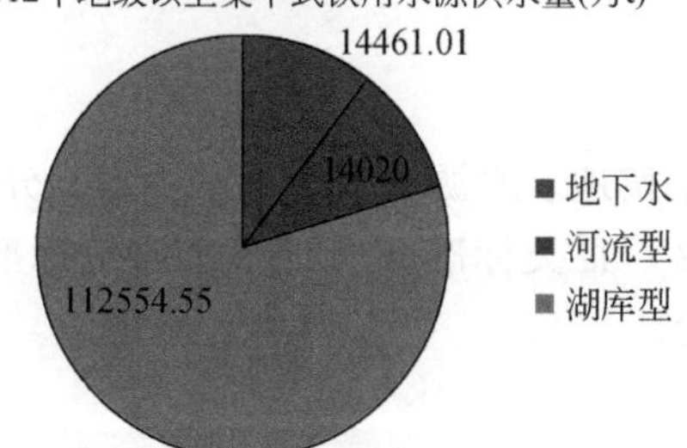

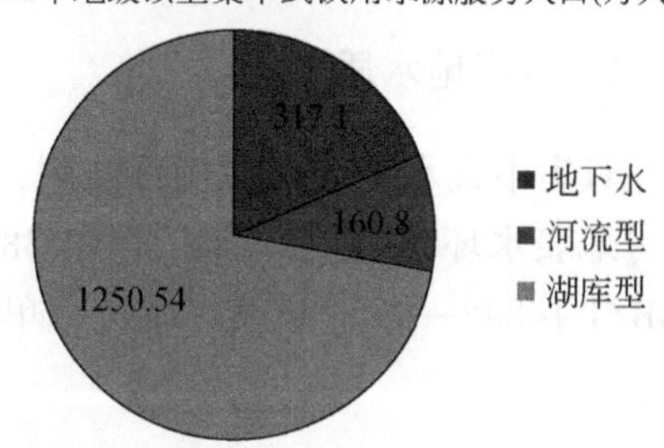

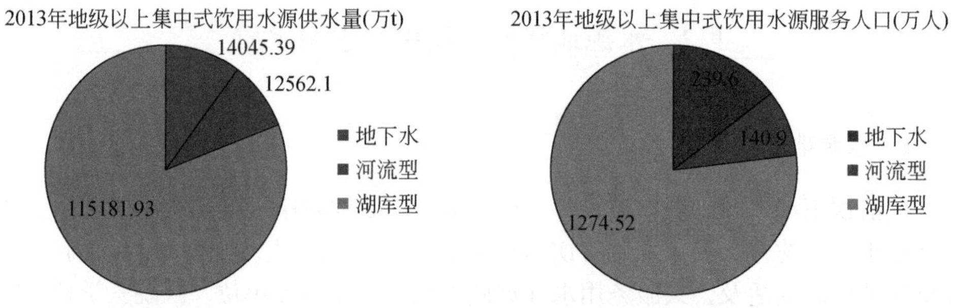

图 1.1 2011—2013 年山东省地级以上集中式饮用水源地供水情况

通过上述数据分析可知，地级以上集中式饮用水水源地供水量和服务人口覆盖面逐年增加，越来越多的居民纳入城市集中供水范围。湖库型水源地是山东省地级以上集中式饮用水水源地的主要形式，在保障城市饮用水水源方面起着举足轻重的作用，供水比例持续提高。

（2）县级及乡镇集中式饮用水水源地

县级及乡镇集中式饮用水水源地是实现农村规模化供水的主要水源，相当一部分被列入了山东省重要饮用水水源地名录。截止到 2015 年 5 月，山东省以此为水源建成“千吨万人”以上规模化集中供水工程 1057 处，覆盖人口达 3370 万人。

（3）小型自备井

部分城区中虽然还有一定数量的小型自备井，但随着“最严格的水资源保护制度”的实施，对地下水资源保护加严和城市供水管网的延伸和完善，自备井逐步封存减少，不再是重要供水形式。

2. 分散式饮用水水源地

分散式饮用水水源地指供水小于一定规模（供水人口一般在 1000 人以下）的现用、备用和规划饮用水水源地。山东省仍有许多农村地区受地形、地质及经济条件等因素的影响，无法实现规模化供水，以联村、联片、单村、联户或单户等形式供水，分散式饮用水源地是这类农村地区供水的主要水源。

1.2.2 水源地水质

对集中式水源地水质例行监测，检测结果按地表水源水、地下水源水，分别用《地表水环境质量标准》（GB 3838—2002）Ⅲ类标准和《地下水质量标准》（GB/T 14848—93）Ⅲ类标准进行单因子评价。

1. 湖库型集中式水源地水质

集中式湖库型水源地中总氮、总磷超标和富营养化情况见表 1.3。湖库型水源地存在部分总氮超标，少数水源地水质总磷超标的情况。按照《全国城市集中式饮用水水源环境状况评估技术方案（2012 年）》中的规定，对于湖泊（水库）型水源，若综合营养状态指数 TLI≤60，仅总氮或（和）总磷超标时，在此次评估中定为“基本达标”。湖库型水源地均为达标或基本达标，作为饮用水水源安全。从监测数据分析结果看，富营养化倾向是湖库型集中式水源面临的主要问题，具体表现是富营养化的湖库数量增加，多数湖库水源中总氮的浓度不断提高。

表 1.3　山东省集中式湖库型水源地总氮、总磷超标和富营养化情况

水源地名称	监测年份	超标因子	最大超标倍数	富营养化状况
锦绣川水库	2011	总氮	7.18	中营养
	2012	总氮	5.40	中营养
	2013	总氮	9.20	中营养
鹊山水库	2011	总氮	2.77	中营养
	2012	总氮	3.68	中营养
	2013	总氮	4.59	中营养
玉清湖水库	2011	总氮	4.52	中营养
	2012	总氮	4.43	中营养
	2013	总氮	4.59	中营养
棘洪滩水库	2011	总氮	2.44	中营养
	2012	总氮	1.93	中营养
	2013	总氮	2.04	轻度富营养
崂山水库	2011	总氮	4.57	轻度富营养
	2012	总氮	3.58	轻度富营养
	2013	总氮	2.98	轻度富营养
大芦湖水库	2011	总氮	0.65	中营养
	2012	总氮	0.59	贫营养
	2013	总氮	0.67	中营养
太河水库	2012	总氮	5.00	贫营养
	2013	总氮	4.30	中营养

续表

水源地名称	监测年份	超标因子	最大超标倍数	富营养化状况
高陵水库	2011	总氮	3.41	贫营养
	2012	总氮	1.93	贫营养
	2013	总氮	3.95	贫营养
门楼水库	2011	总氮	4.90	贫营养
	2012	总氮	4.00	贫营养
	2013	总氮	5.70	贫营养
黄前水库	2011	总氮、总磷	1.56、0.4	中营养
	2012	总氮	1.93	中营养
	2013	总氮	1.89	轻度富营养
崮山水库	2011	总氮	1.92	中营养
	2012	总氮	2.12	轻度富营养
	2013	总氮	2.53	中营养
所前泊水库	2011	总氮	1.87	中营养
	2012	总氮	1.85	轻度富营养
	2013	总氮	1.83	中营养
白浪河水库	2013	总氮	2.44	贫营养
峡山水库	2013	总氮	2.07	贫营养
沟盘河水库	2011	总氮	0.11	中营养
	2012	总氮	0.22	轻度富营养
西城水库	2011	总氮	2.64	中营养
	2012	总氮	3.28	中营养
	2013	总氮、总磷	2.74、0.40	中营养

湖库型水源地监测的80项特定项目均不超标，有16项有机物和重金属被检出，分别为甲醛、乙醛、三氯乙醛、邻苯二甲酸二（2-乙基己基）酯、甲萘威、苯并［a］芘、钼、钴、铍、硼、锑、镍、钡、钒、钛、铊（表1.4）。考虑以上项目在自然水体化学组分的天然背景中不应存在，故应是人为排入水体形成，对人体有较大影响，虽不超标但仍需重视。

表1.4　山东省集中式湖库型水源地特定项目检出情况

水源地名称	检出项目	检出项目
鹊山水库	重金属	钼、硼、钡、钒、钛

续表

水源地名称	检出项目	检出项目
玉清湖水库	重金属	钼、硼、钡、钒、钛
锦绣川水库	重金属	硼、锑、钡、钛
卧虎山水库	重金属	硼、锑、钡、钛
崂山水库	重金属	钼、镍、钡
棘洪滩水库	重金属	钼、钴、硼、镍、钡、钒
小珠山水库	有机物和重金属	邻苯二甲酸二（2-乙基己基）酯、钴、硼、镍、钡、钒
书院水库	重金属	镍、钡
吉利河水库	重金属	硼、镍、钡、钒
门楼水库	重金属	钼、钴、硼、锑、镍、钡、钒、钛
高陵水库	重金属	钼、钴、硼、锑、镍、钡、钒、钛
牟平一水厂	重金属	钼、钴、硼、锑、镍、钡、钒、钛
门楼水库中心	重金属	钼、硼、锑、镍、钡、钒、钛
峡山水库	重金属	钼、硼、钡、钛
白浪河水库	重金属	硼、钡
黄前水库	重金属	钒
日照水库	重金属	钡
耿井水源	重金属	钼、钴、硼、锑、镍、钡、钒
市自来水公司	重金属	钼、钴、硼、锑、镍、钡、钒
崮山水库扬水站	重金属	硼
所前泊水库	重金属	硼
岸堤水库	重金属	钼、钴、铍、硼、钡
德州三水厂	有机物和重金属	乙醛、甲萘威、苯并［a］芘、钼、钴、硼、锑、镍、钡、钒、铊
东郊水库	重金属	钼、硼、钡
西海水库	重金属	钼、硼、钡
雷泽湖水库	有机物和重金属	甲醛、三氯乙醛、硼、钡、钒

本次监测共有5处监测点4#、8#、16#、21#和22#监测了四处湖库型集中式水源地水质。对监测点位与监测的水质绘制水质不合格指标数情况进行汇总，汇总结果如图1.2所示。

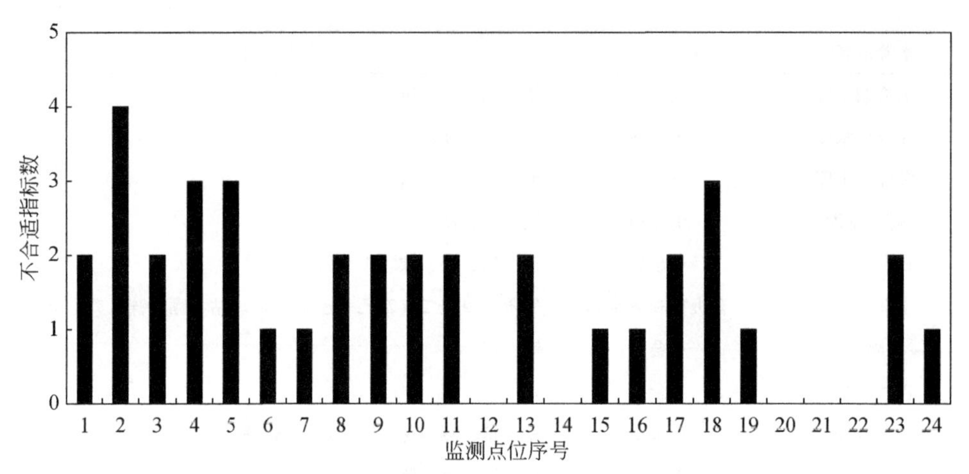

图 1.2　各监测点位不合格指标数汇总

从图 1.2 可以看出（表 1.2 给出了图中编号对应的水源地），仅位于山区的崂山水库所有评价指标合格，其他监测引黄水库的点位测出硫酸盐和氟化物超标。3#监测的是引黄水库的引水来源，测出硫酸盐和氟化物超标，说明引黄水库的硫酸盐和氟化物超标是源于黄河水。从以上结果可以看出，影响湖库型集中式水源地的主要威胁是富营养化，引黄水库受黄河来水影响，有硫酸盐和氟化物超标的风险。

2. 集中式河流型水源地水质

河流型水源保护区一般包括集中式河流型水源地及湖库型水源地上游河流。对集中式水源例行监测的结果，如表 1.5 所示，所有河流型水源地水质均达标(不包括总氮)。

河流型水源地监测的 80 项特定项目均不超标，有 10 项有机物和重金属监测被检出，分别为邻苯二甲酸二丁酯、邻苯二甲酸二（2-乙基己基）酯、钼、钴、硼、锑、镍、钡、钒、钛。考虑以上项目在自然水体化学组分的天然背景中不存在，为人为排入水体形成，对人体有较大影响，虽不超标但仍需重视。

表 1.5　山东省集中式河流型水源地特定项目检出情况

水源地名称	检出类型	检出项目
鹊山水库入口	重金属	钼、硼、钡、钒、钛
玉清湖水库入口	重金属	钼、硼、钡、钒、钛
锦绣川水库入口	重金属	硼、锑、钡、钛

续表

水源地名称	检出类型	检出项目
卧虎山水库入口	重金属	硼、锑、钡、钛
地表水黄河水厂	重金属	钼、锑、钡
大沽河水源	有机物和重金属	邻苯二甲酸二丁酯、邻苯二甲酸二（2-乙基己基）酯、钴、硼、镍、钡、钒
白浪河水库入口	重金属	硼、钡
黄前水库	重金属	钒
日照水库入口	重金属	钡

3. 集中式地下水水源地水质

对集中式水源例行监测，结果如表1.6所示，仅有少数集中式地下水水源地一直有总硬度、硫酸盐超标的现象，是由地质原因引起，反映地下水化学组分的天然背景含量，应引起足够的关注。其他37项指标均未出现超标，其中嗅和味、肉眼可见物、铜、挥发性酚类、阴离子合成洗涤剂、氰化物、铬（六价）、铍、滴滴涕和六六六未检出，硝酸盐、氟化物在几乎所有地下水水源都有检出，钡、碘化物、总α放射性和总β放射性在多数地下水水源中也有检出，重金属如锌、钼、钴、汞、砷、硒、镉及微生物指标总大肠菌群和细菌总数有检出。重金属如钼、钴、汞、砷、硒、镉、钡等及亚硝酸盐等化学组分不存在于地下水天然背景中，应与人为排放有关；氟化物、碘化物、总α放射性和总β放射性的产生应与地质原因有关。上述项目对人体有较大影响，虽不超标但仍需重视。表1.6为集中式地下水水源地超标情况汇总，表1.7为部分项目检出情况汇总。

表1.6 集中式地下水水源地超标清单

水源地名称	监测年份	超标因子	最大超标倍数
十里泉水源地	2011	总硬度、硫酸盐	0.30、0.42
	2012	总硬度、硫酸盐	0.22、0.58
	2013	总硬度、硫酸盐	0.24、0.54
丁庄水源地	2011	总硬度、硫酸盐	0.37、0.43
	2012	总硬度、硫酸盐	0.29、0.52
	2013	总硬度、硫酸盐	0.25、0.35

表 1.7 山东省地下水饮用水源地部分项目检出情况

监测点位名称	检出情况
东郊水厂	色度、浑浊度、碘化物、钡、细菌总数、总 α 放射性、总 β 放射性
大武水源地	色度、浑浊度、碘化物、钡、总 α 放射性、总 β 放射性
辛店水源地	浑浊度、碘化物、钡、细菌总数、总 α 放射性、总 β 放射性
天津湾水源地	浑浊度、碘化物、钡、细菌总数、总 α 放射性、总 β 放射性
西堰头水源地	浑浊度、碘化物、细菌总数、总 β 放射性
杨古水源地	浑浊度、碘化物、总 β 放射性
自来水公司 3 号井	浑浊度、碘化物、总 α 放射性、总 β 放射性
北刘庄大口井	浑浊度、碘化物、钡、细菌总数、总 β 放射性
十里泉水源	色度、浑浊度、钡
丁庄水源	色度、浑浊度、钡
东陌堂水厂	钼、碘化物、钡、镍、总 α 放射性、总 β 放射性
芝阳水厂	钼、钴、碘化物、钡、镍、总 α 放射性、总 β 放射性
清泉水厂	钼、钴、碘化物、钡、镍、总 α 放射性、总 β 放射性
朱里 6 号井	色度、浑浊度、钡、细菌总数
朱里 8 号井	色度、浑浊度、钡、细菌总数、总 α 放射性、总 β 放射性
东寺水源地	色度、浑浊度、溶解性总固体、钡、细菌总数、总 α 放射性、总 β 放射性
黎寨	溶解性总固体、钼、钴、钡、镍、细菌总数
黎北	溶解性总固体、钼、钴、钡、镍、细菌总数
马庄	溶解性总固体、钼、钴、钡、镍、细菌总数
柏行	溶解性总固体、钼、钴、钡、镍、细菌总数
三合水厂	色度、浑浊度、溶解性总固体、碘化物、钡、细菌总数、总 α 放射性、总 β 放射性
俄庄	色度、溶解性总固体、碘化物、钡、细菌总数、总 α 放射性、总 β 放射性

本次监测有 1 处监测点 1#监测集中式地下水水源地水质。从图 1.2 可以看出，该点所有监测指标均合格。以上结果说明，总硬度、硫酸盐是集中式地下水水源地要关注的对象。

4. 农村分散式水源地水质

表 1.8 汇总了近几年文献中报道的山东省农村分散式水源地水质数据。图 1.2 的 1#与 19#点位是本次农村分散式水源地现场监测的结果。汇总的结果与现场监测结果比较一致，集中体现为农村分散式水源地水质要明显低于集中式水源

水质，并有以下特点：

分析不合格的指标表明，造成水质不达标的原因是多方面的：微生物指标超标，硝酸盐氮和亚硝酸盐氮超标说明水源受附近农村面源污染，如生活污水、垃圾堆放及禽畜养殖影响严重；微生物指标超标说明水源地周围环境较差且无封闭设施，缺少水源防护设施且无消毒措施；氟化物、溶解性总固体、氯化物、总硬度超标说明地下水源水质受地质原因影响较大。

地下水水源丰水期水质明显低于枯水期水质，影响丰水期水质的主要指标为微生物指标和硝酸盐氮，说明农村分散式水源地的卫生防护不利，取水口附近的农村面源污染对地下水水源影响极大。

多数地区深层水水质优于浅层水，地下水水质优于地表水，埋深地下水优于出露于地表的泉水，但少数地区恰恰相反。如德州，由于地质原因，深层水中氟化物、溶解性总固体、氯化物、总硬度指标超标情况多于浅层水和地表水。

以上结果表明，农村分散式水源地“散、小、乱”的特点，易造成水源污染且防控难度大，水质安全风险明显大于集中式水源地。

表 1.8　文献中报道的农村分散式水源地水质合格率汇总表

地区	采样年份	总合格率/%	主要不合格指标	参考文献
泰安市	2008	43.15	总硬度、溶解性总固体、硫酸盐和硝酸盐氮	[11]
德州市	2009—2012	5.23	氟化物、溶解性总固体、氯化物、总硬度、菌落总数、浑浊度	[12]
黄岛区	2010—2012	54.86	总大肠菌群、菌落总数、硝酸盐、耐热大肠菌群	[13]
邹城市	2011	46.67	硝酸盐氮、菌落总数、总硬度、总大肠菌群、耐热大肠菌群	[14]
曲阜市	2012	75.83	菌落总数、总大肠菌数、耐热大肠菌群	[15]
荣成市	2012	64	菌落总数、总大肠菌数	[16]
潍坊市	2011—2013	66.5	微生物指标、氟化物、硝酸盐	[17]
潍坊市	2013	81.05	菌落总数、总大肠菌群和耐热大肠菌群、硝酸盐氮	[18]
青岛、烟台、威海	2013	48	硝酸盐、大肠杆菌、总硬度、氨氮	[22]

5. 黄河来水水质

黄河水是山东省的重要客水资源，影响山东省 12 地市 70 个县（市、区）居民饮水安全。山东省位于黄河的最下游，沿途排入黄河的所有污染都集中到山东段，因此了解黄河水污染现状及趋势，制定防治措施，对山东省居民饮用水污染防治具有十分重要的意义。

如图 1.3 所示，黄河山东水文水资源局对黄河山东段 1999—2014 年实测水质监测资料进行了分析[19]。分析结果表明黄河山东段的整体水质较为平稳，无论是悬浮物还是主要污染物含量［氨氮、高锰酸钾指数、硝酸盐氮、五日生化需氧量（BOD_5）］整体呈显著下降趋势，说明黄河水体水质逐年提升，自净能力有所增强。

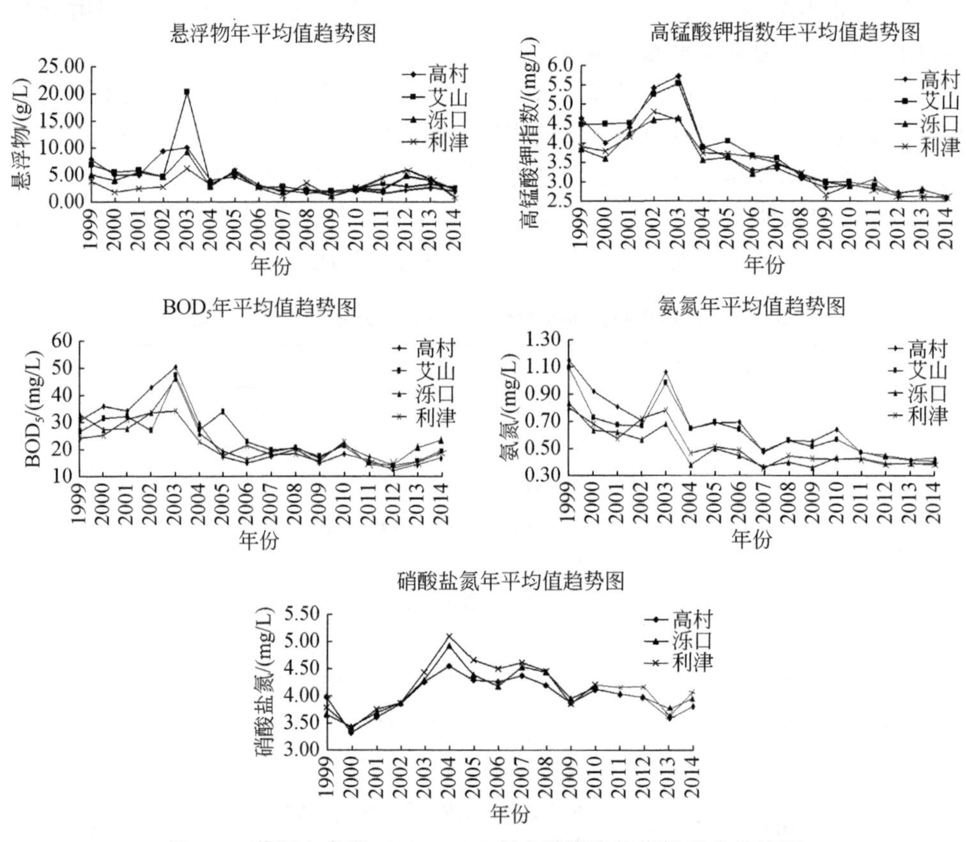

图 1.3　黄河山东段 1999—2014 年主要污染物指标变化趋势图

黄河来水中硝酸盐氮的浓度一直比较高，说明其一直有富营养化趋势；五日生化需氧量在 2009 年后有所反弹，说明有机污染物排入黄河的总量有所增加；2003 年各监测指标均远高于其他年份，在时间上与该年黄河发生污染的时间相吻合，说明在遭遇突发污染事件下，黄河水质大幅度下降。

分析本次监测结果发现，三处引黄水库：滨州幸福水库、聊城谭庄水库和济南玉清湖水库中氟化物浓度分别 2.06mg/L、2.35mg/L 和 1.16mg/L，全部超标。

氟化物超标现象往往出现在受地质因素影响的地下水源。氟化物超标水源水点位全部出现在引黄水库中，是非常不正常的现象。在本次对黄河水的监测中，氟化物浓度为 1.09 mg/L，远高于其他年份（图 1.4），说明水库水氟化物超标可能部分受黄河上游来水影响，是否有其他因素的影响，需要做进一步的研究。

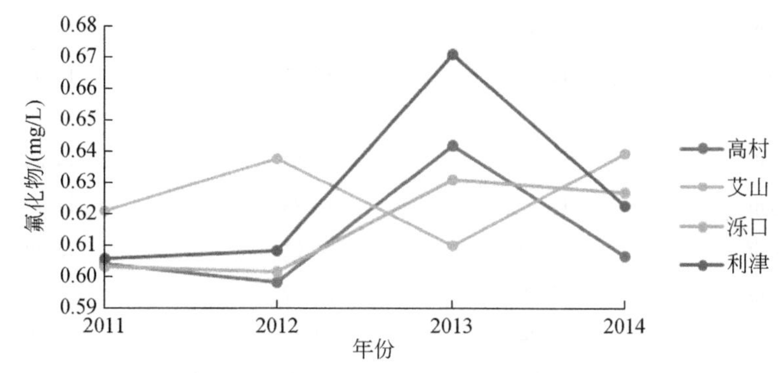

图 1.4 黄河山东段 2011—2014 年氟化物指标变化趋势图

经过多年治理，黄河水体水质总体改善，符合饮用水水源水质要求。黄河水存在硝酸盐氮和氟化物含量高、少数水质指标有反弹的问题，说明上游监管还存在漏洞，如突发污染事件，下游抗冲击能力差。这要求各级各地相关部门进一步加强管理，采取更为有效的措施，控制污染，改善水质；以黄河水为饮用水水源的地区，应密切监控黄河来水的水量和水质，制订应急预案，并设置备用水源，防止因黄河来水的水量水质变化影响居民饮水安全。

1.3 水源地污染防治

近些年来，随着饮用水资源短缺危机显现和人们饮用水安全意识提高，山东省各级人民政府对饮用水水源地水质安全的重视程度也不断提高，不断通过加强水源地保护力度和人员资金的投入，保障饮用水源的水质安全。采取的主要措施如下。

1. 节水开源

为了有效利用有限的水资源，确保实现水资源开发利用和节约保护，山东省实行了最严格水资源管理制度，坚持以水定城、以水定地、以水定人、以水定产，使生产力空间布局、经济结构、发展方式以及生活方式与水资源禀赋条件、水环境承载能力相适应协调。2015 年度用水总量控制在 250.6 亿 m^3 以内（2014 年度用水总量控制在 246.2 亿 m^3 以内）。表 1.9 为山东省各设区市用水总量的控制目标。

表 1.9 山东省各设区市用水总量控制目标[18] (单位：亿 m^3)

行政区	2015 年	2020 年	2030 年
济南市	17.31	17.64	19.01
青岛市	12.58	14.73	19.67
淄博市	12.87	12.87	14.57
枣庄市	8	10.12	11.28
东营市	12.43	13.02	14.83
烟台市	12.87	16.33	17.73
潍坊市	19.53	24.01	25.79
济宁市	25.45	26.17	27.01
泰安市	13.34	13.59	14.80
威海市	5.42	6.52	7.87
日照市	6.41	7.27	7.39
莱芜市	3.54	3.56	3.56
临沂市	20.76	27.32	27.50
德州市	20.44	21.70	22.68
聊城市	19.89	20.74	23.17
滨州市	15	16.26	19.89
菏泽市	24.75	24.75	25.10
总计	250.6	276.59	301.84

山东省将持续推进节水型社会建设、发展农业高效节水。2015 年山东省启动了新一轮小农水重点县建设，发展节水灌溉面积 180 万亩（1 亩≈666.67m^2，后同），建成“旱能浇、涝能排”高标准农田 210 万亩，农田灌溉水有效利用系数达到 0.63。

山东省结合城市建设与规划，全面启动了雨洪资源利用工程建设，有效提升了水资源供给能力。山东省 2015 年完成 36 项雨洪资源利用工程，新增雨洪资源利用能力 4 亿 m^3。

2. 划定饮用水水源保护区

各地均严格按照《中华人民共和国水污染防治法》和《饮用水源保护区划分技术规范》（HJ/T 338—2007）划定饮用水水源保护区，为饮用水水源地保护提供法律依据。

3. 制定保障水源保护区水质的地方规范性文件

各地相继颁布了地方性饮用水水源地保护规范性文件，建立水源地保护报告制度，制定突发事件的应急预案等，进一步为饮用水水源地保护提供法律依据和执行方案。

4. 加强保护设施建设和执法检查力度

各地依法在饮用水源保护区设置保护区界牌、标志；多数饮用水源保护区内的违法污染企业和排污口得到清理；多数保护区成立了水政巡查队，定期或不定期派人巡查，对网箱养殖、旅游、游泳、堆放和填埋垃圾等可能污染饮用水水体的活动采取监管措施；大多数地表水保护区建设了隔离围网，实现了封闭管理；普遍设置了监控探头，实现远距离监控。

5. 强化监测制度，掌握水源水质变化

各行政主管部门加大了对饮用水水源地的环境监测力度，定期对饮用水水源地水质进行监测，形成全面月度例行监测和年度全分析监测的监测制度，结合不定期检查方式掌握水源水质变化情况。

6. 开展专项摸底和整治工作

各级政府多次对饮用水水源地有重大影响的工业企业、养殖场、旅游餐饮和非正规垃圾填埋场等为重点进行摸底排查，了解污染源情况，针对违法行为进行整治工作。2013 年山东省环境保护厅在全省范围内组织开展湖库型集中式饮用水水源地环保专项执法检查，对湖库型集中式饮用水水源地的分布、服务人口、取水规模、水质状况等基本情况进行了摸底，并对保护区的划定、审批、管理等情况进行详细排查，建立监管档案，环境违法行为依法查处并督促整改。

7. 利用环境管理手段遏止污染

山东省及各地政府利用环境影响评价等环境管理工具，禁止可能影响水源地安全项目的建设，推广低毒低污染工业项目及无害化、有机化的农业生产，减轻环境影响，遏止对水源地的污染。通过上述措施，山东省的水资源和饮用水水源地保护成果明显：原来保护区内渔业养殖、游泳、垂钓等行为基本消失，区域内垃圾清运到位；保护区内排污量减少；水质恶化的趋势得到遏制和扭转，饮用水安全得到基本保障。

1.3.1 山东省水源地保护面临的问题

虽然各级人民政府对水资源和水源地保护力度在不断增加，但由于人口增加和经济发展，水资源的短缺和人类对水源地干扰加剧，水源地仍面临着各种各样的污染风险，山东省饮用水水质安全仍承受着巨大压力。

1. 山区水库水源地

山东省本地湖库基本上为山区水库，由洼地、山谷天然或人工封闭蓄水形成，在大规模调水工程出现之前，是山东省最重要的水源地。

（1）上游流域内径流污染的影响

山区水库上游都有几十至数百平方千米的流域面积，往往涉及多个行政区。水库管理单位的管理权仅限在库区，无行政执法权。对库区内的违法行为仅可以劝离制止。上游及周围地区存在的农业生产、旅游项目、房地产、餐饮业及小型各类加工厂等，都会对水库产生污染。此类项目往往是这类地区居民的重要经济来源，治理这类污染源有可能影响当地经济发展和居民收入，导致监管难、执法难，保护措施难以落实。

（2）山区水库的管控

山区水库库区面积大，周围地形复杂，水库管理人员不足，巡查非常困难，保护设施容易受到破坏，难以发现。

（3）水库蓄水能力

水库蓄水能力主要受降雨影响，遇到连续干旱年份，水位下降到死水位以下，失去供水能力。2015 年，山东省多地水库因连续干旱而干涸。图 1.5 为受干旱影响，干涸的日照水库（a）和因排险加固工程排空后一直没有有效径流汇入的狼猫山水库（b）。

(a)

(b)

图1.5　干涸的日照水库（a）和狼猫山水库（b）

（4）交通线对水库安全的影响

山区水库是由洼地、山谷蓄水形成，库区是周围地形的最低点。几乎所有山区水库都与各种繁忙的交通线紧邻，有的交通线从库区上穿越或水库坝上通过，存在交通线上各类交通工具倾覆至水库中的风险。如果交通工具携带危险化学品，会对饮水安全带来灾害性后果。表1.10为山东省部分重要山区水库紧邻重要交通线一览表。

表1.10　山东省部分重要山区水库紧邻重要交通线一览表

水源地名称	地区	紧邻重要交通线
卧虎山水库	济南	省道103
锦绣川水库	济南	省道327
狼猫山水库	济南	济莱高速
垛庄水库	济南	省道243
乔店水库	莱芜	省道329
雪野水库	莱芜	省道242
崂山水库	青岛	省道296
小珠山水库	青岛	疏港高速
黄前水库	烟台	省道103
日照水库	日照	日东高速
岸堤水库	临沂	省道335
峡山水库	潍坊	省道805

2. 平原水库水源地

山东省饮用水水源地中的平原水库大多是人工兴建的引黄调水水库，少数兼为南水北调工程调蓄水库。作为缓解山东省缺水的重要措施，平原引黄水库在保障山东省居民生活用水方面起到越来越重要的作用。

（1）水库水质影响的主要因素

黄河流域污废水入河量 33.76 亿 m^3，黄河以其占全国 2% 的水资源，承纳了全国约 6% 的污废水和 7% 的 COD 排放量，干流及主要支流的功能区水质达标率仅有 48.6%，流域水污染形势严峻。虽然下游段已经成为地上悬河基本不接纳污水以及泥沙加强了混凝沉淀的净化作用，黄河下游水质恢复为三类水体，但多处平原水库总氮超标、磷和有机物指标较高，主要是受黄河来水影响。一旦黄河来水水质恶化，必将直接影响引黄水库水质，并有引起大规模饮用水安全事故的风险。南水北调水东线工程建成后，山东省开始调用南水北调水并且用水的比例逐年上升。黄河水与引自长江南水北调水水质有较大差别。长江水中氮磷含量较黄河水低，但其 pH 低，有机物质和硫酸盐含量高[20-22]，两者作为饮用水水源的混合或切换，有引发底泥中有害重金属和有毒有机物的释放、消毒副产物生成势上升、管道中锰铁离子释放及供水系统和水库等微生物群落结构变化的可能，从而产生毒理性水质和微生物指标上升、消毒副产物增加、“黄水”现象、钉螺孳生及水华暴发等风险[23-25]，对水厂处理也有一定的影响[23,26]。

（2）引黄干渠水质安全影响因素

各引黄水库需要通过引黄干渠从黄河输水。相对于水库多处于人口较少地区，易于封闭管理，引黄水渠少则几十千米，多则数百千米（如图 1.6 中总长达 704km 的胶东输水干线），中间通过人口密度大的城区、各类工业区和农业区，与众多交通线和各类管线交汇，这都是对饮用水水源环境安全造成突发环境污染事件威胁的风险源。大部分引黄水渠为明渠，威胁干渠水质污染隐患众多，缺少必要的防范措施和监控设施，干渠随时都面临被污染的风险。因此，引黄干渠水质的保障难度高于水库。

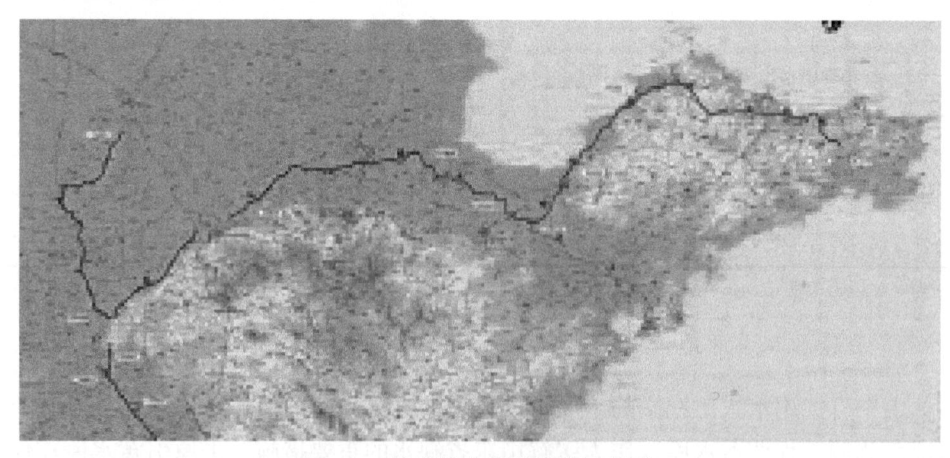

图 1.6　胶东输水干线管路示意图

（3）平原水库特点与水质安全

黄河来水总氮浓度一般比较高、泥沙沉淀后水质清澈，山东省平原水库蓄水最大深度一般不超过 10m，光线可以直接辐射库底，因此在光线充足、温度适宜的春夏季，藻类很容易大量繁殖。藻类会产生鱼腥味影响饮用水的口感[27,28]，会产生具有肝毒性的藻毒素，影响人体健康[29,30]。

3. 河流型水源地

河流型水源地与山区水库一样，有几十至数百平方千米的流域面积，水位受流域面积内降雨影响极大，除不易繁殖藻类外，河流型水源地面临着与湖库型水源地相同的问题，如上游流域内管理难度大、水质受上游来水影响大、巡查难度大、交通线和各类管线存在风险、取水能力受气候影响大等。

4. 地下水源地

水资源短缺和地表水受到污染，不易受到污染的地下水一度被视作优质且有保障的饮用水源而大量开采。

（1）地下水超采造成漏斗区

自 20 世纪 70 年代中后期以来，山东省地下水超采情况比较普遍，造成地下水位持续下降，地下水埋深不断加大，特别是在平原形成大面积的漏斗区，这种现象到 2003 年达到历年最大[31]。地下水超采引起了一系列问题，其中直接影响饮用水安全的主要有：

地下水位下降造成取水困难：地下水埋深不断加大，意味着取水需要打更深的机井，会在不易更换机井的农村地区引发饮水困难。例如，由于 2014—2015 年连续少雨，在鲁中山区和鲁东丘陵区已有不少机井无水可取，产生季节性断水，人畜饮水困难。

造成海水入侵，机井报废：由于开采地下水，导致沿海地区大范围地下水位负低于海平面，打破了原来的水位平衡关系。造成海咸水入侵。据统计，到 2010 年全省海咸水入侵区面积达 1560km^2，沿海地区大量的地下水取水井报废，原有饮用水源地丧失功能[31]。

诱发新的污染源，造成水质恶化：由于浅层地下水位大幅度下降，水力坡度增大，促进了地表污水的下渗造成地下水的污染。

（2）地质原因导致部分指标超标

从以往的监测结果来看，部分地下水水源地水质受地质原因影响，总硬度、硫酸盐、氯化物及氟化物超标。这一类原水应考虑替代水源或增加饮用水处理工艺，改善水质。需要注意的是，由于开采地下水时会破坏隔水层，有可能打通原本相互隔绝的含水层。例如，表1.6中德州市原水中氟化物、溶解性总固体、氯化物合格率低很可能是苦咸水通过报废机井穿透，渗入深层地下淡水造成的。

(3) 遗留污染物将长期影响水质

地下水水质的特点之一是，由于地层的深度过滤作用，水质一般远好于地表水；但是一旦受到污染，长期难以清除。许多地下水源地原本有些重污染项目，虽然被搬迁，但当地残留大量污染物，长期影响当地地下水水质。

(4) 水源保护区划定和管理难度较大

根据《饮用水源保护区划分技术规范》(HJ/T 338—2007)(以下简称《规范》)规定，各类地下水饮用水水源保护区划分基本依据为：以地下水取水井为中心，按溶质质点一定时间内（一般为100天和1000天）迁移的距离划定一级保护区和二级保护区，补给区和径流区为准保护区。以此为依据划定地下水水源保护区存在诸多问题。

山东省地下水类型众多，规范缺乏针对性。《规范》中仅对地下水按埋藏条件进行了简单划分，因而不少地下水水源地划分保护区工作时会出现缺少对应地下水类型而难以进行。

保护区划分计算时过分依赖经验公式和经验值。根据《规范》，保护区的范围是通过经验公式计算得来的，其中涉及大量参数，一般以经验值代入。这种固化的方式往往忽略水源地自身的地质特点、气象特征、环境敏感性及当地社会经济因素，产生不合理的划分结果。

划分面积过大。按照《规范》的划分方式，保护区特别是二级保护区面积往往过大。地下水保护区不同于地表水保护区，后者基本为水域，前者基本为陆域，地下水保护区内要承载大量的人口、工业、农业等。一旦被划为保护区，工农业生产和各种建设都要受到限制，势必对当地经济发展和居民生活产生影响。

对补给区的重视程度不够。对于部分承压地下水来说，补给区环境遭到的污染，比受隔水层保护的取水井周围区域的污染对其水质水量的影响更大。因此，将对水源地有明显影响的补给区划为准保护区不合理。

水源地面临无法保护。经济发展和城市扩张，不少水源地已经处于城市的边缘，甚至已经是市区，按照相关法律法规对水源保护区进行管理已不具备外部条件。

由于以上原因，各级政府划定地下水饮用水水源保护区时面临两难选择：按《规范》划分的保护区往往存在不合理性，这会大大增加水源保护区管理的难度，甚至无法管理；不按《规范》划分，则无法可依。

5. 农村水源地

农村水源地选取缺少科学论证。农村饮水工程分散，集中供水率低，选择范围有限，很难对水源地进行充分的科学论证，因而受地质影响的高氟水、苦咸水的劣质水源多，处理难度大，净水成本高，并会产生季节性缺水。

农村饮用水源保护区划分滞后。山东省约 6.4 万个行政村的饮用水源保护区或保护范围需要划定，点多、面广、变化频繁，工作量巨大，致使多数农村饮用水源并未划定。

农村居民保护意识差。农村居民缺乏卫生安全意识，不注重对水源地的保护，在取水地附近，有厕所或粪坑、牲畜圈、污水沟等污染源。地表的面源污染通过渗透或直接污染取水井，农民喝了受污染的水，发生疾病的现象时有发生。

监测力度不够。农村水源地分布分散、规模小、水质水量不稳定，监测部门现有监测能力有限，难以长期开展大规模常规水质监测，使农村水源地成为监测盲区。本次调研过程中走访的不少村庄，其饮用水源就从未进行过监测。

1.3.2　保障饮水安全措施

山东省应持续推进节水型社会建设，严格执行水资源管理制度，发展高效节水农业，提高工业重复用水，促进再生水和中水的利用，培养居民节约用水意识，使生产力空间布局、经济结构、发展方式以及生活方式与水资源禀赋条件、水环境承载能力相适应协调。

充分调配多种水资源，除常规水源外，长江水、黄河水、雨水、洪水和再生水都可以成为山东省水资源调配的对象，实现水源多样化，保障供水安全。加大用地表水替代地下水作为供水水源的力度，地下水作为备用水源等措施。实现客水资源的充分合理利用，以客水代替本地水，特别是地下水为常规水源；同时建议为客水利用安排备用水源，防止因过度依赖客水资源而在突发事故下对经济和人民生活水平产生冲击。改变单一水源供水方式，建设水库间联通工程，构建多个水源联网的格局，发挥水系联通作用，实现水源联合调度，提高水库供水保证率，改善城市供水安全脆弱状况。

扩大水源地管理部门的权限，改库区管理模式为流域管理模式，并赋予行政执法权。“优水优用”，按照优先保障城乡生活供水、统筹考虑生产、生态用水需求的原则，将城乡生活供水作为优质饮用水源地的单一用水功能。强化保护区污染治理措施，严格落实《中华人民共和国环境保护法》《中华人民共和国水污染防治法》及其实施细则、《饮用水水源保护区污染防治管理规定》等法律法规对饮用水水源地保护的相关规定，加强水系生态环境综合治理。

密切监测水源地上游来水水质，建立监测结果反馈制度。加大对农村水源地的监测和保护力度。沟通饮用水受益者与保护区居民的联系，进行生态补偿成本测度的研究，科学制定生态补偿基准，通过建立流域内生态补偿机制，由饮用水受益地区向因保护饮用水而经济受损的水源地及上游地区提供经济或其他形式的补偿，提高水源地及上游地区保护饮用水源水质和生态环境和积极性。

制定完善饮用水水源污染事故应急预案，建立饮用水水源风险源名录和危险化学品运输穿越保护区管理制度，开发危险化学品运输车辆自动识别系统，与水源地水质监控系统的数据联网对接，实现水源地移动风险源的实时监控。加强应对重大突发污染事件的物资和技术储备，定期开展应急演练。为与饮用水水源地相关的污染源，包括已经停产但可能有污染物残留的重污染企业建立档案。在大中城市加快备用和应急水源地规划和建设，在发生水源污染事故时能及时切换水源，保障居民饮水安全。

根据山东省水文地质、气候、环境和社会经济特点，制定饮用水源保护区划分技术规范的细则，为饮用水源保护区，特别是地下水保护区和农村水源保护区的划分提供详细的依据。利用政府购买服务的方式，由专业机构协助完成广大农村水源地的选取和科学论证工作。

在对重大涉水建设项目进行环境影响评价时，应识别对水源地产生不利影响的因素作为评价重点，通过预测和评价建设项目在建设期、运营期和服务期满后对水源地的影响，提出预防或减轻不利环境影响的对策和措施，防止会对水源地产生重大不利影响的建设项目的建设。

落实相关法律规定的水环境生态保护补偿机制和黄河、南水北调污染控制制度。国家和各地方通过财政转移支付等方式，以水量和水质为考核指标，建立健全对位于饮用水水源保护区区域和江河、湖泊、水库上游地区的水环境生态保护补偿机制，由饮用水受益地区向因保护饮用水而经济受损的水源地及上流地区提偿经济或其他形式的补偿，防止当地因对生活饮用水水源地的保护和治理而蒙受经济损失。协调国家相关部门，督促沿黄和沿南水北调东线有关省份进一步加大黄河排污的控制力度，严格落实入河污染物总量控制制度和省、市、县界断面水质、水量双控制制度，强化水环境保护的统一监管，并纳入地方政府考核指标。

1.4 山东省饮用水净化处理水平与供应能力

1.4.1 公共供水能力

山东省公共供水水源主要由当地湖库水、地下水、区域外调水（含引黄水、南水北调水）和淡化海水等类别组成，所占比例分别为37.1%、35.7%、22.2%和5.0%[32]。截至2014年底，山东省全社会公共供水总量达44.96亿m^3[33]。

到2014年底，全省设市城市和县城公共供水综合生产能力1583.25万m^3/d，供水管道长度 51957. 1km，城区人口用水普及率为 99. 35%，人均日生活用水量为 135. 654L[33]。

山东省一直高度重视农村饮水工作，先后实施了村村通自来水工程和农村规模化集中供水工程。到 2014 年底，全省农村自来水普及率达 94%（该数字在 2015 年底达到 95%），覆盖人口达 6000 万人；全省已建成“千吨万人”以上规模化集中供水工程 1057 处，覆盖人口 3370 万人[34]；有 53 个县（市、区）基本实现城乡供水一体化，占全省县（市、区）总数的 41%。由以上数据可见，山东省在普及公共供水方面已经处于全国前列。

1. 4. 2　饮用水净化处理水平与规模

1. 城镇水厂净化处理水平

饮用水的净化处理工艺按复杂程度或处理水平大致上可分为简单处理、常规处理、强化常规或深度处理。

简单处理。原水仅经消毒，或快速沉淀后消毒就送往用户使用的饮用水处理方式。这种处理方式多用于地下水源饮用水的处理。

常规处理工艺。混凝、沉淀或澄清、过滤、消毒工艺流程的典型饮用水处理方式。该处理模式已有上百年的历史，目前仍被世界上大多数水厂所采用。常规处理对水中的悬浮物、胶体等大颗粒物质能有效去除，对微生物也有很好的杀灭作用。然而，常规处理工艺对水中溶解性污染物的去除能力极为有限，对溶解性无机盐类几乎没有去除效果，溶解性有机物的去除效能仅为 20%~30%，对痕量有机物污染及氨氮污染问题难以有效应对。溶解性有机物会破坏水中胶体的稳定性，使常规混凝工艺对浊度去除能力明显下降[35]，去除效率下降到 50%~60%[36]。提高混凝剂投加量会增加成本和铝离子等金属离子超标的风险。折点氯化法虽然可以消除部分氨氮，但也增加了卤代消毒副产物生成的风险[1]。在现在原水来源多变、水质恶化的情况下，常规处理很难满足现在生活饮用水卫生标准的要求。特别是中国北方地区冬季时，水源水质普遍呈低温低浊特征，造成常规混凝工艺即使加大药剂投加量也无法保证出水水质[37]。

强化常规工艺。在不改变现有常规水处理构筑物及处理工艺的基础上，通过强化升级混凝和过滤等工艺单元，在除浊的同时强化对有机物等的去除[38]。强化的方法中最常用的是强化混凝。通过优选混凝剂、改善混凝条件等实现混凝最优效果，提升水中污染物特别是天然有机物（NOM）的去除效能，改善工艺出水水质[39]。调节原水 pH、优化混凝剂投加量及投加方式、采用高分子药剂助凝也是改善混凝效果的有效手段，上述方法可进一步提升混凝效果，提高对原水中浊度、色度、TOC、耗氧量及藻类等关键污染物的去除效能[40]。此外，投加粉末活性炭作为应对水质进一步恶化或水质突发污染的有效办法[41,42]，以及通过优化滤池过滤参数、采用新类型的滤料、对现有普通滤料进行生物强化等手段实现的强化过滤[43]，均是强化常规工艺的手段，能显著提升出水水质。

深度处理工艺是相对常规处理工艺提出的，目的是将水中不易去除的溶解性有机物、消毒副产物生成势（DBPFP）、痕量的优先控制污染物、嗅味物质和某些病源微生物去除，主要包括臭氧-生物活性炭（O_3-BAC）、膜分离、超声等技术。臭氧-生物活性炭工艺是臭氧接触氧化、活性炭吸附及生物降解的有机结合，在饮用水处理领域的应用日渐普遍，是应用最广泛的浓度饮用水处理工艺[44]。该工艺在去除氨氮、有机物、臭味以及 DBPFP 等比单独采用臭氧或活性炭更有优势[44-46]，已在济南鹊华水厂等多家水厂应用。膜技术是对水中腥味、色度、DBPFP、其他有机物和微生物均有较高的去除能力，已成为主要饮用水深度处理工艺，也可以用在海水淡化饮用水处理厂[47-49]。世界上已有数百家大型饮用水厂采用膜技术[50]，山东省金乡县城北水厂等多家水厂采用膜技术对饮用水进行了深度处理。

上述处理方式在山东省的水厂中均有应用。作为沿海省份，有相当一部分的海水作为居民饮用水水源。至 2015 年山东省有城镇水厂二百余座，服务人口超过 3600 万，供水范围基本覆盖了全省城市居民和实现了规模化供水的农村居民。采用简单、常规和强化常规或深度处理工艺的分别为 89 座、96 座和 24 座，分别占供水厂总数的 42. 58%、45. 93% 和 11. 48%[32]；简单处理、常规处理、强化常规或深度处理和海水淡化工艺的设计处理规模分别占总规模的 21. 67%、72. 87%、5. 43% 和 0. 03%（图 1. 7）。

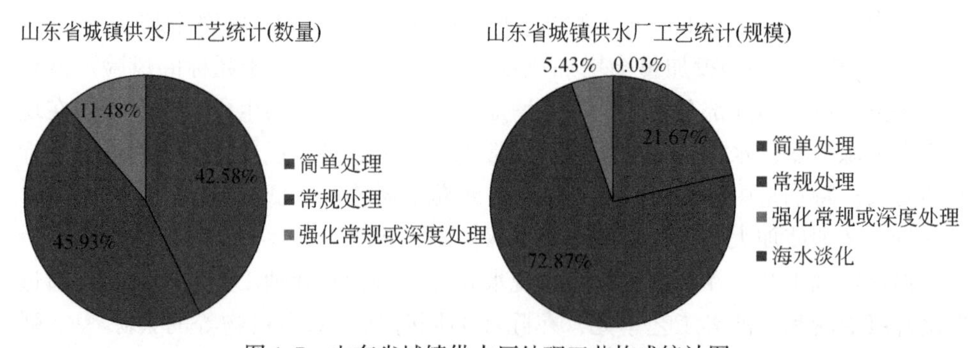

图 1. 7　山东省城镇供水厂处理工艺构成统计图

从图 1. 7 可以看出，无论水厂数量还是总规模上，强化常规工艺或深度处理工艺所城占比例非常低，这与刘红[1]的调查结果一致。这意味着，现有大部分水厂无法应对原水水质恶化或原水切换带来的影响。

2. 城镇水厂规模

随着城市的扩大和人口的增长，对生产饮用水的需求在不断增加。这不仅需要增加供水厂数量，也需要提高单个水厂处理规模。目前，山东省处理规模最大的水厂单厂设计处理能力达 40 万 t/d，如图 1.8 所示，服务人口接近百万。一旦大型水厂的水源水质发生突然变化或水厂处理工艺发生突发事故，几十万人口供水安全就可能同时受到威胁。供水安全事故是给水厂面临的一个重大风险，必须提高城市供水的应急和预警能力，提高包括水厂在内的社会部门的应急和协调能力。

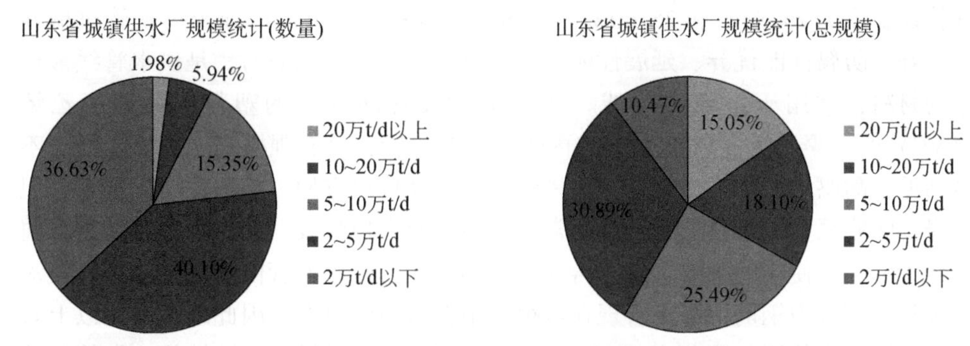

图 1.8　山东省城镇水厂设计规模统计

如图 1.8 所示，城镇供水厂仍以 5 万 t/d 以下设计规模为主，数量上达到水厂总数的 75% 以上。小型供水厂运行管理水平较低和抵抗用水量变化冲击能力差，如果能将多个小型水厂纳入一个管理系统和统一的供水管网，有利于提高管理水平和抵抗用水变化的冲击能力。

3. 农村地区饮用水处理水平

目前，农村供水主要有五种形式：市政管网延伸扩大模式、“一县一网”模式、乡镇规模供水站模式、联村供水及单村供水模式。前三种均属于“千吨万人”以上的规模化供水工程，一般有完善的水处理和消毒设施，不少新建水厂工艺水平不低于城市供水厂的工艺水平，出厂水质比较有保障；后两种供水方式因规模小并缺少有经验的管理人员，难以建设水厂或水站，不少村庄供水甚至没有简单消毒设施。缺少必要的饮用水处理和消毒设备，在原水水质合格率比较低的情况下（表 1.8），饮用水安全状况堪忧。面对这种情况，山东省不少农村地区采用分质供水的办法，用小型一体化净水设备处理饮用水，一般生活用水采用直接供水，解决了这一难题。山东省总体饮用水净化处理水平仍需提高，并需实现农村地区经净化处理的安全饮用水全面覆盖。

1.4.3　供水管网

1. 城市市政供水

截至2014年底，山东省设区城市和县城共有公共供水管网33129km，其中75mm以上管道长度为20293km，城市建成区供水管道密度约$9km/km^2$[34]。“十一五”期间，已完成改造的管网长度累计达2544km，累计完成管网改造投资约19亿元[32]。现有供水管线材质构成中以球墨铸铁管和塑料管为主，分别占被统计管线长度的29.83%和25.60%，如图1.9所示。退火后的球墨铸铁管机械性能良好、防腐性能优异、延展性能好、密封效果好、安装简易，是供水管线最理想的材料，常用于市政主管线。常用于市政管网建设的塑料管为聚氯乙烯（PVC）管、聚乙烯（PE）管、聚丙烯（PPR）管，具有强度高、表面光滑、不易结垢、耐腐蚀、水力性能好、重量轻、加工及接口方便、施工方便等优点，但质脆、膨胀系数大、易老化，因此常用于小区及入户管线。上述两种管材是目前供水管网建设使用的主要管材。铸铁管、钢管和石棉水泥管由于各种原因已被淘汰多年，预应力钢筋混凝土管现在也很少用在压力管道上，因此现存采用以上管材的管线至少使用年限超过20年。如图1.9所示，塑料管、铸铁管、钢管、石棉水泥管和预应力钢筋混凝土管材所占比例在25%以上，其他管材所占比例也在18%左右，基本可以确定为老旧管网。老旧管网存在不但提高了供水管网的漏失率，也加大了供水二次污染的概率，应及时更换。城市供水管网大多埋设在城市交通线和构筑物下，更换必须等待新区建设、旧城改造、道路新（改、扩）建，老城区的许多管网长期得不到更新。

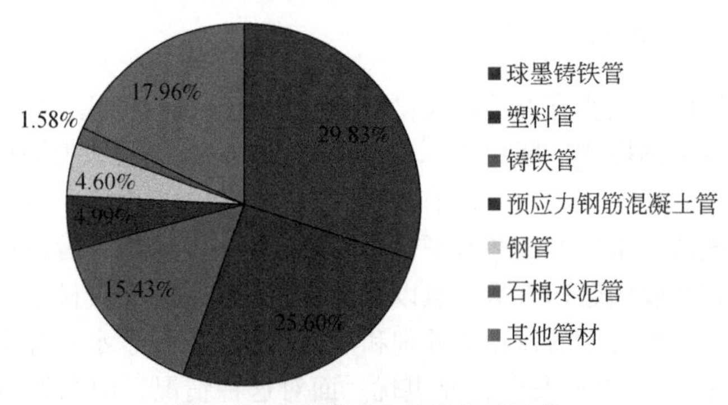

图1.9　山东省现有管线材质构成

2. 农村供水

在村村通自来水工程和农村规模化集中供水工程推动下，到 2014 年底，山东省农村自来水普及率达 94%，覆盖人口达 6000 万人；全省已建成“千吨万人”以上规模化集中供水工程 1057 处，覆盖人口 3370 万人；有 53 个县（市、区）基本实现城乡供水一体化，占全省县（市、区）总数的 41%[34]。山东省已基本实现了农村自来水普及。从本次调查的结果看，农村供水过程中仍存在几处饮水安全隐患。

在规模化供水工程中，许多村庄距离供水站较远，单村的供水量较小，供水管内流速慢，自来水在管网中的停留时间比较长。在这过程中余氯消耗殆尽，易滋生细菌。如在本次活动布置的监测点位中，阳信县赵集前街村居民家和东昌府区朱老庄镇政府与水厂之间的供水管线分别为 20km 和 8km，取得的水样中，余氯均低于标准；朱老庄镇政府水样中检出了总大肠菌群。农村地区所用供水管道多为塑料管，饮用水在管道中长时间存留，塑料管道物质溶出对饮水安全也存在威胁。

通向村庄的新建管道的管材一般采用 PE 管，村内供水管网大部分是村村通自来水工程实施期间建成，相当一部分管网运行超过了 20 年。当时多用管材质量不高的铸铁管或镀锌管，加上施工标准低、使用年限长及基础设施建设损毁等原因，管网老化比较严重，导致供水漏失率畸高，不少地方超过 50%，致使许多数村庄只能采取定时供水方式减少水的损失，加大了二次污染的风险。

供水保证率低。联村供水或单村供水的农村供水水源主要靠机井、泉水或小型水库，供水保证率受降雨量的影响比较大，可以说靠天吃水。实地调研中发现，由于 2015 年和 2016 年连旱，鲁中山区和鲁东丘陵地带的许多地下水下降明显、水库干涸，农村地区出现吃水困难的局面。

3. 自备井供水

自备井全称自备水源井，主要是指一些厂矿、机关和院校等为了缓解用水紧张和市政供水管网建设滞后的问题开凿的、供自身生产生活用水的水源井。在城市建设初期，无法全部为城市建设提供生活、生产集中供水时，以及城市发展扩张过程中，市政管网未覆盖区域，自备井是满足供水需要的唯一途径，是集中供水有益的补充。时至今日，山东省各地仍有许多单位和居民依靠自备井供水。

4. 分质供水

分质供水是以自来水为原水，把自来水中生活用水和直接饮用水分开，另设管网，直通住户，实现饮用水和生活用水分质、分流，达到直饮的目的，满足优质优用、低质低用的要求。其主要形式是在居住小区和村庄内设一体化净水设施，将自来水或机井水进一步深度处理、加工和净化。城市小区一般增设一条独立的优质供水管道，将水输送至用户，供居民直接饮用；农村则一般定时由村民至取水点取水。山东省分质供水并不普遍，仅有部分高档小区、单位宿舍和少数不易实现规模化供水，但相对比较富裕的农村地区有尝试，如威海地区有 96 个村庄建设了一体化净水设施，建立了村统一供水点。从调查结果看，分质供水有三大优点：一是水质好，水质高于一般市政供水和机井水，接近饮用纯净水。如本次活动中对荣成市阜柳镇学福村饮用水进行了检测，发现其机井取水硝酸盐超标（30.2mg/L），氟化物（0.813 mg/L）和亚硝酸盐（0.018 mg/L）接近限值，经村饮用水净化装置处理后，硝酸盐降至 2 mg/L，氟化物和亚硝酸盐则未检出，水质达到了直接饮用的要求。二是价格适中，相比桶装、瓶装纯净水便宜，一般家庭能接受。三是方便，省去了运输和搬运，用户可随时打开水龙头使用。但也有一定缺点：动力和水的消耗大。考虑到实施大规模分质供水需要，进行超前的城市规划，基础设施建设投入巨大，将其作为改善农村小型分散供水饮用水水质的一种尝试，值得推广，但应注意解决建设配套资金和运行维护费用。

1.4.4　出厂水与管网水水质

1. 城镇水厂出厂水与管网水水质

表 1.11 总结了近几年文献中有关城镇饮用水水质调查的结果。

表 1.11　文献中山东省部分地区城镇水厂出厂水与管网水水质情况汇总表

监测地市	采样年份	总合格率/%	出厂水/%	末梢水/%	二次供水/%	主要污染指标	参考文献
青州市	2008—2011	97.93	—	97.00	96.02	细菌学指标	[51]
烟台市	2011—2013	82.46	100	82.36	77.50	总硬度、溶解性总固体、菌落总数、余氯、浑浊度、大肠菌群、硝酸盐	[52]
潍坊市	2011—2013	91.0	97.2	91.2	86.8	总大肠菌群、氟化物、菌落总数、耐热大肠菌群	
济南市市政供水	2012	89.88	96.77	89.51	89.39	菌落总数、铁、总硬度	[53]
济南市自备井	2012	75.00	80.95	73.13	—	微生物指标、总硬度、溶解性总固体、氯化物超标、硫酸盐	[54]

续表

监测地市	采样年份	总合格率/%	出厂水/%	末梢水/%	二次供水/%	主要污染指标	参考文献
坊子区	2012	95.95	100	94.83	—	肉眼可见物、游离性余氯、菌落总数	[55]
荣成市市政供水	2012	100	100	—	—	—	[16]
荣成市镇级供水	2012	73.21	73.21	—	—	菌落总数、总大肠菌群、耗氧量、铁、氟化物	[16]
沂南县	2012—2014	86.02	98.47	95.98	86.02	硝酸盐、微生物指标、锰	[56]

本次监测共有15个点位监测出厂水与入户水水质，结果如图1.10所示，氟化物超标较为普遍，个别有微生物指标不合格现象。

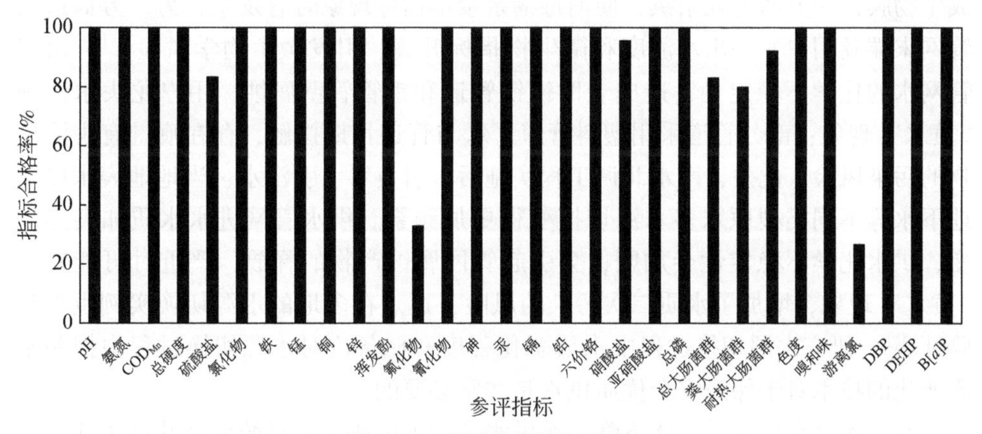

图1.10 现场监测指标情况

COD_{Mn}为高锰酸钾指数；DBP为邻苯二甲酸二丁酯；DEHP为邻苯二甲酸二（2-乙基己基）酯；B［a］P为苯并［a］芘

从文献汇总和现场监测结果来看，山东省城镇水质有以下特点。

城镇供水厂出厂水合格率较高，但仍需对净化工艺进行提高和调整。供水厂的水处理面临两方面的压力：一方面原水水质受到日益严重的污染威胁，另一方面2012年7月1日起全面实行《生活饮用水卫生标准》把供水水质要求提高到了直饮水的水平。山东省多数水厂建成于2000年以前，均按老标准设计建设。从统计结果来看，城镇供水厂的出水水质总体合格率均可以达到或接近100%，但当原水有指标超标时，无法有效处理，造成相应出厂水指标超标。地表水厂出厂水超标指标一般为消毒副产物、嗅和味、浑浊度、耗氧量、氨氮等[32]，这通常与原水氮、有机物含量高及藻类繁殖有关；地下水厂出厂水超标指标一般为总硬度、氟化物、铁、锰、硫酸盐等[32]，这与原水的地质背景有关。监测结果表明，现有水厂的处理工艺水平基本符合现有原水水质和标准的要求，但由于多采用单一的简单或常规处理工艺，对各地复杂多样原水水质适应性不高。因此，相应水厂急需针对原水水质对工艺进行调整和改造，提高特定指标的净化处理水平。如针对有机物和藻类含量高的地表水，增加预氧化工艺；针对氟、铁、锰等含量高的地下水，增加除氟、铁、锰工艺。从青州市、坊子区、荣成市的数据可以看出，部分县镇级水厂消毒环节运行管理不规范，消毒剂余量、消毒副产物及微生物指标不达标现象较多。

管网末梢水相比出厂水水质有所下降。大部分水厂仍为传统的常规处理工艺，对溶解性有机物和可生物降解有机物去除效率低，水厂出厂水耗氧量指标虽不超标但含量较高。耗氧量指标较高的水进入管网后，引起微生物在管壁生长形成生物膜，一方面消耗余氯，使消毒剂余量不达标现象时有发生，另一方面造成管网末端及用户龙头出水浊度和微生物指标升高，引发微生物学风险[55]。由于管网水的化学不稳定性，造成老旧铸铁管道和钢管管壁腐蚀，用户龙头水出现“黄水”现象；部分管道采用塑料管道，水与管道长期接触，存在痕量有害溶出物的污染风险。此外，南水北调工程实施后，引黄水、引江水、当地地表水以及地下水等不同类型原水多水源切换变得更加频繁。供水管网进水水质如突然改变，供水化学不稳定性会加剧，会引起管网腐蚀产物的释放，严重时可能发生“黄水”现象，增加了水质二次污染的风险，这点在多地的水源切换实例也得到验证[57]。研究水源切换过程中水质恶化程度和储备应对水源切换过程中控制水质恶化的技术对于保障安全优质供水是非常必要的。

经二次供水后水质有所下降。次供水是指单位或个人将城市公共供水或自建设施供水经储存、加压，通过管道再供用户或自用的形式。二次供水是高层供水的唯一选择方式，在部分供水水压不足的老小区，也需要通过二次供水提高水压。从表 1.11 可以看出，经二次供水后水质有不同程度下降，基本上是微生物指标合格率下降造成的，说明二次供水水质存在的主要问题是管理不到位致使水质遭到细菌污染。多部门管理造成的理权责不明确、日常性管理不善和缺乏外部监督机制是使“二次供水”产生大量的水质安全问题的原因[11]。由于房地产开发，房屋产权归属不一，高层水箱的长期卫生管理和定期清洗消毒非常困难；不少住房来源较杂的住宅楼，往往因无人牵头支付清洗费用，水箱得不到及时清洗、消毒，造成二次供水污染事故，威胁居民的饮水安全。

供水水质在逐年提高。文献中多年监测的数据表明，不论是出厂水还是末梢水，水质均逐年提高，这反映了水厂的工艺水平和管理水平在提高，供水管网的更新改造也大大减少了供水过程的“二次污染”风险。但二次供水的水质没有明显改善，说明二次供水管理中存在的问题并未受到重视。

市政供水水质优于自备井水质。从济南市的调查结果看，市政供水水质要明显优于自备井水质。原因如下：一是自备井供水系统中末梢水中微生物及铁、锌、锰等指标明显高于出厂水，而在市政供水系统中这一点并不显著，这说明自备井供水中缺少余氯并且管网质量较差，造成供水过程中的二次污染远重于市政供水；二是自备井水质中总硬度、溶解性总固体、氯化物超标、硫酸盐等与地质原因有关的指标不合格水样较多，说明自备井原水受地质原因影响大于市政供水的原水；三是对自备井的例行监测时发现硝酸盐和四氯化碳超标情况，说明自备井原水受到一定的污染。

山东省城镇供水水质总体较好，出厂水水质基本上可以全部达标；威胁供水水质下降的主要原因是老旧管网和二次供水造成的“二次污染”；市政供水较自备井供水在水质安全方面更有保证。

2. 农村饮用水水质

表 1.12 总结了近几年文献及相关部门报告中有关农村饮用水水质调查的结果。从汇总结果可以看出，山东省农村饮用水水质有以下特点：农村饮用水水质合格率明显低于城市；饮用水合格率与供水规模密切关联；主要污染指标是与农村面源污染有关的微生物指标、硝酸盐、COD_{Mn}和铁，其次是与地质因素有关的氟化物、硫酸盐；未经处理的饮用水水质远低于经过处理的饮用水；丰水期水质明显低于枯水期。

表 1.12　山东省部分地区农村饮用水水质情况汇总表

监测地区	采样年份	总合格率/%	出厂水/%	末梢水/%	主要污染指标	参考文献
蓬莱市	2008—2011	22.76	28.17 *	17.39	硝酸盐、菌落总数、总大肠菌群	[36]
黄岛区	2010—2012	54.86	—	—	总大肠菌群、菌落总数、硝酸盐、耐热大肠菌群	[45]
枣庄市	2010—2013	72.04	76.75	67.32	细菌总数、大肠菌群	[36]
邹城市	2011	46.67	57.89 *	43.59	硝酸盐氮、菌落总数、总硬度、总大肠菌群、耐热大肠菌群	[46]
曲阜市	2012	75.83	81.67 *	75.00	菌落总数、总大肠菌数、耐热大肠菌群	[47]

续表

监测地区	采样年份	总合格率/%	出厂水/%	末梢水/%	主要污染指标	参考文献
莒县	2012	73.6	—	—	耗氧量、硝酸盐氮、细菌总数、总大肠菌群、耐热大肠菌群	[36]
荣成市	2012	64	*	53.57		[48]
潍坊市(集中式)	2011—2013	71.3	—	71.3	微生物指标、氟化物、硝酸盐	[49]
潍坊市(分散式)	2011—2013	15.4	—	15.4	微生物指标、氟化物、硝酸盐	[49]
肥城市	2013	51.79	*	51.79	大肠菌群和细菌总数	[58]
潍坊市	2013	81.05	89.80	72.40	菌落总数、总大肠菌群和耐热大肠菌群、硝酸盐氮	[59]
崂山、城阳区、即墨	2013	—	—	—	COD_{Mn}、硫酸盐、铁	[60]
聊城	2014	23.45	—	—	—	[61]

* 表示饮用水未经任何处理。

农村地区是解决饮水安全问题的重点和难点；由于农业面源污染、农村污水垃圾等非点源污染问题突出，当地的面源污染对饮用水源及供水过程的污染比较严重；水处理工艺相对简单，特别是未实现规模化供水的农村地区缺少必要的饮用水处理和消毒设备；卫生防护意识不强。提高农村供水的规模化有利于建设高水平的水处理厂，以及对水厂和管网的管理，是保障农村饮水安全的主要途径。即使由于各种原因无法实现规模化供水，也应通过建设村级一体化净水设施或生态移民等方法，设置基本消毒设施等，解决农村饮水安全问题。

1.4.5 饮用水净化处理与供应的主要问题

饮用水的原水水质、净化处理水平和供水过程的“二次污染”是决定饮用水水质的三个关键因素。相对控制水源水质，人们更容易通过控制水质净化处理过程和减少供水过程的“二次污染”来提高饮用水质量。从本次调研的结果来看，山东省饮用水净化处理与供应面临以下主要问题：

山东省现有供水厂的水质净化工艺不足以适应复杂多样原水水质和现行饮用水标准；部分县镇级水厂运行管理不规范且抗水量、水质变化冲击能力较差，饮用水净化处理面临严峻的挑战。

许多老旧管网因缺少城市改造的时机而得不到更新。由于管理单位缺少经验和监督，二次供水管理比较混乱，设备清洗不及时，供水过程中的“二次污染”降低管网末梢水水质。

水厂供水规模的提高和城市供水管网的联网，使供水安全事故带来影响面在扩大，其可能产生的安全风险后果越来越大，对其风险的判断和预测越来越困难。

农村地区面源污染严重、原水水质差、缺少必要的水处理和消毒以及农村管网更新慢，使农村饮用水水质合格率普遍较低；农村饮用水投资成本高而资金筹措难，使农村地区成为居民饮用水安全保障的难点。

1.4.6　提高饮用水净化处理与供应水平

供水厂的建设、改造和提升应以原水水质为依据，针对原水中环境污染和地质等因素产生的异常水质特点强化处理工艺；积极结合城市新区建设、旧城改造、道路新（改、扩）建更新老旧管网，将城市老旧管网的更新列入城市改造规划，并在重要地段和管线密集区规划建设综合管廊；建立二次供水管理单位准入机制，推广供水单位接管二次供水设施这一模式。建立水源地水质的预测预报制度和供水厂的突发水质应急机制，防止水质突然变化造成大规模的饮水安全事件。

将居民饮用水安全的着重点放在农村，在政策和资金投入向农村地区，特别是难以形成规模化的供水地区倾斜；因地制宜建设饮用水工程，提高农村供水的规模化水平；对不易实现规模化供水的村庄可建设小型一体化净水设施实现分质供水，或通过生态移民方式将人口转移到供水水平较高的地区，至少要设置消毒设施；及时更新老旧管网，降低漏失率和二次污染的风险；提高农村水厂和管网的管理水平，防止因管理不到而降低供水水质，在供水管网适当地点增加消毒剂投放点；加强农村供水水源的水质监测，建立有效的水质监测系统，施行定期监测，及时掌握水质变化动态和趋势，确保农村饮用水的安全。

通过整合城区供水资源，建立城区统一的供水企业和全市供水管网的联网，并将管网向农村地区延伸，从而提高供水保证率、降低供水成本。关停城市供水管网覆盖范围内自备井，并对需保留自备井加强监管，实现水资源统一配置，供水统一调度，城乡供水同质同价。

研究水源切换对供水水质的影响，以及水源储备和水源切换过程中防止水质恶化的技术；研究和开发用于分析和预测供水系统水质安全风险的分析模型。

加快城区户表改造步伐和分质供水试点工作。通过全面实现“一户一表”改造，使供水企业实现“计量入户”和对入户水质的动态监控，从而落实饮用水安全入户的保障并促进居民节约用水意识。通过在新建小区和规模化水厂难以覆盖的农村地区进行分质供水试点，以点带面，形成示范效应，从而逐步在有条件有需求的地区实现分质供水，使之成为满足居民优质优价、低质低价的供水需求和解决农村安全饮水难题的重要手段。

1.5　山东省饮用水监督管理体系

1.5.1　饮用水监督管理现状

1. 现行饮用水行政管理体制

我国现行饮用水监督管理体制是横向和纵向相结合的多层次、多部门监管的制度安排，在结构上具有多部门和中央与地方分级管理的特征，是一种条块分割、多部门行使管制权力的体制。在全国人大委员会的立法和监督下，饮用水行政管理由国务院主导进行，涉及十多个行政部门。饮用水监督管理中涉及的政府部门及其职责详见表1.13。

表1.13　饮用水监督管理中涉及的政府部门及其职责

职责单位	对应政府机构	涉及饮用水职责
水行政主管部门	水利部（厅、局）	水资源保护规划、调度、取水许可和有偿使用制度；负责水资源调度；指导饮用水源保护工作，保障城乡供水安全；指导农村饮水安全工程建设与管理工作；监测江河湖库和地下水的水量、水质
环境保护主管部门	生态环境部（厅、局）	制定饮用水水源地环境保护规划，划定保护区范围；制定水环境质量标准；环境监测和信息发布
卫生主管部门	国家卫生健康委员会	饮用水卫生监督
国土资源主管部门	自然资源部（厅、局）	水文地质环境勘查；监测监督防止地下水过量开采和污染造成的地质环境破坏
建设主管部门	住房和城乡建设部（厅、局）	拟订市政公用事业规划；指导城市供水处理设施和管网配套建设
经济综合主管部门	国家发展和改革委员会	水价管理；饮用水相关建设项目审批；协调管理
交通主管部门	交通运输部（厅、局）	防止水上交通污染；交通工具携带危险品管理
农业主管部门 渔业主管部门	农业农村部（厅、局）	指导农业面源污染治理；渔业水域生态环境保护
林业主管部门	国家林业和草原局	退耕绿化、防治水土流失、生态维护
食品监督主管部门	国家药品监督管理局	桶（瓶）装水的质量监督

从表1.13可以看出，饮用水的行政管理从各个部门管理的范围来看，《中华人民共和国水法》中规定“国务院水行政主管部门负责全国水资源的统一管理和监督工作”，水利部门涉及饮用水监督管理的各个层面，管理范围最广，特别是直接指导农村饮水安全等工程建设与管理工作，关系到农村居民的饮用水供水保障和水质安全；《中华人民共和国水法》中又规定水资源管理采用“流域管理与区域管理相结合的管理体制”，各流域委员会作为水利部在不同流域和区域的派出机构代表水利部行使所在流域内的水行政主管职责，为具有行政职能的事业单位；住房和城乡建设部负责城市生活饮用水的处理和供应及相关设施的建设，关系到城市居民的饮用水供水保障和水质安全；环境保护部门具有划定饮用水水源保护区，对影响饮用水水源的企业和个人行为检查和处罚的权利，关注于水源地水质安全；卫生部门负责饮用水卫生监督，直接关系到城乡居民的饮用安全。以上四个部门对城乡居民饮水保障和饮用安全关系最密切的行政部门。

这种涉及饮用水安全的多部门监督管理模式，符合我国政府机构设置和法律规定，优点是可以对饮用水各环节实行专业化监管，提高监管针对性；但其弊端也是非常明显，十多个部门各管一块，分割管理，在很多具体管理工作中，衔接不够产生“监管缺位”，或多方重复监管造成“监管越位”，工作交叉、责任不清、难以协调，形成“管水源地的不管供水，管供水的不管治污，管治污不了解供水处理方式”，“九龙治水”而治不成水的局面，极不利于饮用水安全的保障[8,13,14]。

2. 地方饮用水监督管理

山东省各地方的饮用水监督管理方式，与中央部委和山东省基本相对应。为了适应地方实际情况和水务管理体制改革的需要，各个地方在机构设置上有不少差异。

(1) 集中饮用水水源地的监督管理

根据《中华人民共和国水法》《山东省水资源管理条例》和“三定”规定，国务院水行政主管部门负责全国水资源的统一管理和监督工作。饮用水水源地的管理和监督权力应由水行政主管部门和流域管理机构行使。各地根据实际情况，饮用水水源地具体落实的监督管理管理单位不尽相同。多数山区水库由于不仅负责向城市供水，还有防洪、工业用水、农业灌溉和补给地下水的功能，一般设立水库管理处（局），为隶属于当地水务局的事业单位；平原水库通常与水厂同步规划建设，一般由水厂管理；地下水水源地一般由水厂负责取水站。但也有例外，如济南成立了济南市清原水务有限责任公司，下设玉清湖水库管理处、鹊山水库管理处、东郊水源管理处、西郊水源管理处、前景水源管理处、长孝水源管理处6个管理处，管理玉清湖水库、鹊山水库两个平原引黄水库和东郊、西郊、前景、长孝4个地下水水源地。泰安岱岳银河水务有限公司出资收购了黄前水库72%股份，成为水库主要管理方。表1.14列出了本次调研的各水源地管理单位。

表1.14　山东省部分水源管理单位及其性质

地区	水源地名称	管理单位	单位性质
济南	玉清湖水库	济南市清源水务有限责任公司玉清湖水库管理处	企业
	鹊山水库	济南市清源水务有限责任公司鹊山水库管理处	企业
	东郊水源地	济南市清源水务有限责任公司东郊水源管理处	企业
	西郊水源地	济南市清源水务有限责任公司西郊水源管理处	企业
	前景水源地	济南市清源水务有限责任公司前景水源管理处	企业
	长孝水源地	济南市清源水务有限责任公司长孝水源管理处	企业
	狼猫山水库	济南市水务局狼猫山水库管理处	事业
	卧虎山水库	济南市水务局卧虎山水库管理处	事业
	锦绣川水库	济南市水务局锦绣川水库管理处	事业
青岛	崂山水库	青岛海润自来水集团有限公司崂山水库管理处	企业
烟台	门楼水库	烟台市门楼水库管理局	事业
潍坊	峡山水库	潍坊市峡山水库管理局	事业
济宁	城北水源地	济宁中山公用水务有限公司高新水厂	企业
泰安	黄前水库	泰安市黄前水库管理局	事业
		泰安岱岳银河水务有限公司	企业
	东武水源地	泉河水厂	企业
	旧县地下水源地	南关水厂	企业
威海	米山水库	威海市米山水库管理局	事业
日照	日照水库	日照市水务局日照水库管理局	事业
	丁家楼水源地	日照市自来水公司	企业
滨州	东郊水库	东郊水厂	企业
	秦台水库	秦台水厂	企业
	幸福水库	阳信第一自来水公司	企业
	仙鹤水库	阳信第一自来水公司	企业

续表

地区	水源地名称	管理单位	单位性质
聊城	东阿水源地	聊城市城市水务集团有限公司	企业
	谭庄水库	聊城市水利开发投资公司	企业
	唐王水库	唐王水厂	企业
莱芜	乔店水库	莱芜市乔店水库管理处	事业
	雪野水库	莱芜市雪野水库管理处	事业

从表 1.14 可以看出，水源地的管理单位和管理方式不一。一方面，这样有利于因地制宜，方便管理；另一方面，为从法律和制度上为水源地的管理单位界定管理权限带来困难。实际管理过程，确实存在水源地管理单位管理范围小，管理权限小的问题。如果发现有可能污染饮用水水体的行为，水源地的管理单位只能阻止或驱离，无权进行行政处罚。根据《中华人民共和国水污染防治法》第五十六条、第七十四条到第七十六条、第八十一条和《饮用水水源保护区污染防治管理规定》，饮用水水源保护区的划定、污染防治监督管理和行政处罚却主要由环境保护主管部门负责。管水和治污脱节，巡查和处罚脱节，不利于水源地保护。

（2）城市市政供水的监督管理

《城市供水条例》的规定：“国务院城市建设行政主管部门主管全国城市供水工作。省、自治区人民政府城市建设行政主管部门主管本行政区域内的城市供水工作”。该条例已经颁布实施 20 多年，城市供水经历了长期发展，各地城市供水监督管理方式几经变迁，呈现多元化，管理部门有比较大的差别。表 1.15 为调研了解的济南等 8 地市城市供水企业情况和城市供水监督管理的主管部门情况汇总。

从表 1.15 可以看出，有的地市（如滨州、威海）保留原有的监督管理模式，由建设行政主管部门主管城市供水工作；更多的地市进行了不同程度的改革和调整：有的地市成立了公用事业管理局（如济南、泰安、聊城等）或城市管理局（青岛、烟台、莱芜等）将供水、供气、供暖等市政部门分离出来单独管理。有的地市（如青岛）为了统筹管理辖区内的水资源，水务管理体制改革的趋势成立水务司或水务集团公司，实现辖区内水务一体化，把水源和供水、供水和排水、用水与节水、治污与回用进行一体化管理；有的地市（如济南）为了细化供水管理，把饮用水的原水、净化和供水分到不同的企业来经营管理。有的地市（如济南、青岛）已经连通城区内供水管网，实现的多水源的联合调度；有的城市（如滨州、莱芜）仍保持分区供水，管网相互独立。

以上各城市运行的供水方式和供水监督管理模式都有优点和缺点，是当地长期供水实践形成的结果。饮用水监督管理划分过细虽然可以实行专业化监管，提高监管针对性，但可能会造成饮用水生产使用衔接环节过多，影响上下游的沟通，降低行政效率；水务一体化很大程度上化解了由于行政分割管理所带来的“九龙治水”格局，但有可能造成上下级之间、各城市之间对口行政机关不一致，管理系统不能垂直贯通，导致行政效率下降，需要进一步理顺水务管理部门管理职责。

表 1.15　山东省部分地市城市供水企业情况和城市供水监督管理的主管部门情况

地区	供水单位	水厂数量/座	总设计规模/（万 m^3/d）	主管单位	管网连通
济南	济南泉城水务有限公司 济南水务集团有限公司	10	136	济南市市政公用事业局	是
青岛	青岛水务集团青岛市海润自来水集团有限公司	3	72.6	青岛市城市管理局	是
烟台	烟台市自来水公司	6	77.3	烟台市城市管理局	是
济宁	济宁中山公用水务有限公司	4	60.5	济宁市国有资产管理委员会	是
泰安	泰安市自来水公司	3	23	泰安市公用事业管理局	是
威海	威海市水务集团有限公司	3	25	威海市住房和城乡建设局	是
滨州	滨州市自来水公司 滨城区自来水公司 滨州水务集团有限公司	1 2 2	10 10 10	滨州市住房和城乡建设局 滨城区水务局	否
聊城	聊城市城市水务集团有限公司等 9 家企事业单位	12	37	聊城市市政公用事业管理局 聊城市水务局	否
莱芜	莱芜市自来水公司	3	14	莱芜市城市管理局	否

连通城区内供水管网可以实现多水源的联合调度，提高供水安全性，但这需要比较高的管理水平，因此在经济比较发达、城市供水面积比较大的城市比较适用，但中小城市和城市新区并不适用。故供水方式和供水监督管理模式的调整和改革应因地制宜、重在理清职责权限。

（3）城区自备井供水系统的监督管理

作为对水资源的直接利用，自备井的取水许可由各地水利部门负责，并要有偿使用，在具体进行监管执法时，需要建设、城管等部门的配合。由于产权分散等原因，自备井统一管理程度较低。在自备井开采运行过程中也产生了很多问题，主要有水质较集中供水差、出水量可靠性低，对集中式水源井产生干扰等。其中，出水水质和出水量主要受区域地下水环境整体变化因素控制，并受自备井的维护水平、成井质量和自备井单位的管理能力影响；人为因素是集中式水源井产生干扰的主要来源，与自备井前期建设过程中的论证工作是否完善直接相关。自备井的分散管理状况及其在开采过程中日益突显的各种问题，极大影响了城市的安全供水能力，同时对保护本地水资源、地下水环境以及提高区域水资源可持续利用发展有一定的制约作用，不利于优化城区供水结构。

（4）二次供水的监督管理

二次供水是指单位或个人将城市公共供水或自建设施供水经储存、加压，通过管道再供用户或自用的形式。二次供水是高层供水的唯一选择方式；在一些水压不足的老小区，也需要二次供水。显然，二次供水是一种特殊形式的末梢水，比一般供水多出储存、加压环节，易出现供水安全隐患，需加强监督管理。

由于二次供水设施的产权不一，管理方式千差万别，常见的二次供水设施管理方式有物业公司管理、产权单位自管、居委会代管和房地产开发商临时代管 4 种方式，这给二次供水的监督管理工作带来了极大不便。同时，由于市政供水管网的管理通常由供水企业负责，二次供水管网与市政供水管网又是相互连通的，当用户水质出现问题时，供水企业和二次供水管理单位之间的责任往往难以界定，容易造成推诿扯皮现象。在具体监管的实施上，法律法规未明确监管主体，设施日常维护、维修费用在相关法律法规中没有具体规定，使监管无人牵头，无法可依。种种原因导致哪怕出厂水质达标了，送入居民口中的水却也不一定是安全健康的，许多污染往往出在自家楼顶上的蓄水池里。

目前，山东省已有济南、青岛、潍坊和济宁等地市颁布关于二次供水的管理方法，明确了各地供水行政管理部门即为二次供水的行政主管部门，卫生行政部门负责城市二次供水卫生监督工作。济南等地也有由供水企业接管二次供水的设想。这一系列法律和制度实施，有望改善饮用水安全的“最后一千米”难题。

（5）农村供水的监督管理

相对于对城市供水的监督管理，农村供水的监督管理权限比较集中于各地方水利部门，如《山东省农村公共供水管理办法》规定：县级以上人民政府水行政主管部门负责本行政区域内农村公共供水的管理工作。为适应相应法律法规的要求和农村水务管理的需要，山东省大多数县级行政单位都设立水务局，将大部分与供水相关的行政职能统一到水务局，方便了农村供水的监督管理。城乡一体化的供水企业要同时接受住建、水利、卫健委、质监等部门的多重管理，在工程建设改造资金的申请、化验室等级评定认证、供水经营许可证颁发、卫生许可证书颁发、化验员资格证书颁发等方面，存在职责交叉、监管混乱的情况，给供水企业增加负担，影响效率。农村水务管理还存在政企不分、缺少专业人员、整体管理水平低等问题。

1.5.2 饮用水水质的监测和评价体系

1. 省内参与饮用水水质监测和评价的机构

(1) 山东省水环境监测中心

山东省水环境监测中心由省中心和14个市（临沂、济宁、潍坊、烟台、滨州、泰安、枣庄、聊城、菏泽、青岛、淄博、威海、日照、德州）分中心组成，挂靠山东省水文水资源勘测局，业务由省水利厅、水文水资源勘测局双重领导，负责全省地表水、地下水的水质监测；参与水功能区的划分、审定水域纳污能力和编制水资源保护规划；承担全省河流、湖泊、水库、入河排污口、取水许可、重点水功能区及主要供水水源地的水质监测；承担水资源论证的水质调查、监测及评价等工作。

(2) 山东省环境监测总站

山东省环境监测总站由山东省环境监测中心站和地方监测站组成，隶属于山东省环境保护厅（现生态环境厅），负责全省环境质量监测和污染源监督性监测、环境应急和预警监测等工作。在饮用水相关监测方面涉及饮用水水源地水环境监测和相关水污染源监督性监测。

(3) 山东省疾病预防控制中心

山东省疾病预防控制中心隶属于山东省卫生与计划生育委员会（现卫健委），涉及居民饮水安全方面负责开展生活饮用水环境卫生监测与评价、全省农村饮水安全工程水质监测以及水、涉水产品的理化检验及专项抽检、委托检验等工作。

(4) 山东省城市供水水质监测中心

山东省城市供排水水质监测中心与济南市供排水监测中心合署办公，隶属于山东省住房和城乡建设厅及济南市市政公用局，承担省会济南和山东省城市供排水水质监督监测任务，同时承担住房和城乡建设部城市供排水行业监测职责，饮用水监测方面负责对公共供水的原水、出厂水进行监测。青岛市供水水质监测中心也有相近的职能和监测能力。

(5) 山东省食品药品检验研究院

山东省食品药品检验研究院隶属于山东省食品药品监督管理局，主要承担瓶（桶）装水和各类饮料的监测工作。

(6) 供水单位的水质检测中心

山东省绝大部分供水单位都设有水质检测中心或化验室。目前不少地级供水集团已经具备了检测《生活饮用水卫生标准》（GB 5749—2006）全部106项指标的能力，而大多数县级自来水公司具备了检测 42 项能力，并对浊度、pH 等指标做到在线检测。

（7）社会水质检测机构

社会水质检测机构具有非官方、服务商业化的特点，是第三方检测机构的重要组成部分。至 2015 年，山东省批准建立的社会第三方环境检测机构共有 70 家，其中有 68 家具有水质检测能力。社会第三方环境检测机构的水质检测设备水平如图 1.11 所示。实行商业化运行，其检测成本低、检测周期短，更有市场竞争活力。

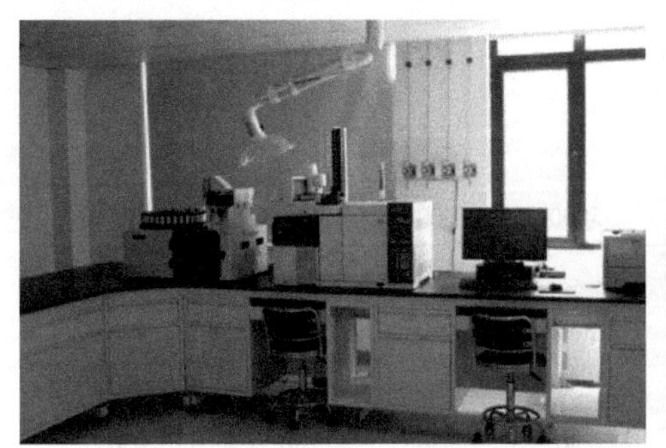
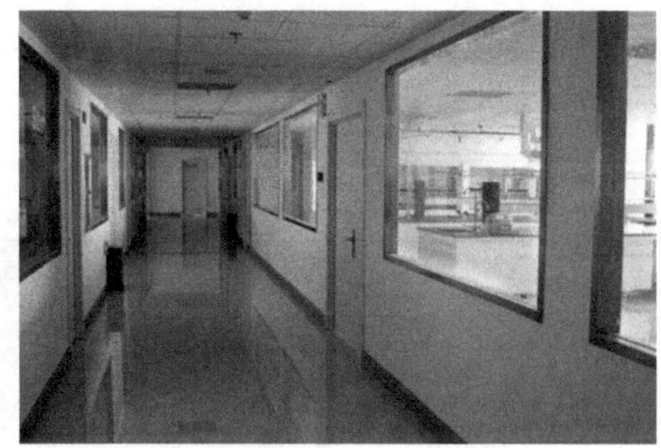

图 1.11　某检测评价技术服务有限公司实验室环境

2. 饮用水水源地的水质监测和评价

根据法律法规及“三定”规定，主要负责饮用水水源地水质监测和评价的政府部门应为环境保护主管部门，具体实施监测为各级环境保护监测站。为了方便了解原水水质信息等目的，水行政、卫生、建设等部门和供水企业也开展了对水源地水质的监测。各部门的监测目的和关注点不同，监测地位的选择、监测方法、监测标准和评价模式均有所差别。

（1）环境部门对饮用水水源地水质的监测和评价

环境部门对集中式生活饮用水水源地的监测是依据环境保护部（现生态环境部，后同）制订的《全国集中式生活饮用水水源地水质监测实施方案》执行，地表水的评价标准为《地表水环境质量标准》（GB 3838—2002）Ⅲ类标准或对应的标准限值，地下水的评价标准为《地下水质量标准》（GB/T 14848—93），评价方法为单因子评价法，即除总氮外，一项不达标就视为饮用水源水不合格。

（2）水行政部门对饮用水水源地水质的监测和评价

为综合反映水源地水资源质量状况，水行政部门将监测和评价项目分为三类 22 项：水源地易污染项目、饮用水一般化学指标和饮用水中毒性项目，监测评价项目见表 1. 16。评价方法为 WQI 综合水质指数法，通过在单项指数计算和确定的基础上，进一步计算分类指数 IL，最终把计算确定的水质评价指数值对照评价等级表 1. 17，得出水质评价等级，即为评价结果。

表 1. 16　评价标准及分级指数　　（单位：mg/L）

评价项目				评价标准及分级指数				
				1 级	2 级	3 级	4 级	5 级
				$I_{iok}=20$	$I_{iok}=40$	$I_{iok}=60$	$I_{iok}=80$	$I_{iok}=100$
第一类	污染项目	氮氮	≤	0. 1	0. 2	1. 0	2. 0	8. 0
		溶解氧	≥	（饱和率）90%	6	5	3	2
		COD_{Mn}	≤	2	4	6	8	10
		总大肠菌群	≤	2000	5000	10000	20000	100000
第二类	饮用水一般化学指标	pH		6. 5 ~ 8. 5		6 ~ 9		
		总硬度	≤	80	300	450	500	600
		硫酸盐	≤	250	250	250	250	250
		氯化物	≤	250	250	250	250	250
		溶解性铁	≤	0. 3	0. 3	0. 5	0. 5	1. 0
		总锰	≤	0. 1	0. 1	0. 1	0. 5	1. 0
		总铜	≤	0. 01	1. 0	1. 0	1. 0	1. 0
		总锌	≤	0. 05	1. 0	1. 0	2. 0	2. 0
		挥发酚	≤	0. 002	0. 002	0. 005	0. 01	0. 1
第三类	饮用水毒性项目	氟化物	≤	1. 0	1. 0	1. 0	1. 5	1. 5
		总氢化物	≤	0. 005	0. 05	0. 2	0. 2	0. 2
		总砷	≤	0. 05	0. 05	0. 2	0. 2	0. 2
		总汞	≤	0. 00011	0. 0002	0. 0005	0. 001	0. 001
		总镉	≤	0. 001	0. 005	0. 005	0. 005	0. 01
		总铅	≤	0. 01	0. 05	0. 05	0. 05	0. 1
		六价铬	≤	0. 01	0. 05	0. 05	0. 05	0. 1
		硝酸盐氮	≤	10	10	20	20	25
		亚硝酸盐氮	≤	0. 06	0. 1	0. 15	1. 0	1. 0

注：1. 总大肠菌群的评价以 GB 3838—2002 标准为基础，将Ⅲ类值增加为 5 级值；2. 氮氮、总汞和总硬度执行 SL634 标准；3. 总硬度不进行评价。

表 1.17　WQI 水质评价等级表

序号	水资源质量等级	水质指数值	水质状况
1	1	0<WQI≤20	水质优良
2	2	20<WQI≤40	水质良好
3	3	40<WQI≤60	水质尚好
4	4	60<WQI≤80	已受污染
5	5	80<WQI≤100	严重污染
6	超 5	WQI>100	极严重污染

3. 卫生部门、建设部门和水厂对饮用水水源地水质的监测和评价

为了解原水质量、指导饮用水的净化处理并对水质进行预警，卫生部门、建设部门和水厂对饮用水水源地水质进行监测和评价，评价标准为《生活饮用水卫生标准》(GB 5749—2006)，评价方法为单因子评价法，一项不达标就视为饮用水源水不合格。

以上三种监测和评价方法各有优点：以《地表水环境质量标准》(GB 3838—2002) 和《地下水质量标准》(GB/T 14848—93) 为标准有利于把握水源地水质是否满足环境功能，指导水源地的环境保护，不利于指导水厂处理工艺的运行。以直饮水水质来制订的《生活饮用水卫生标准》(GB 5749—2006)，评价标准虽然有利于指导水厂处理工艺的运行，但原水水质，尤其是地表水水质很难得到合格结果。

以上各标准指标繁杂，《地表水环境质量标准》(GB 3838—2002) 总计 109 项，地下水的评价标准《地下水质量标准》总计 39 项，《生活饮用水卫生标准》(GB 5749—2006) 总计 106 项。以单因子评价出的结果，既不利于居民进行水质直观判断，也难以了解水质整体概况，对水质进行比较。如果因某一项指标超标就放弃该处水源是不合理的，通过调整提高水厂的处理工艺，使处理后的水达到出厂水的标准。WQI 综合水质指数法作为综合分析指数，具有统筹水源与后续处理工艺的优势，结果简单清晰，即使是普通居民也能根据评价结果判断水质优劣，易于对不同水源和同一水源不同时间的水质做横向和纵向的比较。WQI 方法也存在两个问题：一是该方法不专门评价饮用水水质，只是评价水质优劣，不能直接反映作为饮用水源水是否安全；二是涉及指标较少，不能反映所有影响居民饮水安全的隐患。

4. 饮用水出厂水和管道水的监测和评价

卫生部门、建设部门和供水企业均对出厂水和管网末梢水进行监测和评价。

评价标准为《生活饮用水卫生标准》（GB 5749—2006），评价方法为单因子评价法，一项不达标就视为饮用水源水不合格。

5. 居民饮用水的监测和评价

从居民饮水安全问卷调查的结果看，自来水、水质净化设备处理后和自来水或桶装饮用水是居民主要的饮用水。这三类主要的居民饮用水分别归不同主管部门和监测机构监管，执行的评价标准也不一致。入户自来水由卫生部门监测和评价，评价标准为《生活饮用水卫生标准》（GB 5749—2006）；桶装饮用水由食品药品监督管理部门监测和评价，评价标准为《食品安全国家标准　包装饮用水》（GB 19298—2014）和《食品安全国家标准　饮用天然矿泉水》（GB 8537—2008）。

1.5.3　饮用水监督与管理的主要问题

多部门参与饮用水的监督管理，形成分割管理、“九龙治水”的局面。多个部门各管一块，分割管理，在很多具体管理工作中，衔接不够产生“监管缺位”，或多方重复监管造成“监管越位”，工作交叉、责任不清、难以协调，形成“管水源地的不管供水，管供水的不管治污，管治污的不管水源地”“九龙治水”而治不成水的局面。

各地管理模式不一。为了适应地方实际情况和水务管理体制改革的需要，各地形成的具体管理模式有比较大差别。因行政管理上下级之间、各城市之间对口行政机关不一致，管理系统不能垂直贯通而导致行政效率下降。

农村水务管理政企不分，管理水平低。农村供水企业大多隶属于县一级水务局，政企关系不易理顺，存在政企不分、水权不明晰等问题，极大地影响了水资源的优化配置。供水管理水平普遍不高，水质监测率低，饮水安全难以保障。由于管网漏失率极高、水费征收率低，供水企业普遍亏损严重。

监测机构重复建设，且互不沟通。由于行政主管部门对饮用水的分割管理，监测机构也形成各自为政的局面，相互之间监测信息不传达、不沟通。结果是监测机构不得不重复建设，造成资源的极大浪费；供水上下游之间无法实现水质预警，影响居民饮水安全。

饮用水质评价的标准和方法不统一。各部门对饮用水水质评价的标准是本部门关注的重点制订。例如，《地表水环境质量标准》（GB 3838—2002）是由原国家环境保护总局制订，重点是区分水的环境功能，分类保护；《地下水质量标准》（GB/T 14848—93）是由原地质矿产部，以地下水水质现状、人体健康基准及地下水质量保护为目标，兼顾不同用途对水质的要求制定；《生活饮用水卫生标准》（GB 5749—2006）主要由原卫生部提出，为保证居民饮用安全，标准限值多参照WHO相关标准。各标准制定部门、发表时间和考量大的因素各不相同，指标之间有冲突。例如《地表水环境质量标准》（GB 3838—2002）中规定原水中砷的限值为0.05mg/L，《生活饮用水卫生标准》（GB 5749—2006）规定的出厂水的砷的限值是0.01mg/L。实事上，除非在高砷区（山东省基本无高砷区），水厂是不专门设置砷处理工艺，也无需将含砷0.05mg/L的水源水处理为0.01mg/L的出厂水。如果建设部门不牵头组织对水厂进行专门改造，合格的原水在经水厂处理后，砷指标反而可能不合格。铅指标也有类似情况，而汞指标的情况恰恰相反，出厂水汞的限值反而是地表水源水的限值的10倍。这种标准之间的冲突无疑会加深各部门之间的沟通难度，令实际的饮用水管理工作无所适从。

1.5.4 完善饮用水监督管理体系的措施

深化水务管理体制改革，实行水务一体化管理。将同一流域内水污染源、排水收集、污水处理、水资源调配、水源地保护、饮用水处理、供水管网等涉水管理权限的管理纳于同一管理体系内，并赋予行政执法权，实现水务一体化。

建立流域生态补偿机制。科学制定生态补偿基准，通过建立流域内生态补偿机制，提高水源地及上游地区保护饮用水源水质和生态环境和积极性。

统筹水源调度。统筹调度地表水、地下水和客水资源，连通不同水域，发挥水系联通作用，实现水源联合调度，提高原水供水保证率。

实现城乡供水一体化。让城乡水厂的统一管理及供水的区域联网供水和联合调度，实现城乡供水一体化，达到提高城乡供水保证率，城乡同质供水的目标。

建立统一的水质监测数据共享平台。通过建立统一的水质监测数据共享平台使各部门共享监测数据，提高水质检测数据质量，防止监测机构的重复建设并提高饮水安全的风险预警能力。

积极利用社会监测服务市场。进一步开放监测服务市场，部分非在线监测项目的检测以政府购买服务的方式由社会监测机构检测，降低行政成本。

完善水质标准和评价方式。完善现有水质监测指标体系，借鉴上海市经验，研究制定涵盖水源水、出厂水、管网水和入户水水质标准的《山东省饮用水水质准则》（以下简称《水质准则》）。该《水质准则》制定应以适合山东省原水水质特征并高于现行国家水质标准、全面保障居民饮用安全为基本原则。建议《水质准则》中集中式水源水质执行Ⅱ类水体标准，取代现行的Ⅲ类水体标准。通过提高水源地的水质要求，提升饮水安全的保障，并对水源地的保护产生倒逼机制，促使相关责任方加大水源地保护力度，实施更严格的饮用水保护措施。组织饮用水毒理学课题研究，明确微痕量化合物对人体健康的影响，建立该类物质的综合性监测指标和联合检测技术方法，实现对其快速有效的检测，并纳入《水质准则》的指标体系中。对现行标准中存在的相互冲突的指标进行整合与调整。

建立饮用水质分级评价方法。研究建立一种易于被公众认识接受、可用于指导政府决策且可行的饮用水质分级评价方法。该分级评价方法应具备以下特点：计算参数尽可能涵盖所有影响居民饮水安全指标，结果简单以分级形式给出，如饮用水质优良、合格、安全和不安全分组。这样的评价体系不仅充分利用监测数据，全面代表水质水平，可以指导水厂的处理工艺的运行和调整，而且为管理部门提供预警信息支持和决策依据，简单易懂，使不具有专业知识的公众也能够理解的水质优劣。

1.6 小　　结

随着保护力度的不断加强和法规政策的日趋健全，饮用水水源地保护区内污染项目和活动得到消除，直接污染和影响水源地水质的现象大为减少，水系生态环境得到治理，水质恶化的趋势得到遏制和扭转，地下水超采区面积不再扩大，饮用水安全得到了基本保障。城镇集中式水源地以湖库型地表水源为主，农村水源地以地下水源为主。集中式饮用水水源地为水源的供水比例不断提高。

山东省现有城镇水厂200余座，总服务人口超过3600万，出厂水合格率较高，可达到或接近100%。山东省多数水厂以简单、常规处理为主，工艺相对单一，当原水指标超标时，无法保证出厂水全面满足《生活饮用水卫生标准》的要求。农村管网水质远低于城市。城市供水过程产生“二次污染”的主要原因是老旧管网和二次供水；影响农村饮用水水质的主要原因为原水水质差并缺少必要水处理和消毒设施。

我国现行饮用水监督管理体制一种条块分割、多部门行使管制权力的体制，具有对各环节实行专业化监管，提高监管针对性的优点；但分割管理带来了工作交叉、责任不清、难以协调，难以适应经济社会发展的要求。

推进节水型社会建设，严格执行水资源管理制度，确保有限的水资源的有效利用，实现水资源开发利用和节约保护；根据山东省水文地质、气候、环境和社会经济特点，制定饮用水源保护区划分技术规范的细则，为饮用水源保护区划分提供详细的依据。

密切监测水源地上游来水水质，建立水源地水质的预测预报制度；建立饮用水水源风险源名录和危险化学品运输穿越保护区管理制度，开发危险化学品运输车辆自动识别系统，与水源地水质监控系统的数据联网对接，实现水源地移动风险源的实时监控。

深化水务管理体制改革，以流域为管理单元推进水权交易、水务一体化和城乡供水一体化，实现城乡水厂的统一管理及供水的区域联网供水和联合调度，达到提高城乡供水保证率，城乡同质同价供水的城乡供水一体化目标。

英文缩写对照

英文缩写	英文全称	中文全称
KCFs	Key Control Factors	关键控制因子
WHO	World Health Organization	世界卫生组织
WSP	Water Safety Plan	水安全计划
SOM	Self-Organizing Feature Map	自组织特征映射
KAP	Knowledge，Attitude and Practice	认知、态度和行为
HACCP	Hazard Analysis and Critical Control Point	危害分析关键控制点
COD	Chemical Oxygen Demand	化学需氧量
NOM	Natural Organic Matter	天然有机物
TOC	Total Organic Carbon	总有机碳
DBPFP	Disinfection By-products Formation Potential	消毒副产物生成势
BAC	Biological Activated Carbon	生物活性炭
WQI	Water Quality Index	综合水质指数

参考文献

[1] 刘红. 山东省城市饮用水供水安全管理现状及对策研究［D］. 济南：山东大学，2017.

[2] Rivera-Jaimes J A，Postigo C，Melgoza-Aleman R M. Study of pharmaceuticals in surface and wastewater from Cuernavaca，Morelos，Mexico：Occurrence and environmental risk assessment［J］. Sci. Total Environ.，2018，613-614：1263-1274.

[3] Landrigan P J，Fuller R，Acosta N J R，et al. The lancet commission on pollution and health［J］. Lancet，2018，391（10119）：462-512.

[4] Liu J，Yang W. Water management. Water sustainability for China and beyond［J］. Science，2012，337（6095）：649-650.

[5] 孙飞翔，刘金森，徐欣，等. 美国弗林特饮用水危机的警示——强化饮水安全管理有效防范环境风险［J］. 环境与可持续发展，2017，42（01）：110-114.

[6] 许建玲. 我国饮用水安全管理体系问题及对策研究［D］. 哈尔滨：哈尔滨工业大学，2013.

[7] 张勇，王东宇，杨凯. 美国饮用水源突发污染事件应急管理及其借鉴［J］. 中国给水排水，2006，（16）：7-11.

[8] 刘洪林，余国倩，韩晓. 山东省城市饮用水安全评价及供水措施研究［J］. 水利水电快报，2008，29（S1）：35-38+45.

[9] 范兆祚．山东省居民饮用水污染防治研究［J］．山东经济战略研究，2016，（12）：34-36.
[10] 熊志伟．我国城市饮用水安全的法律规制［D］．南昌：江西财经大学，2015.
[11] 杨元青．泰安市农村饮用水水源地的水质评价及改善对策［D］．泰安：山东农业大学，2008.
[12] 曹静，于浩，杨卫红，等．2009—2012 年德州市农村生活饮用水水质监测［J］．预防医学论坛，2014，20（8）：571-573，576.
[13] 徐修臻，丁连学．2010—2012 年青岛市黄岛区农村饮用水水质监测［J］．预防医学论坛，2014，20（12）：928-930.
[14] 张显明，刘娜，孔卓琦，等．2011 年邹城市农村饮用水水质状况调查与分析［J］．中国初级卫生保健，2012，26（23）：89-91.
[15] 孟庆红．曲阜市农村饮用水水质检测结果［J］．职业与健康，2013，29（22）：3018-3019.
[16] 彭宁，吴永健．荣成市生活饮用水卫生状况调查［J］．临床医学文献杂志，2014，1（7）：261-263.
[17] 谷翠梅，曲宁，代飞飞．2011—2013 年潍坊市生活饮用水水质监测分析［J］．中国城乡企业卫生，2014，163（5）：51-53.
[18] 山东省人民政府办公厅．山东省实行最严格水资源管理制度考核办法［S］．济南：2013.
[19] Wenbo Shi，Xiaoming Cheng，Dandan Ding. Water quality trends of Yellow River in Shandong province［C］．//Yellow River Forum-The 4th IYRF，Zhengzhou 2012.
[20] 李荣光．投影寻踪法用于南水北调水的水质分期研究［J］．供水技术，2017，11（06）：11-14.
[21] An W C，Li X M. Phosphate adsorption characteristics at the sediment- water interface and phosphorus fractions in Nansi Lake，China，and its main inflow rivers［J］．Environ Monit Assess，2009，148（1-4）：173-184.
[22] Liu Licai，Zheng Fandong，Zhang Chunyi. Characteristics of water quality of South- to- North water diversion mixed with groundwater in Beijing［J］．Hydrogeology & Engineering Geology，2012，39（1）：1-7.
[23] 韩珀，沙净，周全，等．南水北调中线受水城市水源切换主要风险及关键应对技术［J］．给水排水，2016，52（04）：14-17.
[24] Ai-Ying B.，Jie S.，Jing-Chao L. Analysis of soil components along water channel of east route of South-to-North water diversion project［J］．Zhongguo Xue Xi Chong Bing Fang Zhi Za Zhi，2016，28（4）：426-428.
[25] Zhang M S，Xu B，Zhang T Y. Formation of disinfection by- products during chlor（am）ination of Danjiangkou reservoir water and comparison of disinfection processes［J］．Huan Jing Ke Xue，2015，36（9）：3278-3284.
[26] 张振杰，侯煜堃，陈洁，等．南水北调水混凝过程中残余铝控制的影响试验研究［J］．

供水技术，2016，10（06）：1-5.

[27] Lee J, Rai P K, Jeon Y J, et al. The role of algae and cyanobacteria in the production and release of odorants in water [J]. Environ Pollut, 2017, 227: 252-262.

[28] Olsen B K, Chislock M F, Wilson A E. Eutrophication mediates a common off- flavor compound, 2-methylisoborneol, in a drinking water reservoir [J]. Water Res, 2016, 92: 228-234.

[29] Corbel S, Mougin C, Bouaicha N. Cyanobacterial toxins: modes of actions, fate in aquatic and soil ecosystems, phytotoxicity and bioaccumulation in agricultural crops [J]. Chemosphere, 2014, 96: 1-15.

[30] Brooks B W, Lazorchak J M, Howard M D, et al. Are harmful algal blooms becoming the greatest inland water quality threat to public health and aquatic ecosystems? [J]. Environ Toxicol Chem, 2016, 35 (1): 6-13.

[31] 山东省水文局．山东省地下水超采区评价报告．济南：2013.

[32] 山东省住房和城乡建设厅．山东省城镇公共供水基本情况．济南：2015.

[33] 山东省住房和城乡建设厅．关于加强我省城市供水安全保障和雨洪资源利用的有关工作情况．济南：2015.

[34] 山东省水利厅．全国农村饮水安全工作现场会报告．潍坊：2015.

[35] 赖日明，黄剑明，叶挺进，等．饮用水处理技术现状及研究进展 [J]．给水排水，2012，(s1)：213-218.

[36] 白晓慧，贺兰喜，王宝贞．常规饮用水净化技术面临的挑战及对策 [J]．水科学进展，2002，13（1）：122-127.

[37] 张跃军，赵晓蕾，李潇潇，等．处理低温、低浊宁波白溪水库水的混凝剂优化 [J]．中国给水排水，2007，23（13）：52-55.

[38] 张定昌，邓志光，李国洪．强化常规水处理工艺的设计应用案例分析 [J]．中国给水排水，2013，29（20）：35-38.

[39] Yan M, Wang D, Qu J, et al. Enhanced coagulation for high alkalinity and micro- polluted water: the third way through coagulant optimization [J]. Water Res, 2008, 42 (8-9): 2278-2286.

[40] 黄晓东，孙伟，庄汉平，等．强化混凝处理微污染源水 [J]．中国给水排水，2002，18（12）：45-47.

[41] 刘百仓，韩帮军，马军，等．粉末活性炭吸附去除松花江原水中有机物的研究 [J]．中国给水排水，2008，24（21）：38-41.

[42] 陈忠林，马军，李圭白，等．受硝基苯污染松花江原水的应急处理工艺研究 [J]．中国给水排水，2006，22（13）：1-5.

[43] 马军，盛力．改性石英砂滤料强化过滤处理含藻水 [J]．中国给水排水，2002，18（10）：9-11.

[44] 王占生，刘文君．我国给水深度处理应用状况与发展趋势 [J]．中国给水排水，2005，21（9）：29-33.

[45] Bao M L, Griffini O, Santianni D, et al. Removal of bromate ion from water using granular activated carbon [J]. Water Research, 1999, 33 (13): 2959-2970.
[46] Asami M, Aizawa T, Morioka T, et al. Bromate removal during transition from new granular activated carbon (GAC) to biological activated carbon (BAC) [J]. Water Research, 1999, 33 (12): 2797-2804.
[47] Chekli L, Phuntsho S, Shon H K, et al. A review of draw solutes in forward osmosis process and their use in modern applications [J]. Desalination and Water Treatment, 2012, 43 (1-3): 167-184.
[48] Chen X J, Huang G, An C J, et al. Emerging N-nitrosamines and N-nitramines from amine-based post-combustion CO_2 capture—A review [J]. Chemical Engineering Journal, 2018, 335: 921-935.
[49] Greenlee L F, Lawler D F, Freeman B D, et al. Reverse osmosis desalination: water sources, technology, and today's challenges [J]. Water Res, 2009, 43 (9): 2317-2348.
[50] Laîné J M. Membrane technology and its application to drinking water production [J]. Journal of Clinical Investigation, 1998, 22 (2): 265-273.
[51] 王正新，宋燕，张宝泽. 2008、2011 年青州市居民生活饮用水水质检测 [J]. 预防医学论坛，2013，19 (2)：135-136.
[52] 徐迎春，阎西革，徐建军，等. 2011—2013 年烟台市城市生活饮用水水质分析 [J]. 环境卫生学杂志，2014，4 (6)：576-579.
[53] 李爱春，李士凯. 2012 年济南市生活饮用水水质监测情况分析 [J]. 中国公共卫生管理，2013，29 (6)：824-826.
[54] 孟金香，刘霞. 坊子区居民生活饮用水的水质问题探讨 [J]. 中国伤残医学，2013，21 (6)：425-426.
[55] 山东省住房和城乡建设厅. 部分管网水质监测资料汇总. 济南：2013.
[56] 高丙军. 2012—2014 年沂南县生活饮用水水质监测结果分析 [J]. 中国卫生标准管理，2015，6 (12)：3-4.
[57] 王刚亮. 水源切换条件下给水管网铁释放控制的中试研究 [D]. 郑州：华北水利水电大学，2014.
[58] 王品杰. 肥城市农村集中式供水水质卫生学调查 [J]. 社区医学杂志，2015，13 (2)：74-75.
[59] 丁瑞英，王建路，刘本先. 潍坊市 2013 年农村饮水安全工程水质卫生状况调查 [J]. 中国城乡企业卫生，2014，163 (5)：67-69.
[60] 赵玉明，曲恒超，常欣，等. 青岛市部分农村地区生活饮用水水质检测与评价 [J]. 青岛农业大学学报（自然科学版），2014，31 (1)：59-64.
[61] 聊城市卫生与计划生育委员会. 城乡居民饮用水卫生监测情况汇报. 聊城：2015.

第 2 章　山东省居民饮水安全 KAP 调查

饮用水已成为影响人类健康的主要原因，饮用水安全与居民健康保障密切相关[1]。向居民了解对饮用水水质的满意度、水质安全和污染防治工作的认知程度，对相关工作的要求、愿望以及居民在饮用水方面的相关行为，对加强饮用水安全管理有极大帮助。美国教育学家 McGuire 提出了一种认知、态度和行为（KAP）理论，认为只有当人们懂得了相关知识，建立积极、正确的态度，才能形成有益的行为[2]。该理论被广泛地用于评估人类各种生活行为，近年来与居民饮水安全 KAP 相关研究也逐渐受到重视[3-6]。居民饮水安全的知识、态度和行为情况及其不同人群的差异，是健康风险评估的重要基础数据[4]，在研究饮用水与人体健康影响中具有重要价值[5-10]。

饮用水相关信息与 KAP 相关研究基础数据的主要来源是对相关人群进行问卷调查[6,11-13]。问卷调查是一项应用广泛的社会学研究方法[14]，主要方式是通过标准化问卷，向特定人群收集信息[6]。近年来已有研究通过问卷调查方式对多地居民的饮水 KAP 进行了调查[2-4,15-17]，并利用 χ^2 检验分析饮水相关 KAP 在不同人群调查结果的分布，以及不同属性，如性别、年龄、文化程度等群体间的差异。在马来西亚 Pasir Mas[6]，越南湄公河三角洲地区[18]和肯尼亚 Kakamega[19]等地区也有类似的调查。通过收集到的饮水 KAP 信息，可以分析饮水知识水平是否对其态度行为产生影响。

随着水污染问题日益受到重视、经济的发展以及消费观念的改变，在是否饮用自来水的问题上，居民有了更多的考量。具体表现为，在市政供水覆盖的人口比例越来越高，水质安全保障持续加强的前提下，各类瓶（桶）装水、直接取用泉水或将自来水经小型净水设备进一步净化后作为日常饮用水的比例反而不断提高[20]。舍弃自来水，选择其他替代净化水作为饮用水，在健康上一直存在争议[21,22]，在经济上提高了饮水成本。因此，有必要了解不同人群饮水 KAP 上的差异，为科学引导居民科学健康经济地饮水提供依据。

山东水资源承载指数已超过 1.33，是水资源超载最严重省份之一[23]，山东省不断开发和利用新水源，如淡化海水、雨水或跨流域调水缓解水资源紧张问题[5,18]，黄河水等客水资源已成为山东省的重要可用水资源[24]，致使山东饮用水的来源和组成结构发生较大的变化[25]。这种改变会引起居民与饮水有关 KAP 的改变，这种改变对饮水安全和人类健康是否是积极的，有待考查。部分学者对饮用水源水结构变化是否会对居民饮用水安全相关的知识、态度和行为产生影响进行了研究。程斌等[5]和赵欣等[26]对嵊泗县居民对海水淡化水的相关知识、态度和行为进行了调查。Özdemir 等[18]研究了居民对收集雨水作为饮用水的知识、态度和行为。上述研究均提及相关饮用水源水结构变化可能影响居民饮水安全认知。

为了掌握山东省城乡居民饮用水方面的基本信息和要求，了解居民掌握相关知识的水平，是否有积极、正确的态度，是否形成有益的行为，居民的人群结构和以黄河水为饮用水源对居民饮用水相关 KAP 的影响，在山东省范围内对城乡居民进行了一次大范围的问卷调查。调查研究的结果将为山东省饮用水安全保障政策的编制、居民宣教策略制定和指导居民科学饮水提供参考依据。

2.1 调查问卷与调查方式

采用随机入户调查方式，城乡居民以户为单元，每户填写一份调查问卷；集体居住居民，每人填写一份调查问卷。采用自行设计问卷进行调查，基本内容包括 6 项居民基本信息和 10 项反映居民饮用水的认知、态度和行为的内容，问卷内容见表 2.1。

2.1.1 问卷发放与回收

调查共回收问卷 1639 份，其中有效问卷 1540 份，有效率为 94%。

表 2.1 调查问卷的内容

问题分类	序号	问题题目	备选答案
居民基本信息	1	您的居住地	居住半年以上，具体到县（市、区）
	2	性别	A. 男；B. 女
	3	年龄/岁	A. 0 ~ 18；B. 19 ~ 44；C. 45 ~ 60；D. >60
	4	教育程度	A. 研究生及以上；B. 大学；C. 中学；D. 小学及以下
	5	收入/［元/(月·户)］	A. <1000；B. 1000 ~ 2000；C. 2000 ~ 5000；D. 5000 ~ 10000；E. >10000
	6	常住地[1]属于	A. 城镇[2]；B. 农村[3]；C. 集体[4]
与居民饮水安全知识水平相关的问题	K1	您对国家现行的饮水水质标准了解吗	A. 很了解；B. 有所了解；C. 不了解
	K2	你对自来水的处理和输送过程了解吗	A. 很了解；B. 有所了解；C. 不了解
	K3	你对供水过程中污染风险潜在威胁了解吗	A. 很了解；B. 有所了解；C. 不了解

续表

问题分类	序号	问题题目	备选答案
与居民饮水安全态度相关的问题	A1	您认为目前自来水饮用是否安全	A. 直接饮用安全；B. 烧开后饮用安全；C. 饮用不安全；D. 不好说
	A2	您认为影响自来水水质的最主要环节	A. 原水水质；B. 水厂处理工艺；C. 管道二次污染；D. 其他
	A3	你认为有无必要实施分质供水	A. 有 B. 没有 C. 不清楚
	A4	您认为有无必要加强措施和投入提高饮用水安全水平	A. 有 B. 没有 C. 不清楚
	A5	您认为哪个方面最应该为提高饮用水安全的投入买单	A. 政府；B. 供水企业；C. 居民；D. 三方面都应该
与居民饮水相关态度行为的问题	P1	您日常生活中饮水的最主要来源	A. 未经进一步处理的自来水[5,6]；B. 经进一步处理的自来水[6]；C. 桶装水；D. 瓶装水/饮料；E. 未处理地表水/地下水
	P2	当发现饮用水水质有问题时，你首先会	A. 当地政府反映；B. 向相关的媒体反映；C. 向供水企业反映；D. 另寻安全的水源

注：1. 每年居住半年以上；2. 居住于城镇建成区以内；3. 居住于城镇建成区以外；4. 居住于学校、企事业单位等提供的集体宿舍、公寓及宾馆和养老院等；5. 包括烧开饮用自来水；6. 经进一步处理是指经家用或居民点小型水质净化设备再次处理的自来水。

2.1.2　受访居民基本特征

受访居民分布在山东省 17 个地级市和 125 个县级行政区中，受访居民居住地的分布情况见图 2.1。

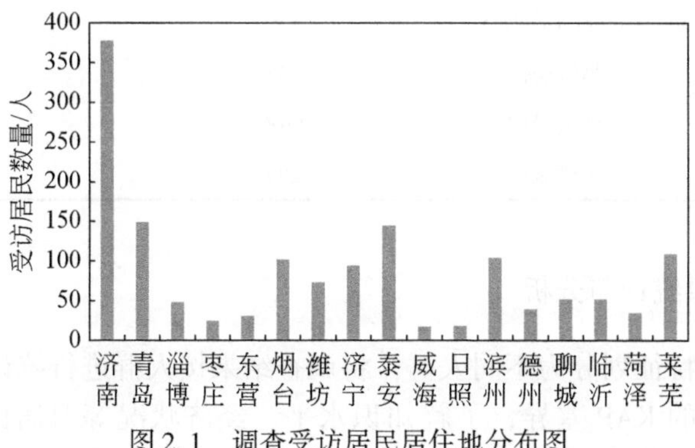

图 2.1　调查受访居民居住地分布图

受访居民基本特征描述性统计情况，如表 2.2 所示。填写有效问卷的受访居民中：女性多于男性，入户调查时，填写调查表的多是家庭女主人；年龄分布以 19～44 年龄段人数最多，其次为 45～60 年龄段的人，60 岁以上人比例不高，18 岁以下人比例极少，这可能与中青年更愿意接受调查有关；教育程度的比例为大学>中学>研究生及以上>小学及以下；居民收入按户统计，以中等收入比例最高，高收入居民略多于低收入居民；受访者大多数常住城镇，常住农村的不到 20%，这与调查集中城镇有关；为了解常年集体居住人群饮水安全知识、行为和意愿的特点，单独列出集体居住居民，占样本总数的 8.77%。

表 2.2　受访居民基本特征描述性统计

特征		居民数	比例/%
性别	男	704	45.71
	女	836	54.29
年龄/岁	0～18	13	0.84
	19～44	830	53.90
	45～60	547	35.52
	>60	150	9.74
教育程度	研究生及以上	204	13.25
	大学	621	40.32
	中学	540	35.06
	小学及以下	175	11.36
收入/［元/（月·户）］	<1000（低收入）	58	3.77
	1000～2000（偏低收入）	152	9.87
	2000～5000（中收入）	568	36.88
	5000～10000（偏高收入）	593	38.51
	>10000（高收入）	169	10.97
常住地	集体居住	135	8.77
	城镇居住	1106	71.82
	农村居住	299	19.42

2.1.3　调查结果统计与分析

根据居民的特征划分为不同人群，将调查结果按人群进行统计，用 χ^2 检验分析不同人群之间的 KAP 差异，了解知识水平、经济状况等对居民 KAP 的影响。将山东省各地市划分为黄河水依赖度不同地区，将居民按常住地区进行汇总统计，用χ^2检验分析对黄河水的依赖度不同地区居民在饮水相关 KAP 上的显著性，以了解饮用黄河水是否会对居民 KAP 产生影响。

1. 黄河水依赖度的计算及划分

山东省及各地市对黄河水依赖度按式（2.1）计算：

$$D = Q/T \tag{2.1}$$

式中，D 为黄河水依赖度（%），Q 为 2015 年黄河干流引水量配额（亿 m^3/a）[27]，T 为2015 年用水控制目标（亿 m^3/a）[28]。

根据计算出的 D 值，将山东省 17 地市划分为对黄河水不依赖（0%）、低依赖（0～20%）、中依赖（20%～50%）和高依赖（>50%）四类地区。

2. 统计与分析工具

调查表回收后进行审核，用 Excel 输入并建立数据库。利用 SPSS 22.0 统计软件进行χ^2检验分析比较，以 $P<0.05$ 为显著性检验水准。

3. 山东居民对饮用水知识了解程度

在调查问卷的 10 个问题中，3 个问题是居民对饮用水知识的了解程度，调查结果如图 2.2 所示。从图 2.2 可以看出，在被问及对现行国家饮用水水质标准、自来水处理及供应过程以及供水过程中的污染风险的潜在威胁是否了解时，选择不了解受访居民达到 50%～60%。在前两个问题中，选择很了解的受访居民数不到 10%，对第三个问题回答了解的比例略高，为 21.1%。这表明，山东省城乡居民对饮用水处理、饮用水供应及安全保障的相关知识了解程度普遍很低，即使受访居民中大多数是文化素质较高的城市居民和在校学生。这不仅与山东省经济发展水平相近的国外（马来西亚的 Pasir Mas）居民良好的饮用水认知水平

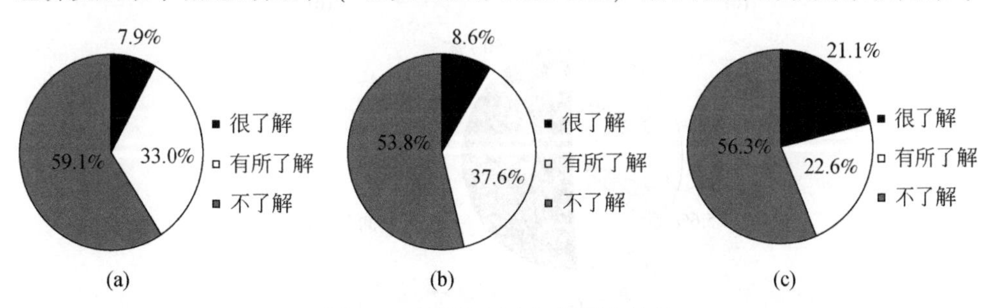

图 2.2　居民饮用水知识调查结果

（a）对国家现行的饮水水质标准了解程度；（b）对自来水处理和输送过程了解程度；（c）在供水过程中污染风险潜在威胁的了解程度

(80%)[6]有明显差距，也远低于国内常州[2]、广州[29]及北京东城区[15]对居民的调查结果，反映了山东省居民普遍对饮水安全知识缺乏了解，缺乏正确判断饮用水安全能力，对如何保障自身的饮水安全不太了解。这与接受饮用水安全教育普及不足有关，也与缺乏易于被普通居民认识和接受的饮用水水质评价方式有关。因此，需要加强饮水安全的宣传教育力度，建立易于被普通居民理解的饮用水水质评价方式。

4. 山东居民饮水安全的态度

在居民调查的 10 个问题中，有 5 个调查是关于居民对饮水安全态度的，结果如图 2.3 所示。

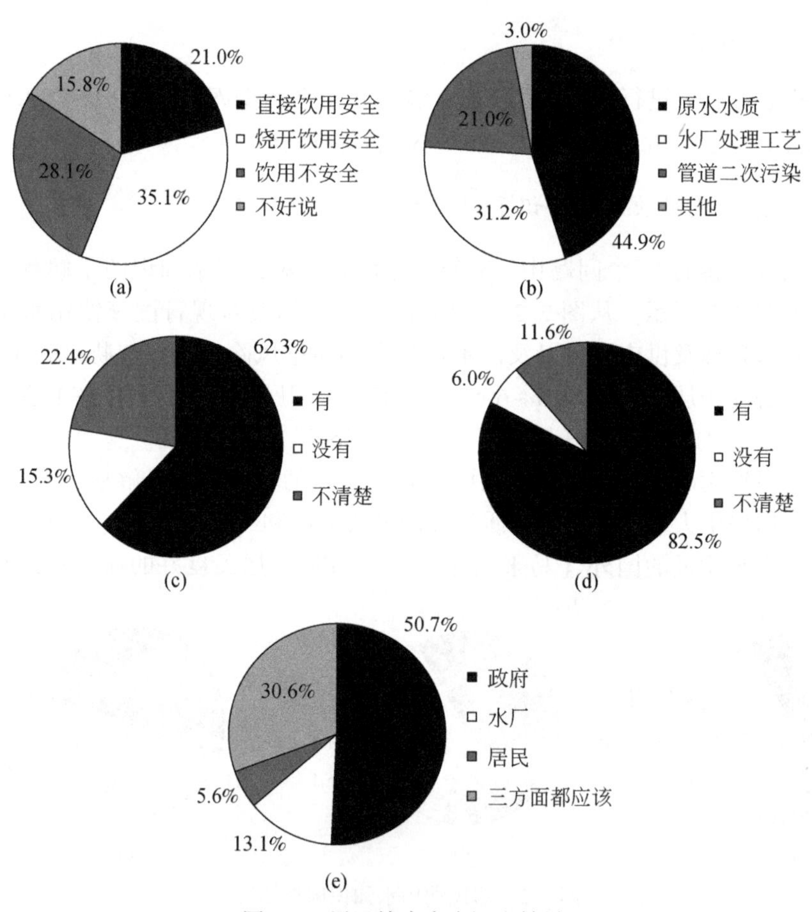

图 2.3　居民饮水态度调查结果

(a) 自来水饮用是否安全；(b) 影响自来水水质的最主要原因；(c) 是否有实施分质供水的愿望；(d) 是否有必要加强措施和投入提高饮用水安全水平；(e) 受访居民户认为提高饮用水安全投入的买单方

从图2.3（a）可以看出，当被问及目前自来水饮用是否安全时，有43.9%受访居民回答不安全或不清楚，远高于国内其他地区的调查结果[15]。认为直接饮用是安全的仅有21.0%，与表2.3所示的山东各地自来水水质基本符合《生活饮用水卫生标准》（GB 5749—2006）形成巨大反差，该标准是按WHO直饮水的水质标准制订的[37]。在不少发展中国家中也得到了相似的调查结果，如在马来西亚的Pasir Mas有97%的居民认为直接饮用自来水是不安全的[6]，在肯尼亚Kakamega这一比例为50%[38]。

表2.3　文献中山东省部分地区水厂出厂水与管网水水质情况汇总表

监测地	采样年份	总合格率/%	出厂水/%	末梢水/%	二次供水/%	主要污染指标	参考文献
青州市	2008—2011	97.93	—	97.00	96.02	细菌学指标	[30]
烟台市	2011—2013	82.46	100	82.36	77.50	总硬度、溶解性总固体、菌落总数、余氯、浑浊度、大肠菌群、硝酸盐	[31]
潍坊市	2011—2013	91.0	97.2	91.2	86.8	总大肠菌群、氟化物、菌落总数、耐热大肠菌群	[32]
济南市市政供水	2012	89.88	96.77	89.51	89.39	菌落总数、铁、总硬度	[33]
济南市自备井	2012	75.00	80.95	73.13	—	微生物指标、总硬度、溶解性总固体、氯化物超标、硫酸盐	[33]
坊子区	2012	95.95	100	94.83	—	肉眼可见物、游离性余氯、菌落总数	[34]
荣成市市政供水	2012	100	100	—	—	—	[35]
荣成市镇级供水	2012	73.21	73.21	—	—	菌落总数、总大肠菌群、耗氧量、铁和氟化物	[35]
沂南县	2012—2014	86.02	98.47	95.98	86.02	硝酸盐、微生物指标、锰	[36]

注：参照标准为《生活饮用水卫生标准》（GB 5749—2006）。

在调查过程中就自来水饮用安全性问题，对居民进行了随机访谈。根据访谈结果，得出了居民对直接饮用自来水的安全性缺乏信心的主要原因如下：

①国内水污染造成多地饮用水危机事件频发，使居民对自来水水质产生

疑虑；

②自来水含有的源于藻类的土腥味和源于氯气的消毒粉味影响饮用口感，也使居民对自来水是否合格产生疑虑；

③以营销为目的，通过电视、微博、微信等平台不断散布一些真假难辨的所谓饮用水不安全的信息，加重了居民对自来水安全信任危机。

虽然水污染事件对水质本身造成的影响是暂时的，但要消除其对居民心理造成的负面影响却是一个长期缓慢的过程。不断发生此类事件和以营销为目的宣传，使居民关于“我们的大多数饮用水从源头就是不合格”这一印象在头脑固化，自来水的不佳口感也加深了居民对水处理效果的疑虑，同时饮用水安全教育普遍不足，导致居民对自来水饮用的安全性缺乏信心。

值得注意的是，有多达35.1%的居民认为自来水烧开后饮用是安全的，这是符合中国普遍存在一个习惯：很少人会不烧开水就饮用，即便是直饮水，也是要烧开再用；这也说明居民不放心的主要是自来水的微生物指标，水烧开不仅会杀死或降低一般病原体的活性，也可以除去因太小而无法通过给水常规处理除去的病菌[39]，与表2.3所表现出的污染指标中细菌学指标有很大比重相符合。在越南湄公河三角洲，也有79%的居民将水烧开后饮用[18]。显然，居民总体上对自来水饮用的安全性缺乏信心，并且极大地影响了山东省居民的饮水结构。

饮用水的原水水质、净化处理水平和供水过程的“二次污染”是决定饮用水水质的三个关键因素。如图2.3（b）所示，在被问及影响自来水水质最主要因素时，接近一半的居民认为原水水质是影响自来水水质的最主要因素，有半数的居民认为水厂处理工艺或供水过程“二次污染”为最主要因素。从表2.3可以看出，小型乡镇供水系统中，原水和处理工艺对水质的影响较大；在大型城市供水系统中实际影响供水水质的主要因素为供水过程“二次污染”。实践中，由于缺乏全过程水质评价方法和安全风险筛查的方法，很难像天气预报或环境质量通报给居民一种简单科学的结论[40]。

分质供水是将公共供水水源深度净化处理后，通过独立管道供水的一种集中供水方式[41]。在被问及实施分质的愿望时，如图2.3（c）所示，高达62.3%的居民认为有必要。这反映了居民对目前水质的担忧，有通过分质供水来实现较低花费，得到较高水质的愿望。现实是山东省仅少数地区的部分小区和村庄实施分质供水，大规模分质供水需要重新进行城市供水系统规划，对现状基础设施进行改造和建设，投入巨大，实施普及率不高。居民的这方面愿望和要求需要正确引导。

在被问及有无必要加强措施和投入提高饮用水安全水平时，如图2.3（d）所示，超过八成的居民选择有必要，说明绝大多数居民认为饮用水安全水平有待提高，并且相信通过加强措施和增加投入可以实现饮水安全。在被问及应由哪一方提供提高饮用水安全所需要的资金时，如图2.3（e）所示，过半数的受访居民选择了政府，其次为水厂，选择居民自己的只有5.6%，还有大约30%的居民认为三方面都应有所投入。这一结果一方面说明如前所述居民普遍把政府作为饮用水安全的第一责任人，强烈地倾向于由政府来承担投入，却未意识到自己在保障饮用水安全方面的责任。另一方面说明了为什么提高生活饮用水水价会在居民中产生巨大的阻力。

总之，山东居民总体上对自来水质不太放心，有提高饮用水安全水平的较强烈愿望，对于个人应担的责任认识不足。

5. 山东居民饮水行为的调查

在向居民调查的10个问题中，有2个调查是关于居民对饮水行为的，调查结果如图2.4所示。在被问及日常生活中饮水的最主要来源时，如图2.4（a）所示，有超过50%的受访居民选择了未经进一步净化的自来水（包括烧开后饮用），这一比例低于在安阳市社区居民[16]、芜湖市大学生[42]、兰州市家庭[17]和北京市居民[6]中的调查结果，高于在广州市居民[29]中的调查结果，这意味着经济条件和地域可能是决定居民是否会选用自来水作为饮用水的重要因素。各有20%左右的居民选择了用水质净化设备（包括家用和小区用饮用水净化设备）处理后的自来水或桶装饮用水作为主要饮用水，以瓶装饮用水或饮料和未处理地表水/地下水作为主要饮用水的只占2.3%和4.5%。该调查结果表明，自来水仍是山东省居民的最主要的饮用水，自来水质优劣对居民饮水安全起着决定作用。另一方面，饮用水来源呈现多元化：当经济上能够承担时，水质净化设备净化后的自来水和桶装饮用水成为居民饮用水的重要替代选择；仅有少数年轻人会选择瓶装饮用水或饮料作为主要饮用水；选择未处理地表水/地下水的居民主要为尚未接通自来水地区的农村居民，以及出于习惯和口感考虑饮用泉水的城市居民。随着经济发展和居民对水质要求的提高，这种饮水多元化趋势在未来必然会强化，这会加大饮用水监测和管理的难度，对饮用水水质监管提出了新的要求。

当对饮用水安全不放心时，如图2.4（b），43.1%受访居民将向当地政府反映作为第一选择，而不是饮用水水质的最直接责任方——供水企业。该结果说明，居民普遍把政府作为饮用水安全的第一责任人，这对政府来说既是信任，也是督促。向相关的媒体反映作为首选的只有17.1%，结合没有受访居民将社会公益组织作为饮用水问题的反映对象，说明社会监督作为一种有效的饮用水安全监督手段，仍未被广大居民接受和重视。有30.8%的受访居民选择另寻安全水源，说明放弃自来水作为主要饮用水源的居民大部分出于对饮用水安全的担忧。

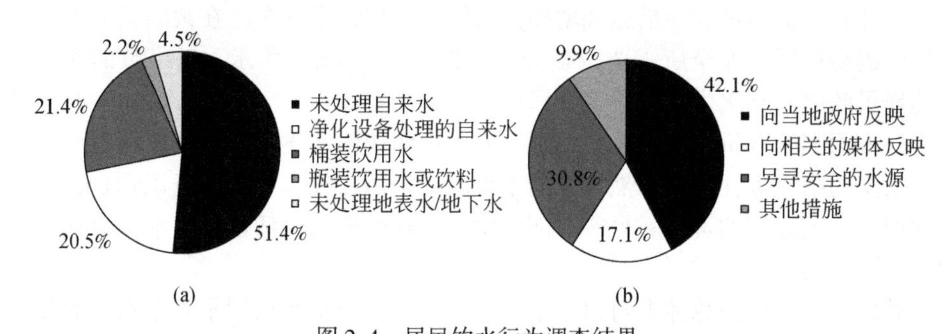

图 2.4　居民饮水行为调查结果

（a）饮用水最主要来源；（b）对饮用水安全不放心时的措施

2.1.4　不同人群饮水 KAP 的区别

为了解不同人群在饮水知识、态度和行为上的区别，将居民问卷调查的结果按不同人群进行统计，并对统计结果进行卡方分析，得出不同性别、年龄、教育程度、收入和城乡人群在饮水 KAP 上是否具有显著性差异，结果如表 2.4 所示。

1. 不同性别人群在饮水 KAP 上的区别

从表 2.4 可以看出，性别不同的人群在对实施分质供水的态度（A3）两个问题上有明显差异。从图 2.5 统计结果可以看出，更多的男性希望实现分质供水。这些结果表明，饮用水 KAP 知识和行为在性别上没有明显的差异，男性仅在实施分质供水上比女性更积极。

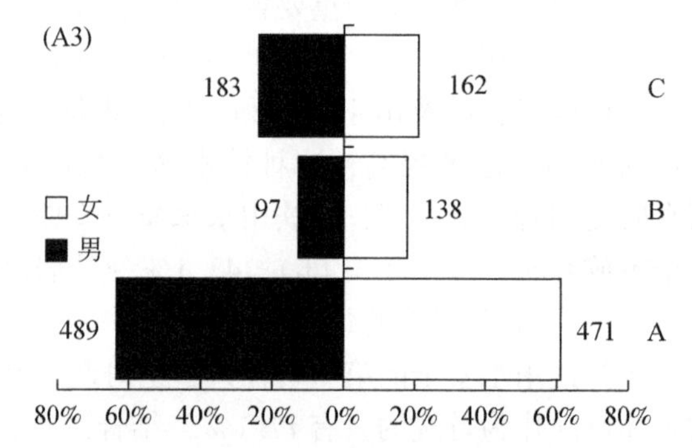

图 2.5　不同性别人群具有显著性差异问题的问卷统计结果

（图左上角的符号表示问卷问题序号）

表 2.4　不同群体居民调查结果的卡方分析和差异显著性分析结果

居民属性 / 问题序号	性别			年龄			文化程度			收入			常住地		
	χ^2	P	差异性	χ^2	P	差异性	χ^2	P	差异性	χ^2	P	差异性	χ^2	P	差异性
K1	1.686	0.430	不显著	21.908	0.001	显著	11.113	0.085	不显著	13.782	0.088	不显著	22.532	0.000	显著
K2	2.301	0.316	不显著	10.189	0.117	不显著	9.450	0.150	不显著	5.359	0.719	不显著	20.764	0.000	显著
K3	3.787	0.151	不显著	22.354	0.001	显著	16.705	0.010	显著	17.305	0.027	显著	69.678	0.000	显著
A1	1.916	0.590	不显著	8.994	0.438	不显著	1.940	0.992	不显著	15.698	0.205	不显著	18.361	0.005	显著
A2	1.686	0.640	不显著	120.360	0.000	显著	4.425	0.881	不显著	9.661	0.646	不显著	7.908	0.245	不显著
A3	8.766	0.012	显著	5.719	0.455	不显著	4.563	0.601	不显著	4.548	0.805	不显著	8.009	0.091	不显著
A4	0.068	0.967	不显著	2.560	0.862	不显著	8.269	0.219	不显著	7.174	0.518	不显著	19.707	0.001	显著
A5	1.664	0.645	不显著	19.696	0.020	显著	6.113	0.729	不显著	9.866	0.628	不显著	18.465	0.005	显著
P1	2.434	0.657	不显著	184.004	0.000	显著	28.791	0.004	显著	185.133	0.000	显著	141.114	0.000	显著
P2	2.149	0.542	不显著	6.169	0.723	不显著	7.398	0.596	不显著	14.335	0.280	不显著	22.899	0.001	显著

2. 不同年龄人群在饮水 KAP 上的区别

从表 2.4 可以看出，不同年龄人群在对饮用水标准的了解程度（K1）、供水过程风险了解程度（K3）、认为影响自来水水质的主要环节（A2）、认为提高饮用水安全的买单方（A5）和日常饮用水源（P1）上有显著性差异。从图 2.6 可以看出，年轻人在对饮用水知识的了解程度（K1、K3）要高于年长者；少年和老年人群更倾向于原水是影响饮用水质的主要原因；年龄愈长，愈倾向于政府应为在饮用水安全投入负责；少年中以瓶装水/饮料作为主要饮用水的比例较其他年龄段大得多，表现出更多的饮用水选择，其他年龄段以自来水为主要饮用水的比例差别不大，老年人饮用水未处理地表水/地下水的比例远高于其他年龄段，这应与许多老年人偏爱饮用泉水有关。

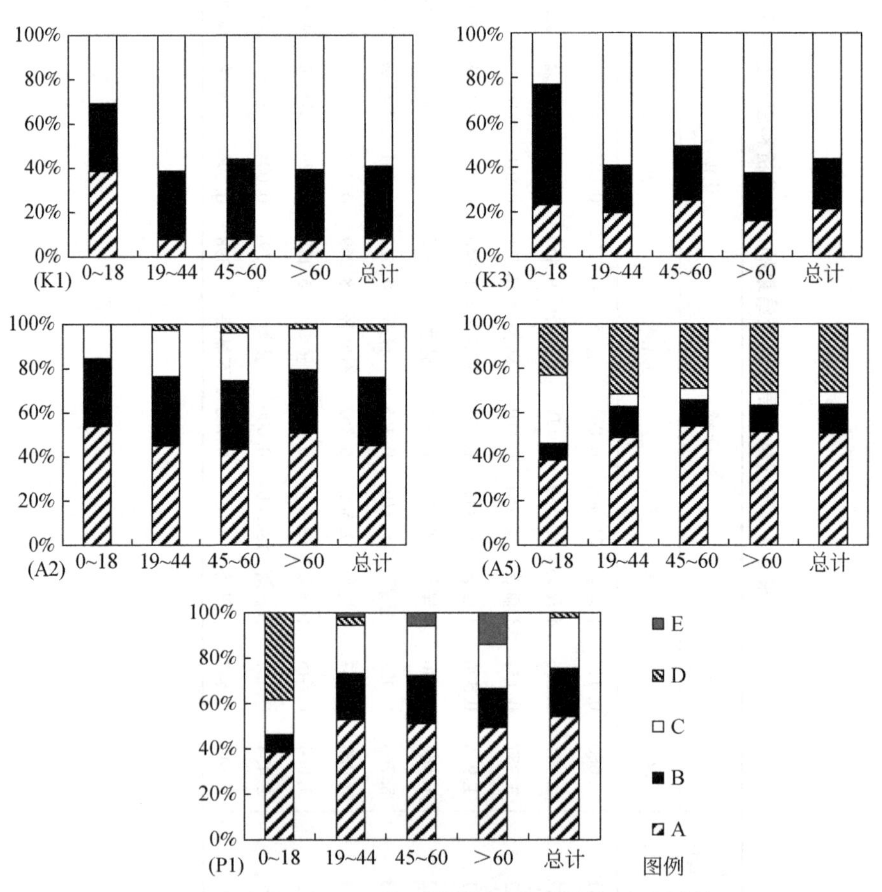

图 2.6　不同年龄人群具有显著性差异问题的问卷统计结果

（图左下角的符号表示问卷问题序号）

3. 不同文化程度人群在饮水 KAP 的区别

从表 2.4 可以看出，不同文化程度人群仅在对供水过程风险了解程度（K3）和日常饮用水源（P1）上有显著性差异。从图 2.7 可以看出，大学文化程度的人群是对供水过程风险了解程度最低的人群；文化程度越高的人群饮用水的来源越单一，较少以自来水以外的水源作为自己的主要饮用水。总体来看，居民饮水 KAP 与其文化程度高低关系不大，并非文化程度高，在饮水方面有较高的知识水平、较积极的态度和良好的行为，这与一般观念和以前的调查结果并不一致[15,43]。

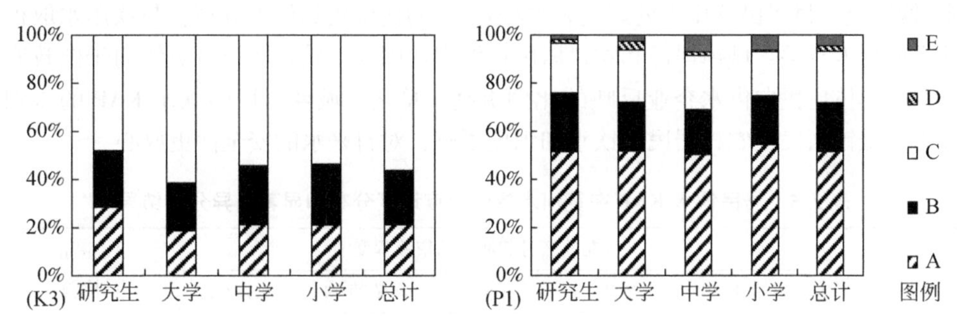

图 2.7　不同文化程度人群具有显著性差异问题的问卷统计结果
（图左下角的符号表示问卷问题序号）

4. 不同收入人群在饮水 KAP 的区别

从表 2.4 可以看出，不同收入人群仅在对供水过程风险了解程度（K3）和日常饮用水源（P1）上有显著性差异。从图 2.8 可以看出，收入水平高的对供水过程风险了解程度越高，在饮用水选择越呈多样化。总体来看，居民饮水 KAP 与其收入水平关系不大，但在个别方面仍表现出较高知识水平和积极的行为。

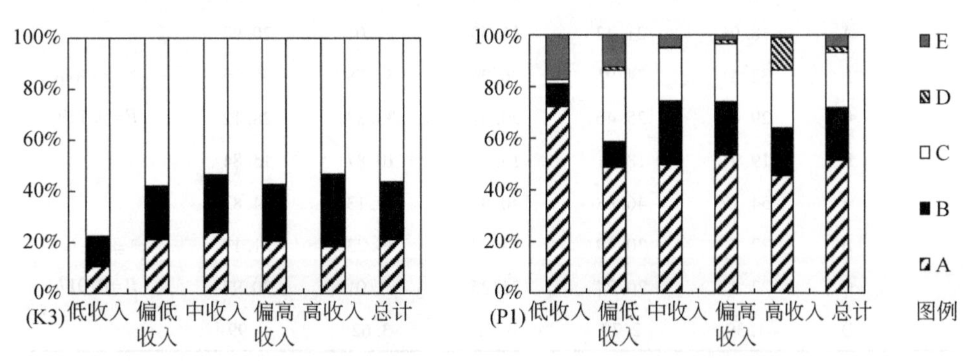

图 2.8　不同收入人群具有显著性差异问题的问卷统计结果
（图左下角的符号表示问卷问题序号）

5. 城乡饮水 KAP 差别

从表 2.5 可以看出，城乡居民的回答仅在影响自来水水质的主要环节（A2）和对实施分质供水的态度（A3）两个问题上没有显著性差异。从图 2.9 可以看出，总体上居民对饮水知识的了解水平很低，城镇居民明显比农村居民和集体居民对饮水知识更了解；在饮水相关的态度上，城镇居民较农村居民和集体居民更相信自来水的安全性，认为有必要加强措施和投入提高饮用水的安全水平的比例较少，更倾向于政府、供水企业或居民中一方为饮用水安全承担起责任；在饮水行为上，城镇居民更多地饮用进一步处理的自来水和桶装水，集体居民饮用瓶装水/饮用及农村居民饮用未处理地表水/地下水的比例较其他人群高，与饮用水取得的方便程度有关；城镇居民和农村居民在发现饮用水水质有问题时更倾向于向政府反映，集体居民向供水企业反映的比例更高。总之，城乡居民间饮水 KAP 的差别较大，城镇居民比农村居民对饮水知识更了解，对自来水的安全性更放心。

表 2.5　居民饮水 KAP 在黄河水依赖程度地区分布和显著差异分析结果

问题序号	备选答案	所在地区对黄河水的依赖程度					Pearson χ^2 检验
		不依赖/%	低依赖/%	中依赖/%	高依赖/%	总计/%	
K1	A	7.41	6.75	9.27	7.97	7.92	$\chi^2=4.799$ $P=0.570$
	B	32.87	31.53	33.73	36.23	32.99	
	C	59.72	61.72	57.00	55.80	59.09	
K2	A	9.26	8.43	8.60	8.70	8.64	$\chi^2=9.057$ $P=0.170$
	B	41.67	34.91	36.76	46.38	37.60	
	C	49.07	56.66	54.64	44.93	53.77	
K3	A	21.76	21.42	20.24	22.46	21.10	$\chi^2=9.499$ $P=0.147$
	B	24.54	20.91	21.59	31.16	22.60	
	C	53.70	57.67	58.18	46.38	56.30	
A1	A	18.06	21.42	21.59	21.01	20.97	$\chi^2=14.098$ $P=0.119$
	B	32.41	34.91	36.26	34.78	35.06	
	C	29.63	25.46	29.01	33.33	28.12	
	D	19.91	18.21	13.15	10.87	15.84	
A2	A	54.17	46.88	40.81	39.13	44.87	$\chi^2=20.111$ $P=0.017$
	B	22.22	30.19	34.23	36.23	31.17	
	C	22.22	20.24	21.25	21.01	20.97	
	D	1.39	2.70	3.71	3.62	2.99	

续表

问题序号	备选答案	所在地区对黄河水的依赖程度					Pearson χ^2 检验
		不依赖/%	低依赖/%	中依赖/%	高依赖/%	总计/%	
A3	A	65.74	65.94	59.02	55.80	62.34	$\chi^2=0.004$ $P=0.098$
	B	13.89	14.00	15.85	20.29	15.26	
	C	20.37	20.07	25.13	23.91	22.40	
A4	A	86.11	88.20	75.04	84.06	82.47	$\chi^2=39.573$ $P=0.000$
	B	4.63	3.88	8.26	7.25	5.97	
	C	9.26	7.93	16.69	8.70	11.56	
A5	A	61.11	53.63	43.84	51.45	50.71	$\chi^2=45.963$ $P=0.000$
	B	11.11	9.61	17.88	10.14	13.05	
	C	6.02	3.37	7.76	5.80	5.65	
	D	21.76	33.39	30.52	32.61	30.58	
P1	A	53.70	51.77	50.42	54.35	51.75	$\chi^2=35.133$ $P=0.000$
	B	18.06	20.57	19.90	24.64	20.32	
	C	18.52	21.59	21.75	21.01	21.17	
	D	0.00	2.87	2.87	0.00	2.21	
	E	9.72	3.20	5.06	0.00	4.55	
P2	A	45.37	41.15	38.28	57.25	45.37	$\chi^2=27.229$ $P=0.001$
	B	17.59	14.50	20.40	13.77	17.59	
	C	30.09	33.90	30.02	22.46	30.09	
	D	6.94	10.46	11.30	6.52	6.94	

注：问题序号与备选答案与表 2.1 对应。

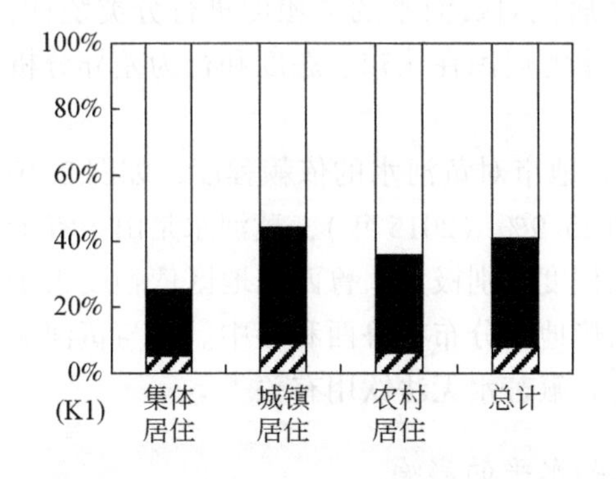

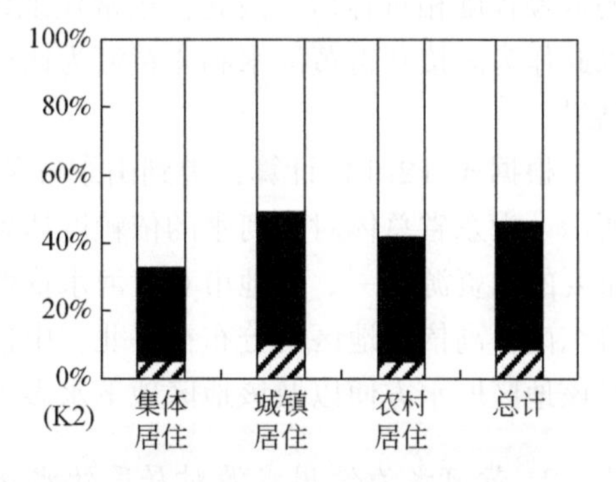

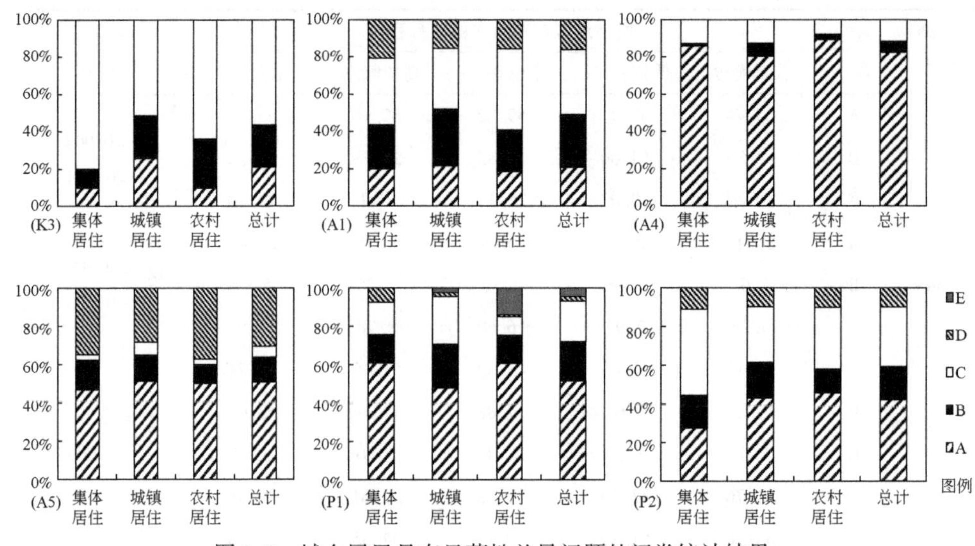

图 2.9　城乡居民具有显著性差异问题的问卷统计结果
（图左下角的符号表示问卷问题序号）

2.1.5　饮用黄河水对居民 KAP 的影响

1. 山东省及各地市对黄河水的依赖程度

由于不直接了解水源信息和越来越多的供水系统采用了多水源供水模式，无论受访居民还是调查人员均难以确认受访居民所用水的水源是否为黄河水，然而，一个地区对黄河水的用量和总用水量的信息易于获取，评估该地区对黄河水的依赖程度相对容易。因此，按常住地区居民对黄河水的依赖度进行分类统计，以此作为间接获得黄河水和非黄河为饮用水源居民在认知、态度和行为差异分析结果。

根据式（2.1）计算，得到山东省及各地市对黄河水的依赖程度，如图 2.10 所示。山东省总体对黄河水的依赖度达到 25.9%（2015 年），黄河水是山东省最重要的水资源之一。各地市对黄河水依赖程度差别极大，鲁西北地区依赖度大于鲁东南，高依赖地区均分布在鲁北，中依赖地区分布在鲁西和鲁中。这与黄河流经该地区取水方便以及该地区地下水多为高氟苦水无法饮用有关[44]。

2. 黄河水为饮用水源对居民饮水认知水平的影响

表 2.5 列出了三个与饮水知识相关问题在不同黄河水依赖度地区的调查结果

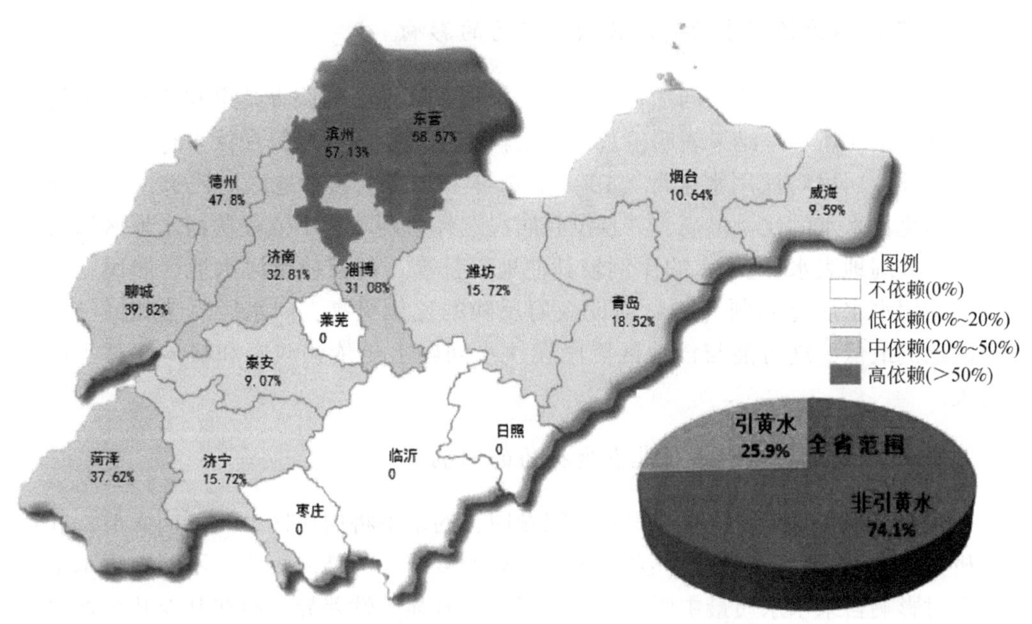

图2.10　山东省及各地市对黄河水的依赖程度

和差异性分析结果。可以看出，黄河水依赖度不同地区的居民饮用水在这三个问题上没有显著性差异。这意味着饮用黄河水的多少与居民的饮水安全知识水平之间没有明显的关联。

3. 黄河水为饮用水源对居民饮水态度的影响

表2.5列出了五个与饮水知识相关问题在不同黄河水依赖度地区的调查结果和差异性分析结果。可以看出，黄河水依赖度不同地区的居民在回答自来水饮用安全性（A1）和实施分质供水必要性（A3）两问题无显著性差异，其他三个问题则表现出显著性差异。其中，认为影响自来水水质的最主要环节（A2）为源水水质的居民比例，随居住地市对黄河水依赖度的提高而减少，而选择水厂处理工艺的比例则有相反趋势。这说明，虽然山东省居民总体上认为原水水质是最不令人放心的环节，但是对黄河水依赖度越高地区，其对原水水质的信心越高，同时更担心水厂的处理是否能满足要求。对黄河中依赖地区居民对加强措施和投入提高水质的要求（A4）明显低于其他地区，在投资方问题上（A5）最不依赖政府，自己买单的比例最高，其原因有待于进一步研究。

4. 黄河水为饮用水源对居民饮水行为的影响

两个与饮水行为相关问题在不同黄河水依赖度地区的调查结果和差异性分析结果如表 2.5 所示。结果表明，黄河水依赖度不同地区的居民在饮水行为上有显著性差异。居民对饮用水来源（P1）的选择上，高依赖度地区居民选用直接饮用未净化自来水的比例最高，并且没有居民选择后两项；不依赖黄河水地区居民选择未处理地表水/地下水的比例较其他地区都高。高依赖黄河水地区居民在对发现饮用水水质有问题（P2）时向政府反映的比例更高，向水厂反映和另寻水源的比例最低，这可能与该地区居民在饮水问题上更依赖政府和缺少代替水源有关。

5. 居民饮水知识水平对其态度行为的影响

表 2.6 基于 3 个与饮水知识水平问题回答的结果将居民区分为不同人群，并分析其态度和行为的分布情况及差异性。对态度统计的结果表明，不同知识水平人群对影响自来水水质最主要环节的选择上没有显著性差异，而在其他几个饮水态度相关问题上的回应则均有显著性差异。具体表现在：

①对饮水安全知识了解程度越高则越信任自来水水质，显然山东省居民对饮水知识较低的了解程度，大大影响了居民总体上对自来水水质的信任程度；②在要求实施分质供水和加强措施和投入改善水质两个问题上，可以看出不同饮水知识水平的居民均认为有必要的居多，只是了解饮水水质标准和自来水处理输送过程了解的居民倾向性不如不了解的居民强烈；③关于谁应该为提高饮用水安全的投入买单的问题，了解饮水安全知识的人群认为居民自己承担的比例均高于其他两类人群。以上分析说明，居民的饮水安全知识水平会其对饮水安全的态度生产影响，了解相关知识较多的居民表现出对自来水水质更有信心、更科学地看待水安全问题并更愿承担起自己在保障水质安全上的责任。

从表 2.6 对行为统计的结果可以看出，对饮水知识了解程度不同的人群对其饮用水选择上无显著性差异，说明对饮水知识了解程度不会对居民饮水类型的选择产生明显影响。居民在对饮用水的安全不放心时的行动，饮水水质标准和供水过程中污染风险潜在威胁了解程度不同的人群会有明显的选择差异，具体表现在知识了解程度高的人群更倾向于找政府或媒体反映，了解程度低的人群则是另寻水源和通过其他途径解决问题的比例高于前者，对相关知识了解也就更熟悉与政府和媒体沟通的途径。对自来水的处理和输送过程是否了解对饮水种类的选择没有明显影响。以上分析说明，是否了解饮水安全知识对居民的饮水行为影响不如对其态度影响大，但仍可看出，掌握知识的居民更善于通过沟通解决问题。

表2.6　不同饮水知识水平居民态度行为的分布情况及显著差异分析结果

问题	答案	K1			K2			K3		
		A	B	C	A	B	C	A	B	C
A1	A	38.52%	25.79%	15.93%	35.34%	25.91%	15.22%	23.38%	26.44%	17.88%
	B	21.31%	31.30%	39.01%	24.06%	35.23%	36.71%	34.77%	31.32%	36.68%
	C	36.07%	26.97%	27.69%	36.09%	24.53%	29.35%	25.54%	34.77%	26.41%
	D	4.10%	15.94%	17.36%	4.51%	14.34%	18.72%	16.31%	7.47%	19.03%
	检验	$\chi^2=62.215$，$P=0.000$			$\chi^2=60.169$，$P=0.000$			$\chi^2=39.999$，$P=0.000$		
A2	A	40.16%	42.91%	46.59%	37.59%	44.73%	46.14%	51.38%	42.24%	43.48%
	B	33.61%	30.51%	31.21%	36.84%	29.88%	31.16%	25.23%	34.77%	31.95%
	C	26.23%	23.82%	18.68%	24.81%	22.97%	18.96%	20.92%	20.69%	21.11%
	D	0.00%	2.76%	3.52%	0.75%	2.42%	3.74%	2.46%	2.30%	3.46%
	检验	$\chi^2=12.378$，$P=0.054$			$\chi^2=11.624$，$P=0.071$			$\chi^2=10.799$，$P=0.095$		
A3	A	41.80%	66.14%	62.97%	46.62%	61.66%	65.34%	68.62%	59.48%	61.13%
	B	28.69%	15.16%	13.52%	31.58%	16.58%	11.71%	15.69%	16.09%	14.76%
	C	29.51%	18.70%	23.52%	21.80%	21.76%	22.95%	15.69%	24.43%	24.11%
	检验	$\chi^2=32.083$，$P=0.000$			$\chi^2=37.440$，$P=0.000$			$\chi^2=11.341$，$P=0.023$		
A4	A	54.92%	79.72%	87.69%	54.14%	84.11%	85.87%	80.31%	77.01%	85.47%
	B	21.31%	8.07%	2.75%	21.80%	5.87%	3.50%	8.92%	9.20%	3.58%
	C	23.77%	12.20%	9.56%	24.06%	10.02%	10.63%	10.77%	13.79%	10.96%
	检验	$\chi^2=101.410$，$P=0.000$			$\chi^2=98.361$，$P=0.000$			$\chi^2=23.461$，$P=0.000$		
A5	A	38.52%	53.15%	50.99%	42.11%	52.68%	50.72%	44.92%	58.33%	49.83%
	B	22.13%	14.17%	11.21%	20.30%	12.09%	12.56%	12.62%	12.07%	13.61%
	C	22.95%	4.72%	3.85%	21.80%	4.49%	3.86%	12.92%	9.20%	3.81%
	D	16.39%	27.95%	33.96%	15.79%	30.74%	32.85%	29.54%	20.40%	32.76%
	检验	$\chi^2=97.962$，$P=0.000$			$\chi^2=86.703$，$P=0.000$			$\chi^2=51.277$，$P=0.000$		

续表

问题	答案	K1			K2			K3		
		A	B	C	A	B	C	A	B	C
P1	A	51.64%	53.15%	50.99%	57.14%	54.40%	49.03%	50.15%	54.89%	51.10%
	B	21.31%	21.06%	19.78%	15.04%	21.24%	20.53%	24.00%	16.09%	20.65%
	C	18.85%	19.88%	22.20%	21.80%	18.31%	23.07%	22.15%	20.40%	21.11%
	D	5.74%	2.56%	1.54%	3.76%	2.07%	2.05%	1.85%	3.16%	1.96%
	E	2.46%	3.35%	5.49%	2.26%	3.97%	5.31%	1.85%	5.46%	5.19%
	检验	$\chi^2=15.378$，$P=0.052$			$\chi^2=13.095$，$P=0.109$			$\chi^2=14.918$，$P=0.061$		
P2	A	48.36%	46.46%	38.79%	48.12%	43.87%	39.86%	46.77%	43.39%	39.79%
	B	19.67%	17.13%	16.81%	18.80%	18.31%	16.06%	18.46%	22.70%	14.42%
	C	26.23%	26.57%	33.85%	25.56%	29.02%	32.97%	26.46%	24.43%	35.06%
	D	5.74%	9.84%	10.55%	7.52%	8.81%	11.11%	8.31%	9.48%	10.73%
	检验	$\chi^2=15.325$，$P=0.018$			$\chi^2=9.520$，$P=0.146$			$\chi^2=26.438$，$P=0.000$		

注：问题序号与备选答案与表2.1对应。

6. 居民饮水相关态度对其行为的影响

表2.7基于5个与饮水态度问题回答结果将居民区分为不同人群，并分析其行为的分布情况及差异性。对饮水类型选择行为的分析结果表明，只有在自来水安全性和加强措施和投入提高饮用水必要性上态度不同的居民在选择饮用水类型时有显著性差异。特别是认为自来水直接饮用安全和烧开后安全的居民分别有超过八成和六成选择自来水作为自己的主要饮用水，而认为不安全的居民只有不到15%选择了自来水。显然，对饮用水安全性认同态度是决定居民放心饮水的首要影响因素。这与对嵊泗县居民海水淡化水KAP调查结果[5,26]一致，对相关知识知晓率较低的居民往往对淡化水的水质安全性和健康性产生疑虑，也避免选择淡化水作为饮用水。如前所述，山东居民对自来水安全性认同度低，自然也造成了以自来水作为饮用水的比例低。5种态度的差异在居民对饮用水安全不放心时所做行为上表现出显著性差异，说明上述态度的变化均会对居民在出现饮用水质量问题时的行为产生影响。因此，提高居民对饮用水安全的信心，令居民建立积极、正确的态度，对居民形成好的饮水行为，减少因水出现的社会矛盾有积极影响。

表 2.7　不同饮水态度居民行为调查结果的分布情况及显著差异分析结果

问题	答案	A1				A2				A3			A4			A5			
		A	B	C	D	A	B	C	D	A	B	C	A	B	C	A	B	C	D
P1	A	83.90%	61.67%	14.55%	53.28%	50.80%	55.83%	48.92%	43.48%	51.88%	56.17%	48.41%	53.86%	40.22%	42.70%	53.52%	47.76%	49.43%	50.96%
	B	12.07%	14.44%	35.80%	16.80%	21.27%	17.92%	22.29%	17.39%	20.73%	15.74%	22.32%	19.92%	21.74%	22.47%	19.85%	23.38%	20.69%	19.75%
	C	1.24%	15.93%	41.80%	22.54%	22.00%	18.96%	21.98%	26.09%	21.46%	21.28%	20.29%	20.16%	28.26%	24.72%	21.13%	20.90%	21.84%	21.23%
	D	1.55%	1.48%	3.46%	2.46%	1.59%	3.13%	2.17%	2.17%	1.98%	3.40%	2.03%	1.65%	5.43%	4.49%	1.28%	4.48%	3.45%	2.55%
	E	1.24%	6.48%	4.39%	4.92%	4.34%	4.17%	4.64%	10.87%	3.96%	3.40%	6.96%	4.41%	4.35%	5.62%	4.23%	3.48%	4.60%	5.52%
	检验	$\chi^2=435.489, P=0.000$				$\chi^2=14.508, P=0.269$				$\chi^2=12.593, P=0.127$			$\chi^2=21.561, P=0.006$			$\chi^2=12.610, P=0.398$			
P2	A	51.39%	44.26%	35.57%	36.48%	45.73%	40.83%	37.77%	30.43%	45.21%	38.30%	35.94%	44.80%	31.52%	28.09%	47.50%	32.84%	22.99%	40.55%
	B	17.65%	17.78%	17.55%	14.34%	12.74%	20.42%	22.60%	10.87%	15.52%	22.13%	18.26%	15.43%	29.35%	23.03%	16.52%	26.37%	45.98%	8.92%
	C	23.84%	30.56%	35.10%	33.20%	32.71%	28.96%	30.03%	28.26%	30.42%	27.66%	34.20%	30.39%	27.17%	35.96%	27.27%	35.82%	20.69%	36.52%
	D	7.12%	7.41%	11.78%	15.98%	8.83%	9.79%	9.60%	30.43%	8.85%	11.91%	11.59%	9.37%	11.96%	12.92%	8.71%	4.98%	10.34%	14.01%
	检验	$\chi^2=39.440, P=0.000$				$\chi^2=44.630, P=0.000$				$\chi^2=16.355, P=0.012$			$\chi^2=31.095, P=0.000$			$\chi^2=115.008, P=0.000$			

注:问题序号与备选答案与表 2.1 对应。

2.2 调查结论

（1）调查反映出山东居民对饮用水安全相关知识了解程度普遍很低，绝大多数没有正确判断饮用水安全的能力，不能形成积极的态度和正确的行为。

（2）由于缺少全过程水质评价方法和安全风险筛查的方法，居民得不到关于饮用水安全的科学结论，从而极容易被不正确的宣传所引导，使居民对饮用水安全的认识与实际情况有很大差距，这一情况不利于水务工作的开展。

（3）从调查的结果来看，城乡居民无论是在饮水安全的监督上都过于强调政府责任，很少意识到全社会的每个人，包括自己不仅对饮水安全负有责任，而且可以发挥作用。大多数居民在饮用水安全问题上成为“热闹的旁观者”，社会监督未起到积极作用。

（4）在以不同属性区分的居民群体问卷回答结果统计可以看出，城乡差别对饮水 KAP 的影响最大，其次是年龄差别，性别、文化程度和收入的影响较小；主要饮用水来源更易受人群影响，除了性别外其他居民属性会影响人群对饮用水源的选择，即使在人群对饮水知识了解程度和态度区别不大时。

（5）通过对不同黄河水依赖度地区居民进行 KAP 差异性分析表明，是否饮用黄河水与居民的饮水知识水平之间没有明显的关联。以黄河水为水源会对其态度行为上产生一定的影响。因此，在制定饮用水水质安全措施时考虑更换水源可能造成居民态度和行为变化。

本次调查分析的结果和建议能为制定饮用水，特别是引黄饮用水水质安全措施和居民宣教策略提供一定的科学指导，提高居民饮水安全水平并消除可能因饮水安全问题产生的社会矛盾。

参考文献

[1] World Health Organization Malta. Guidelines for Drinking-water Quality [S]. Gutenberg：2011.
[2] 谈立峰，冯国柱，褚苏春，等．社区居民生活饮用水卫生知识、态度和行为（KAP）调查［J］．环境卫生学杂志，2016，6（3）：175-181.
[3] 许新宇，程斌，吴春山，等．福州地区居民饮用水安全认知和行为习惯调查［J］．环境与健康杂志，2014，31（09）：813-815.
[4] 赵金辉，叶研，陈华洁，等．北京地区部分居民饮水习惯调查及其影响因素分析［J］．环境与健康杂志，2012，29（10）：942-944.
[5] Chen T，Wang Q，Qin Y. Knowledge，attitudes and practice of desalinated water among professionals in health and water departments in Shengsi，China：a qualitative study [J]. PLoS One，2015，10（4）：e0118360.

[6] Ab Razak N H, Praveena S M, Aris A Z. Quality of Kelantan drinking water and knowledge, attitude and practice among the population of Pasir Mas, Malaysia [J]. Public Health, 2016, 131: 103-111.

[7] Ferraz Ignacio Caroline, Martins de Oliveira Espíndola Carina, De Fátima Leal Alencar Maria, et al. Intestinal parasitic infections in a lowincome urban community: prevalence and knowledge, attitudes and practices of inhabitants of parque Oswaldo Cruz, Rio De Janeiro, Brazil [J]. Revista de Patologia Tropical, 2017, 46 (1): 47.

[8] Mario M. Some thoughts on the numerical increase of senile patients in psychiatric hospitals [J]. Riv Sper Freniatr Med Leg Alien Ment, 1966, 90 (4): 959-966.

[9] Munisi D Z, Buza J, Mpolya E A, et al. Knowledge, attitude, and practices on intestinal schistosomiasis among primary schoolchildren in the Lake Victoria basin, Rorya District, north-western Tanzania [J]. BMC Public Health, 2017, 17 (1): 731.

[10] Qi Z, Ya- Peng L, Li L. Knowledge, attitude and practice (KAP) of foodborne parasitic diseases among middle school students in Xuzhou City [J]. Zhongguo Xue Xi Chong Bing Fang Zhi Za Zhi, 2017, 29 (6): 761-764.

[11] Séverine Erismann, Akina Shrestha, Serge Diagbouga, et al. Complementary school garden, nutrition, water, sanitation and hygiene interventions to improve children's nutrition and health status in Burkina Faso and Nepal: a study protocol [J]. BMC Public Health, 2016, 16 (1): 522.

[12] 钟苑芳，郭仲琪，汪斌，等. 深圳市某区学生生活饮用水卫生现况调查 [J]. 公共卫生与预防医学，2017，28 (05): 101-103.

[13] 曹佳敏，李睿，吴瑶瑶，等. 芜湖市大学生饮用水安全认知及行为习惯调查 [J]. 齐齐哈尔医学院学报，2018，39 (2): 204-206.

[14] 韩宇平，郜雷群，王富强. 滦河下游灌区农业用水安全问卷调查分析 [J]. 人民黄河，2010，32 (12): 154-156.

[15] 付秀影，朱文丽，黄露，等. 北京市东城区成年居民饮用水认知调查 [J]. 中国公共卫生，2016，32 (8): 1092-1095.

[16] 韩文霞. 河南省安阳市社区居民健康饮水知信行调查 [J]. 中国健康教育，2011，7 (4): 309-310.

[17] 任珺，陶玲，杜忠. 兰州市家庭饮用水状况的调查 [J]. 环境与健康杂志，2007，24 (05): 320-322.

[18] Özdemir Semra, Elliott Mark, Brown Joe. Rainwater harvesting practices and attitudes in the Mekong Delta of Vietnam [J]. Journal of Water Sanitation & Hygiene for Development, 2011, 1 (3): 171-177.

[19] Kioko Kimongu J, Obiri John F. Household attitudes and knowledge on drinking water enhance water hazards in peri- urban communities in Western Kenya [J]. Jàmbá Journal of Disaster Risk Studies, 2012, 4 (1): 1-5.

[20] 韩珀，沙净，周全，等. 南水北调中线受水城市水源切换主要风险及关键应对技

术［J］. 给水排水，2016，52（04）：14-17.
［21］王琳，王宝贞. 安全优质饮用水［J］. 城市环境与城市生态，2000，(1)：1-3.
［22］崔玉川. 饮水、微量元素与健康［J］. 净水技术，2005，24（1）：43-46.
［23］封志明，杨艳昭，游珍. 中国人口分布的水资源限制性与限制度研究［J］. 自然资源学报，2014，29（10）：1637-1648.
［24］王宇庭，马俊德，任志勇，等. 黄河三角洲平原型水库的水质特征［J］. 中国海洋大学学报（自然科学版）自然科学版，2006，36（1）：65-70.
［25］顾鹤南，王建平. 青岛市近20a用水结构变化及其驱动力研究［J］. 人民黄河，2012，34（9）：54-55.
［26］赵欣，徐赐贤，周密康，等. 嵊泗县居民海水淡化水知信行调查［J］. 环境卫生学杂志，2013，3（3）：214-217.
［27］山东省水利厅，山东省黄河河务局. 山东境内黄河及所属支流水量分配暨黄河取水许可总量控制指标细化方案［S］. 济南：2010.
［28］山东省人民政府办公厅. 山东省实行最严格水资源管理制度考核办法. 济南：2013.
［29］魏莲，练秋红，曾婷，等. 广州市居民饮水健康知识知信行调查［J］. 实用预防医学，2012，19（01）：1-3.
［30］王正新，宋燕，张宝泽. 2008、2011年青州市居民生活饮用水水质检测［J］. 预防医学论坛，2013，19（2）：135-136.
［31］徐迎春，阎西革，徐建军，等. 2011—2013年烟台市城市生活饮用水水质分析［J］. 环境卫生学杂志，2014，4（6）：576-579.
［32］谷翠梅，曲宁，代飞飞. 2011—2013年潍坊市生活饮用水水质监测分析［J］. 中国城乡企业卫生，2014，163（5）：51-53.
［33］李爱春，李士凯. 2012年济南市生活饮用水水质监测情况分析［J］. 中国公共卫生管理，2013，29（6）：824-826.
［34］孟金香，刘霞. 坊子区居民生活饮用水的水质问题探讨［J］. 中国伤残医学，2013，21（6）：425-426.
［35］彭宁，吴永健. 荣成市生活饮用水卫生状况调查［J］. 临床医学文献杂志，2014，1（7）：261-263.
［36］高丙军. 2012—2014年沂南县生活饮用水水质监测结果分析［J］. 中国卫生标准管理，2015，6（12）：3-4.
［37］中华人民共和国卫生部，中国国家标准化管理委员会. 生活饮用水卫生标准［S］. 北京：2006.
［38］殷邦才，纪玉杰. 青岛市引黄济青前后饮用水卫生质量评价［J］. 中国公共卫生，1995，11（zg）：548-549.
［39］Shannon M A，Bohn P W，Elimelech M，et al. Science and technology for water purification in the coming decades［J］. Nature，2008，452（7185）：301-310.
［40］车越，吴阿娜，赵军，等. 基于不同利益相关方认知的水源地生态补偿探讨——以上海市水源地和用水区居民问卷调查为例［J］. 自然资源学报，2009，24（10）：

1829-1836.

[41] 应亮，毛洁，孙斌，等．水质在线监测技术在管道分质供水卫生监督管理中的应用［J］．上海预防医学杂志，2015，27（4）：213-215.

[42] 唐礼庆，陈燕，陈佰锋，等．芜湖市大学生安全饮用水健康知识态度行为调查［J］．皖南医学院学报，2012，31（6）：494-497.

[43] 陈英，杨惠莲．西宁市部分老年人群健康饮水知识的 KAP 调查［J］．河南预防医学杂志，2009，20（3）：170-171.

[44] 何锦，范基姣，张福存，等．我国北方典型地区高氟水分布特征及形成机理［J］．中国人口·资源与环境，2010，20（S5）：181-185.

第 3 章　水源地变迁与水源地水质安全

水源地是城市供水的重要来源，也是水质安全的重要保障。水源地水质决定了城市供水需要采取的必要处理工艺。水源地水质越优良，需要的处理工艺越简单。古代水源地水质优良，古代人直接从水源地取水，几乎没有任何处理措施。但是随着城市经济社会发展，对水源保护不足，造成水源地污染，城市的供水处理工艺也从简单过滤发展到深度处理。

3.1　水源地变迁

以济南市水源地水源变迁的历史变化为背景，分析水源地变迁的历史过程。从历史中能够查到的资料，《水经注》简略记载了北魏时期济南城的供水系统。县城处于泺、历二水中间，源自趵突泉的泺水流经古大明湖（今五龙潭地带），由舜泉而发的历水流经流杯池（今珍珠泉、百花洲地带），供水系统充分利用泺水和历水等天然河道修建引水沟渠入城，在县城西北方利用低洼地势建有一座蓄水池：历水陂[1]，如图 3.1 所示。北魏时期的历城县城已利用泉水水系建立起完善的城市地表供水体系。

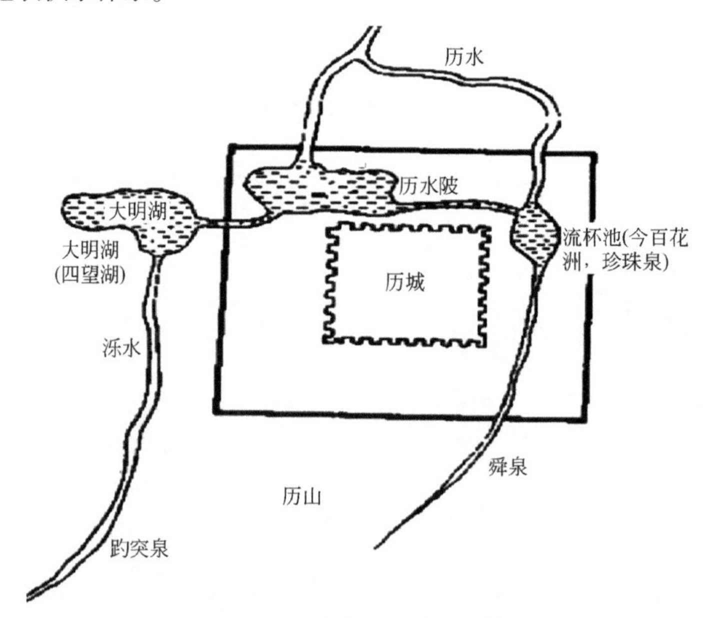

图 3.1　六世纪历城供水图[2]

珍珠泉泉群位列四大名泉之一，是济南古城的政治中心和地理中心。珍珠泉群分为主次泉脉，主脉自北魏时期便有记载，泉系交错，水流婉转，便有流觞取饮之姿，故有《水经注》载：“历祠下，全源竞发，其水北流，经历城东，又北引水为流杯池”。所称的流杯池，曲水流觞便是描述的此地。主脉系以主泉珍珠泉为中心，以水系溪流串联其他诸泉。次脉系便构成了济南古城内最具特色供水体系，泉水喷涌溢出所形成的自然水道，经过街巷院落，明水暗渠成为周边民居院落的生活水源。在古城营造过程中为了保证供水，实现“家家泉水”的特色，形成以珍珠泉为核心，“三纵五横”的八条主要街道及珍珠泉泉系溢流而成的水系，如图3.2所示，为现状水系和曲水亭水景图。

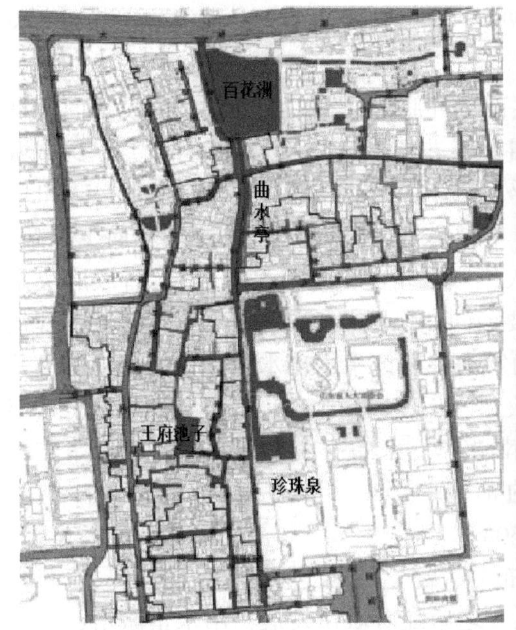

图3.2　珍珠泉现状水系统和曲水亭水景图

唐、宋时期城市规模扩大，人口增加，形成城内湖——大明湖（宋人又称西湖）。曾巩征调人力物力对北水门加以改造，设置闸门，以调节城内水位。旱则闭闸蓄水，涝则启闸渲泄既可以消除灾害，也可以防止污水倒灌，保护城内水源清洁。据《太平寰宇记》记载，四望湖在县西二百步，其水分流入县城，至街中与孝感水合流，“入州城，西出，四泉合流”。四望湖即古大明湖，州城即《水经注》记载的东城，“孝感水在县北门，……平地涌出为小渠，与四望湖合流，入州（城）、历（城）诸署，西入历水”。四望湖水分流入县城后与孝感水交融，继而在向东穿越州城的过程中与多泉汇合[3]。

北宋时历水河道消失，济南城市供水系统由四望湖开凿沟渠引水入县城，汇合孝感水，向东跨越原历水故道引渠到州城诸衙署内，然后汇合众泉之水折而西，北流出州城，汇入今大明湖。

明洪武九年（1376 年），山东最高行政机关“承宣布政使司”由青州迁往济南，济南成为山东省会，为山东布政使司、都指挥使司及按察使司驻地，确立了山东地区政治中心的地位。清代仍为山东省治，依然采用以泉水为水源的地表供水方式，供水系统由点状水源（井、泉）、面状水源（湖泊池沼）和线状水源（河、渠）三部分组成。泉水交灌于城中，浚之而为井，储之而为池，引之而为沟渠，汇之而为沼址[4]。明、清时期，水源主要为五龙潭、趵突泉、黑虎泉三大泉群，以趵突泉为中心的团状居民区稠密，街巷以泉为中心呈现辐射状分布，为城市供水的方式制约[5]。

1906 年 1 月 10 日，济南商埠区在西关外胶济铁路以南筹建，内设华商贸易处、华洋贸易处、西人住宅处、领事驻地、花园、菜市等。1929 年 7 月，历城城邑、商埠区及四郊合并，设立济南市[6]。设立商埠区后，城市规模膨胀，人口增多。商埠的不断发展，供水需求增加，然而“至其地势，通为平冈，而少源泉。每遇亢旱，涓滴非易。一遇火警，扑灭维艰，殆美中之不足耳”[6]，省政府决定建立自来水供水系统，该供水系统主要面向商埠区。1934 年 3 月济南市开始筹建供水设施，1936 年 10 月官商合办，确定南关趵突泉用作水源，在趵突泉打机井开采地下水，建成第一座水厂——趵突泉水厂，同年 12 月 15 日开始供水。1935 年建设水楼子，如图 3. 3 所示，是济南开埠以来的一个标志性的建筑，始建于 1935 年 9 月，是济南自来水公司的前身，1980 年 8 月被拆除[7]。日供水 11000m^3，供水范围是附近商埠附近 1608 户[8]。

1949 年后又形成了六大地下水源布局，高达三四十米的“水楼子”遍布街巷，直到 80 年代随着旧城改造被拆除。之后随着城市发展，用水量激增，又实施了“采外补内”、引黄保泉等形式，保障城市用水，逐步形成了覆盖 500km^2 的供水网。

济南市范围内分布有四大泉群，数量多，流量大。从 1936 年济南市第一个供水厂即趵突泉水厂建成，全市自来水供水能力到解放初期一直保持在 1. 1 万 m^3/d 左右。新中国成立后随着城市的发展，地下水的开采量日益增加，自 20 世纪 60 年代起各单位自备水源陆续兴建，到 70 年代济南郊区大量发展机井灌溉，据初步统计，进入 80 年代后，包括自来水公司、自备水源地及农业开采总量已超过 80 万 m^3/d。然而，由于地下水盲目、过度开采，致使泉水自 1975 年春季开始出现断流，之后几乎年年有断流现象。为了“保泉”，提出“采外补内”思

图3.3　济南第一个水楼子

路，从1982年开始，分别在西郊大杨庄、东北郊建设新的水源地，同时，关闭了市区普利门、饮虎池、泉城路等水厂，使市区地下水日开采量由30万m^3减至12万m^3，1987年底，在东郊宿家张马增采地下水。

1958年、1959年和1970年，在济南市南部山区先后建成卧虎山、狼猫山和锦绣川水库；1984年，在低山丘陵地区建成大中型水库5座，小型水库73座，塘坝50座，如图3.4所示和表3.1所示，这些水库和塘坝可以减少水土流失、增加泉水的补给量、保证农田灌溉和山区群众生活用水。1987年建成了卧虎山水库和锦绣川水库向城市供水的配套工程——济南市南郊水厂，从此结束了济南市区单靠地下水源供水的历史。2003年狼猫山水库向城市供水。

1999年，济南泉群连续停喷。为了抵御特大干旱，保障城市供水和保护泉城特色，济南市于1999年修建了鹊山和玉清湖两大引黄平原水库，保障城市供水，调整了供水结构，济南市城市供水水源，地下水与地表水比例由7∶3调整为3∶7。

鹊山水库投资6.79亿元，1999年12月29日建成蓄水，占地14300亩（1亩=666.67m^2，后同），调蓄库容4600万m^3，2000年4月24日向市区供水；配合建成了黄水水厂，日供水能力达40万m^3/d。玉清湖水库投资10亿元，2000年12月29日竣工通水，占地9206亩，调蓄库容4850万m^3，配合建设玉清水

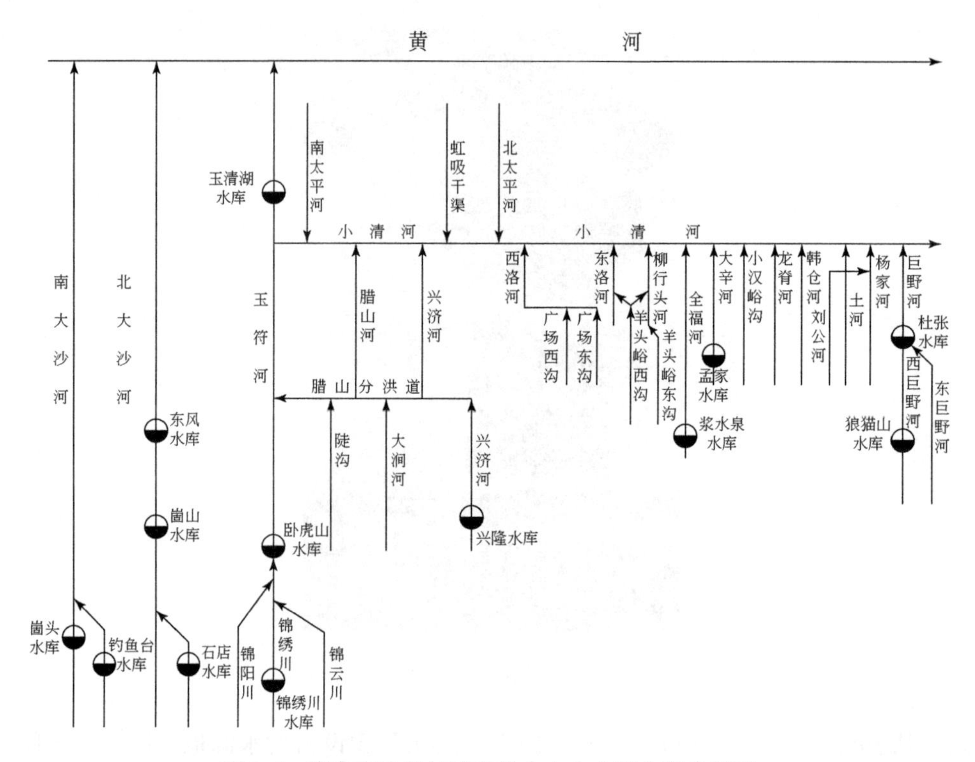

图 3.4 济南市防洪与城市供水大中小型水库位置图

厂，日供水能力达 40 万 m^3/d，如表 3.1 所示。

表 3.1 济南大、中型水库概况

水库类型	水库名称	建库年份	流域面积/km^2	防洪标准	所在河流	总库容/(万 m^3)
大型水库	卧虎山水库	1985	557	100 年一遇设计、5000 年一遇校核	锦绣、锦阳、锦云三川汇合	10430
中型水库	锦绣川水库	1966	166	100 年一遇设计、千年一遇校核	玉符河支流、锦绣川	4150
	狼猫山水库	1959	82	50 年一遇设计、千年一遇校核	西巨野河上游	1560
	石店水库	1966	40.2	50 年一遇设计、千年一遇校核	北大沙河支流	1101

续表

水库类型	水库名称	建库年份	流域面积/km^2	防洪标准	所在河流	总库容/(万 m^3)
中型水库	崮头水库	1959	100	51 年一遇设计、千年一遇校核	南大沙河西支上游	1530
	钓鱼台水库	1957	39	52 年一遇设计、千年一遇校核	南大沙河东支上游	1030
	鹊山水库	1999	引黄水库	50 年一遇设计、千年一遇校核	黄河	4600
	玉清湖水库	2000	引黄水库	50 年一遇设计、千年一遇校核	黄河	4850

济南市城市供水的水厂分别是玉清水厂、鹊华水厂、南郊水厂、分水岭水厂、东郊水厂。源于地表径流水、雨水等的卧虎山水库主要为南郊水厂提供原水，锦绣川水库主要为分水岭水厂提供原水，狼猫山水库则为雪山水厂提供原水。春夏供水高峰，卧虎山水库经常出现“死库容”（即水库现水位落至正常运用情况下，允许消落的最低水位)，导致无法为水厂供水，供水部门选择从玉清水厂和鹊华水厂调水供应东部和南部城区。此时已经形成地下水、地表水和黄河水联合供水的城市水源。

3.2　供水工艺改造升级

随着经济社会发展，水源地水质发生了显著变化，从直接引用，简单消毒引用，到经过常规处理后消毒供水，再到经过复杂工艺过程处理的逐步升级，映射了水源水质污染越来越严重，不得不采用后续的深度净化工艺，保障饮用水安全，此处仍然以济南市的饮用水处理工艺的变化为例。

3.2.1　泉水水质优良，直接取水

济南地势南高北低，地质构造总体上是一个以古生界地层为主体的北倾单斜构造，地层由南向北由老变新，呈明显的带状分布，最南部为太古界泰山群变质岩，中南部为古生界出露齐全的寒武系和奥陶系灰岩。这些可溶性灰岩，经过多次构造运动和长期溶蚀，济南地下的石灰岩，结合得不是很紧密，所以形成大量地下孔隙、裂缝，成为能够储存和输送地下水的地下通道[9]。大量地表水渗入地下，沿孔隙、裂缝等地下网道由南向北缓缓流下。济南市区北部燕山山脉由组织

紧密的岩浆岩组成，岩质坚硬，为不透水的岩层，地下水到此受阻，大量汇聚，在水平运动的压力下变为垂直向上运动。大量地下水穿过岩溶裂隙，夺地而出，形成众多形态各异的天然泉眼[10]。

为了证明济南的泉水的水质满足直接饮用的标准，孙湛采集趵突泉群主泉、黑虎泉群泉眼、珍珠泉群的珍珠泉大池、五龙潭泉群五龙潭主泉的水样，根据《饮用天然矿泉水检验方法》对水样中铁、锰、铜、钾、钠、钙、镁、氟化物、重碳酸盐、锶、锂、锌、碘化物、偏硅酸盐、硒及 pH 共 16 项进行分析。检测结果如表 3.2 所示[11]。

表 3.2　济南四大泉群水质检测数据

检测项目	趵突泉	黑虎泉	珍珠泉	五龙潭
钾/(mg/L)	4.3565	4.9435	4.0997	4.2151
钠/(mg/L)	26.23	26.68	21.61	27.67
钙/(mg/L)	125.27	128.54	101.25	112.94
镁/(mg/L)	19.322	20.821	16.723	19.362
铁/(mg/L)	<0.01	<0.01	<0.01	<0.01
锰/(mg/L)	0.922	0.951	0.981	0.910
铜/(mg/L)	<0.01	<0.01	<0.01	<0.01
锌/(mg/L)	0.0081	0.0085	0.0089	0.0078
锶/(mg/L)	0.3065	0.3135	0.2918	0.3079
硒/(ug/L)	0.1576	0.1532	0.1627	0.1562
锂/(mg/L)	0.2489	0.2417	0.2378	0.2365
碘化物/(mg/L)	0.012	0.012	0.011	0.012
偏硅酸盐/(mg/L)	20.46	20.29	21.02	19.69
重碳酸盐/(mg/L)	333.6	313.1	342.3	327.9
氟化物/(mg/L)	0.28	0.30	0.29	0.31
pH	7.45	7.62	7.83	7.53

结果显示除锰、硒之外各指标均满足《饮用天然矿泉水》的要求，济南趵突泉、黑虎泉、珍珠泉、五龙潭各泉群泉水均为偏弱碱性，含有丰富的微量元素，如铁、锂、硒、偏硅酸盐、钙、镁较多。泉水水质优良，从有人类居住至今，济南市老城区的居民仍然保持直接饮用泉水的习惯。图 3.5 为济南黑虎泉的取水口，与正在取水的城市居民。

图 3.5　黑虎泉取水口

3.2.2　水库水供水，常规处理工艺

2001 年 7 月 9 日，济南引黄供水工程项目之一，玉清水厂正式建成供水。玉清水厂于 2000 年 1 月 15 日开工，占地 209 亩，概算投资 5.4 亿元，设计供水能力 40 万 m^3/d。玉清水厂采用了常规处理工艺：混凝沉淀过滤消毒，工艺流程如图 3.6 所示，主要工艺参数如下。

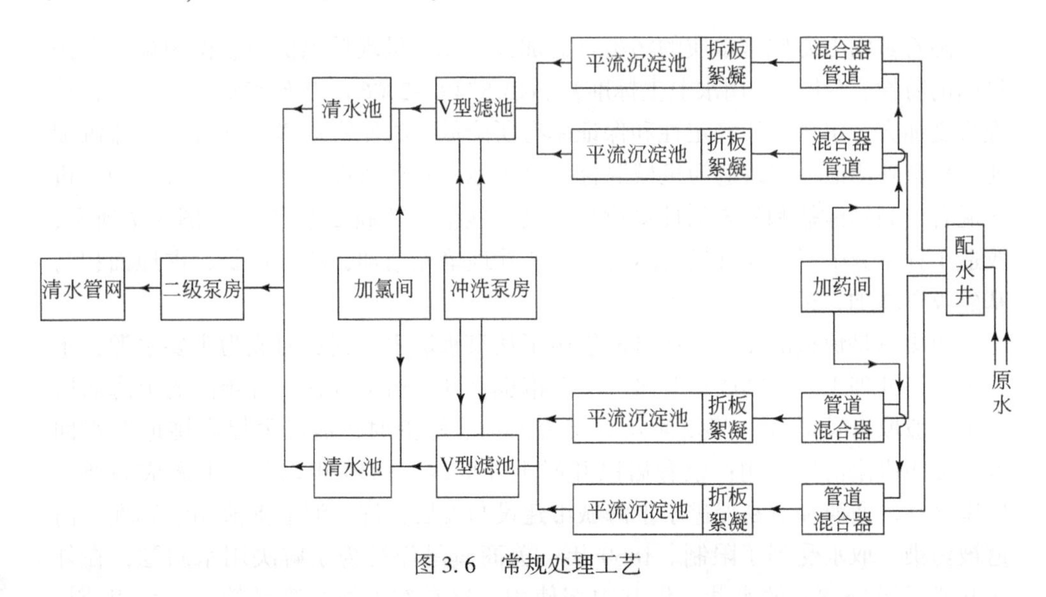

图 3.6　常规处理工艺

（1）混凝：投加聚合氯化铁铝，投加量为 5.9mg/L。

(2) 沉淀：平流沉淀池，池长120m，停留时间为2h。

(3) 过滤：V型滤池，滤速8m/h，气水反冲，气冲强度55L/(m^3·h)，水冲强度为11L/(m^3·h)。

(4) 消毒：液氯消毒，投加量3.0mg/L。

3.2.3 玉清水厂工艺改造升级

1. 水源地水质

根据2001年4月16日和2002年6月17日的黄河水水质检测报告[12]，水中无机污染物的含量均符合国家标准，基本检测不出重金属污染物和非金属污染物，常规指标也基本合格；黄河水没有受到“三致”物质（致癌、致畸形和致突变）的污染，环保部门优先监控的痕量级别有毒有机污染物基本上未检测出；氮类污染严重。亚硝酸盐、非离子氨和氨氮分别达到IV类、IV类和V类水体标准；水样中，非离子氨和氨氮均达到IV类水体标准。氮类污染为引黄水库藻类繁殖提供了最基本的生长条件，水中的藻类总数已经达到了10^6个/L；黄河水有机污染物污染相对严重。高锰酸盐指数和COD_{Cr}分别达到III类和IV类水体标准；按照单因子评价方法，玉清供水系统的水源——黄河水单因子评价为VI类水体。

2. 处理工艺改造升级

随着黄河上游原水水质的污染日益加大，原水呈现低温低浊、微污染、含藻量高的特性，《生活饮用水卫生标准》（GB 5749—2006）颁布实施，水厂运行处理难度加大，出水水质稳定性和保证率有所降低。将原常规静态混合、平流沉淀池、V型砂滤池分别改造为机械混合、浮沉池、V型活性炭滤池，同时增加了机械混合、高锰酸盐和粉末活性炭投加、紫外线消毒等新工艺[14]，如图3.7所示，改造工程于2011年10月投入运行。工艺处理单元增加，流程增长，占地面积与基建投资增加，运行费用增多。

历史总是惊人的相似，在济南经历了从泉水取水，到黄河成为主要水源，水源污染，处理工艺持续改造升级。上海市也重现了历史进程。百年前的上海居民用水一般取自黄浦江、苏州河及其支流河道。涨潮时，居民手提肩挑地取水回家，加明矾澄清后使用；也有居民开凿土井取水。1840年以后，上海成为通商口岸之一。通商和贸易促进了上海城市建设与发展，许多河道支流相继填埋及河道被污染，取水受到了限制。1860年，美商旗昌洋行为了解决用水问题，在外滩开凿了深76.8m的水井，供其内部使用，这是在上海出现的第一口深井[15]。1879年筹建英商上海自来水公司，在杨树浦选址，水源地位于黄浦江陈行。

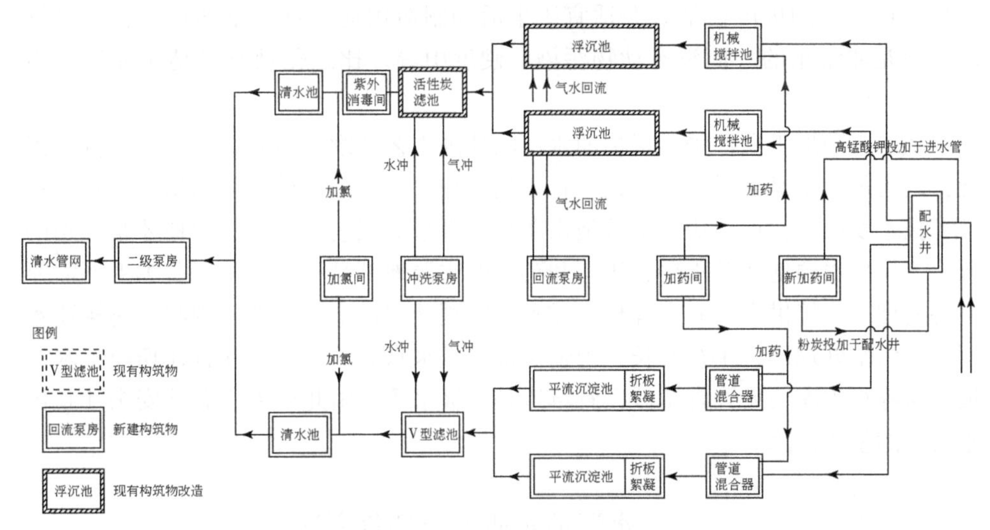

图 3.7 改造后的工艺流程[13]

1881 年 8 月动工，1883 年 8 月 1 日建成，向英、法两租界供水。拥有总容量 613 万加仑（2.79 万 m^3/d），沉淀池 2 座、慢滤池 4 座、清水池 1 座、蒸汽锅炉 3 台及出水间 1 座[16]，如图 3.8 所示。

图 3.8 百年水厂杨树浦[17]

杨树浦水厂处理工艺从最早的简单的沉淀，慢砂过滤，供水，甚至没有消毒设施，出水水质优良。上海自来水公司于 1883 年 12 月采集水样，请当时的老德记药房进行化验，获得了上海第一份自来水水质化验报告。报告说“化验结果，证明水的极度清洁。并适宜于生活和制造用途。从含量的估计，有机物的存在是非常小的，而没有动物污染，硬度中等。比之伦敦和其他工业城镇不相上下”[18]。

随着水源地水质污染，杨树浦水厂的处理工艺持续改造升级，增设了混凝沉淀，之后加设了臭氧活性炭工艺。百年杨树浦水厂见证了城市供水历史变迁，见证了技术发展史，也亲历了水源地水质变化带来的工艺革新。水源地才是一切的源头，保护水源地何其重要，美国和英国的水源地都是一级水质，基本上不需要进行处理就直接供水，有点像杨树浦水厂刚刚开闸供水的初期。现状的杨树浦水厂更像污水处理厂，工艺冗长，勉强保证了供水水质的安全，并且还切换了水源地，从陈行水库切换到青草沙，青草沙是二级水质，由此可见水源地安全才是供水安全的重要保障。

3.3　水源地水质安全评价方法

从济南市的水源地变迁到处理工艺的改造升级，实证了水源地安全的重要性，水源地水质优良，几乎不需要任何处理工艺，甚至简单的处理工艺就可以符合饮水质量标准，节省了供水的成本。水源地水质下降，持续增加处理工艺的升级，致使处理成本提高。

判断水源的水质安全也是选择处理工艺的重要依据，保护水源地的安全是饮水安全的基础，水质安全评价是水环境规划与管理的基础性工作，采用科学合理的水质评价方法，才能准确地描述水体水质状况，满足水环境管理和决策需要。水质评价通过水体主要污染因子的含量确定当前水质污染状况及利用价值，有利于加强对水质了解，对水环境质量评价、风险评估及污染物的总量控制和规划管理起到借鉴、启示和指导的作用。

3.3.1　综合指数法

综合指数法是将大量的监测数据经过统计处理后求得代表值，将其与相应的环境质量标准值相对比求得分指数后，经过算数均值计算，得到无量纲的综合指数值来定量客观地反映水质状况的评价方法[19]。综合指数法形式简单，计算简便，同时可依据各监测指标中超标大小进行排序，确定最主要污染因子。解莹等[20]采用水质综合指数法，对滦河流域部分河流 2010 年的水质状况进行了评价，并与单因子评价法、内梅罗指数法的评价结果进行比较，结果表明该方法合理可行，计算简单，具有一定的推广和使用价值。但综合指数法对污染因子处理方面存在一定的局限性，不能充分考虑不同污染因子对水质影响的差别，无法获得合理的权重清单；引入内梅罗指数法改进的综合指数法虽然突出了最重要分指数的影响，却过分强调其作用，有失客观性[21]；综合污染指数法以最差因子的水质类别作为最终的水质类别，使最终结果不具有可比性。针对水质综合指数法存在赋权方式的局限性，有学者[22]引入主成分分析和加权灰色关联方法加以改进，表明权重清单的获取可采用多种赋权方式组合赋权；同时，水污染指数法（WPI）可将水质指标量化，且具有统一的标准，可解决传统的水质综合指数法水质结果不可比的劣势。

3.3.2　水污染指数法

水污染指数法（WPI）依据水质类别与 WPI 值对应表，采用内插方法计算得到每个水质指标的 WPI 值，并以最高的 WPI 值作为监测站点的最终 WPI 值。刘琰等[23]采用水质综合指数法，对湘江干流 2009 年的水质状况进行了评价，并与单因子评价法、主成分分析法的评价结果进行比较，结果表明该方法在主要污染指标识别及劣Ⅴ类水体水质比较方面具有一定的优越性，且该方法计算简短，具有一定的推广和使用价值。水污染指数法大多独立使用，在综合水质法中应用相对较少[24]。将水污染指数法用于改进传统的水质综合指数法，以各污染因子的 WPI 值取代传统的水质综合指数中的单因子指数作为分项指数，可使最终水质指数具有可比性，同时可与劣Ⅴ类水体的比较。

3.3.3　主成分分析法

主成分分析法（PCA）最早由生物学引入，是基于数据降维的一种多元统计方法，其原理是通过原始数据的线性组合，用少数几个相互独立的综合变量来替代初始相互关联的数据[25]，主要操作步骤包括数据标准化处理、形成协方差矩阵、计算矩阵特征值及特征向量、主要成分数量选择、主成分函数表达等步骤。主成分分析法简单提取信息，可提供简化后的整个数据集[26]，同时可消除重叠信息的冗余性，以减少信息传递过程中的依赖；由于该方法完全凭数据决策，具有很强的客观性，在权重分配方面减少可对专家依赖[27]；方法简单、客观、全面、准确。该方法同时存在以下问题：一是变量降维过程中损失了部分信息；二是评价结果对原始变量具有较强的依赖性，当原始变量的数据结构不佳时处理效果较差且不能处理非线性问题；三是赋权方式过分强调信息量权，缺乏一定的主观能动性。为解决上述问题，姚泽清[28]等结合层次分析法解决指标构建的缺位问题；也有学者提出数据标准化时对加入主观权重以便主观赋权需要[29]。主成分分析法在当前流域水质评价中可用于主要污染因子及污染源识别[27,30]、潜在污染源及污染因素识别[31]、水质时空变化分析[32]、污染物权重分配[33]、空间加权分析[34]及划分流域不同污染区域[35]。

3.3.4 聚类分析

聚类分析（CA）是根据研究对象之间相似性确定其亲疏程度，并划分为不同类别的一种多元统计方法[36,37]，聚类分析法将对象组合成相互依赖的变量集合，表现出高度的群内均匀性和群间异质性[27]，最常用的系统聚类以树状图的形式输出处理结果。聚类分析法简单直观，现多应用于大规模、多指标水质评价，可与其他水质评价方法结合，进行数据预处理；但该方法同时存在以下缺陷：一是对数据依赖性过强，数据小范围改变会对数据处理结果产生较大影响；二是数据处理独立性不强，会导致部分信息的丢失[37]；三是所得结果有很强的主观选择性；四是数据结果仍需进一步分析，对数据分析者要求较高，为解决以上问题，当前有学者采用主成分分析法评估聚类的相似性并确定参数之间的变异来源[38]；与信息涵盖率高的主成分分析法结合，提取合理有效主成分[29,39]；张旋等[40]结合综合水质标识指数考虑最大污染因子对水质影响，提高聚类分析的分辨率。CA 在流域水质评价中可用于主要影响因素分析[41]、水质时空变化分析[42,43]、监测站点类别划分[36]等，对含生物指标的水质处理效果较好。

3.3.5 层次分析法

层次分析法（AHP）是依据研究对象之间的从属关系进行分层，比较层次间构造，定量表示每一层的相对重要性，通过数学方法最终确定各要素对水环境系统重要性权重的一种统计方法[44]。其主要操作步骤是建立层次结构模型、构造判断矩阵、层次单排序、判断矩阵一致性检验、层次总排序[45]。层次分析法客观准确，利用指标的相对重要性赋权，可将污染因子指标量化处理[46]，考虑最主要污染因子对水质影响时考虑了污染因子间相互作用。主要作为确定指标权重的方法，结合其他的模型对水安全进行评价，适合评价污染因子较多、主要污染因子仅有 1～2 个的水体。主要存在以下问题：一是赋权方式主观性强；二是水质评价结果过于保守，对劣 V 类水质评价时低估污染因子的贡献。为解决以上问题，向文英等[47]结合熵权法提出了组合的主客观权重组合赋权；引入模糊聚类分析法层次分析法矫正过于保守的评价结果[48]；尹海龙等[49]提出结合水质标识指数法评价劣 V 类水体。AHP 在流域水质评价中可用于权重确定[50]、湖泊营养化指标体系建立与评价中，适合评价污染因子较多、主要污染因子仅有 1～2 个的水体[51]。

3.3.6 灰色系统法

灰色系统法是一种基于灰色理论的预测方法，不同于其他预测方法直接对原始数据进行统计处理，灰色系统法考虑到水环境自身的灰色性及监测数据的灰色性，对无规则的原始数据进行数次的累加以对数据进行规律化处理，是一种考虑数据动态性变化的处理方式[52,53]。

灰色系统法对监测数据数量要求较少，无需现场监测节省人力物力，简洁实用，对监测信息不完整的水质预测具有很好的包容性[53]，主要存在以下问题：一是信息录用时可能选取不稳定信息；二是模型要求数据序列符合指数化变化；三是单一的灰色系统法受不稳定信息影响较大，可能造成预测精度较低。为解决上述问题，李如忠等[54]以模型群统计平均值作为预测值提高信息选取精准性；王超等[55]将数据进行对数变换满足数据处理要求；魏文秋等[56]结合神经网络算法提高其稳定性。有学者将其与生态网络分析相结合用于评价区域水质代谢[57]，灰色模型作为预测主体与 BP 神经网络结合预测精度较传统方法可提高 15%左右[58]。

3.3.7　人工神经网络法

人工神经网络算法（ANN）是一种基于神经网络原理的预测方法，通过模拟人脑处理信息的方式，由大量人工神经元连接而成，节点间的连接方式即为权重，通过调节不同节点间相互关系，学习污染因子与未来情况间的非映射关系，达到预测的目的[59]，当前应用最广泛的是 BP 神经网络。

ANN 具有很好的自适应性、自组织性、自学习性，容错和推理能力强，可大规模并行处理多目标水质[60]，得到结果精度较高，且由于不需要考虑系统输入输出间关系，对污染因子众多且存在相互关系的复杂水系统处理效果较好，较多地应用于水质预测[61]。但同时存在以下问题：一是需要大量的实测数据；二是收敛速度较慢容易出现极值或局部最优；三是预测中会出现异常值。为解决上述问题，有学者引入聚类分析方法优化人工神经网络预测模型输入项的拓扑结[62]，边耐政等[63]引入较差验证方案、张树东等[64]引入马尔科夫残差修正方法解决数据量较少时精度过低的问题；极值问题可通过调整动量因子或结合全局搜索的遗传算法改进[64]；引入回归分析控制预测区间来尽可能消除异常值。

在水质安全评价问题中，赋权问题也尤为重要，赋权方式不同对最终评价结果会产生较大的影响，主要包括主观赋权和客观赋权两种方式。其中，主观赋权法主要包括 Delphi 法、AHP 法和专家评分法等；客观赋权法主要包括超标倍数法、主成分分析法、PC-LINMAP 耦合法、变异系数法、熵值法和相关系数法等。综合上述方法的适用性，在本书中的水源地评价中予以采用。

3.4　即墨市水源地水质安全评价

3.4.1　即墨市城乡饮用水水源地基础环境

即墨市城乡饮用水水源地，包括 7 个河流型水源地、4 个湖库型水源地以及 23 个地下水水源地。

1. 地理位置

即墨市位于山东半岛西南部，东临黄海，西邻平度市和胶州市，南接崂山区和城阳区，北邻莱西市和莱阳市，东北与海阳市隔海相望，是青岛近郊市，素有“青岛后院”之称。全市总面积 1780km^2，辖 7 个镇、8 个街道办事处、1 个省级经济开发区、1 个省级旅游度假区，现有人口 113.18 万，是国家环保模范城、中国优秀旅游城市、全国科技进步先进市、省级文明城市。

2. 城镇饮用水水源数量及分布现状

即墨市城镇集中供水覆盖率达 100%。集中式饮用水水源地共有 14 个，其中湖库型、河流型各 5 个，地下水水源地 4 个，详见表 3.3。湖库型和河流型水源地分布位置可见图 3.9。由表 3.3 可见，大沽河饮用水水源地工程设计水量和实际取水量分别 2920 万 t 和 1200 万 t，是即墨市城镇集中供水量最大的饮用水水源地。即墨市城镇供水来源总体上以水库水和河流水为主，地下水供水为补充。

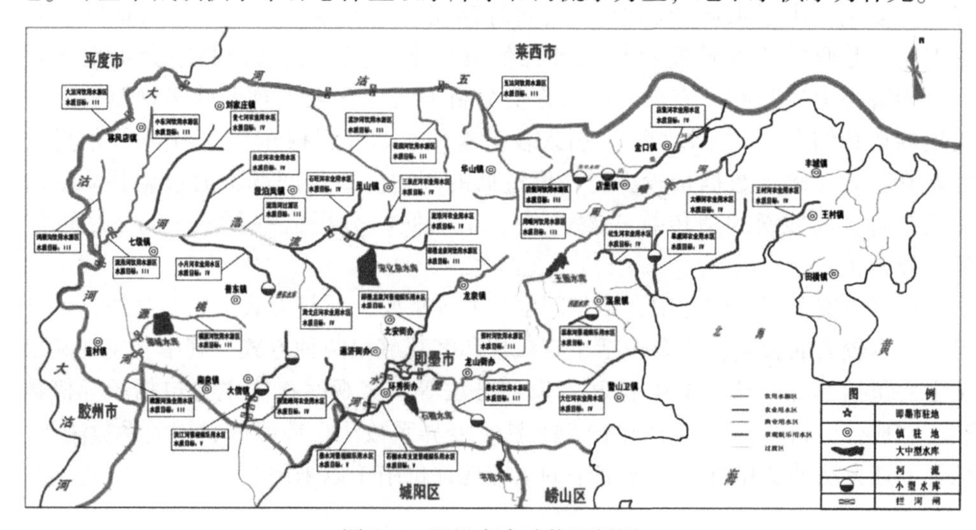

图 3.9　即墨市水功能区划图

表 3.3　即墨市城镇集中式饮用水水源地情况统计表

序号	饮用水水源地名称	所在河流名称	水源地建设时间/（年．月）	设计供水能力/（万 t/a）	水源地类型	划定保护区时间/（年．月）	批准单位	保护区面积/km²		
								一级	二级	三级
1	王圈水库	莲阴河（周疃河）	1964. 11	1460	水库	2004. 6	青岛市人民政府		13. 00	10. 23
2	石棚水库	土桥头河（墨水河支流）	1960. 8	438	水库	2004. 6	同上		2. 4	10. 1
3	挪城水库	桃源河（大沽河支流）	1960. 8	1095	水库	2004. 6	同上		6. 76	2. 79
4	宋化泉水库	流浩河（大沽河支流）	1960. 5	790	水库	2004. 6	同上		3. 42	24. 70
5	普东水库	流浩河（支流）	—	183	水库	2004. 6	同上		—	—
6	大沽河	大沽河	2004. 6	2920	河流	2004. 6	同上		14. 76	18. 45
7	流浩河	大沽河	2004. 6	1450	河流	2004. 6	同上		3. 45	6. 9
8	大任河	大任河	—	183	河流	2004. 6	同上		—	—
9	墨水河上游	墨水河	2004. 6	—	河流	2004. 6	同上		7. 24	15. 4
10	五沽河	大沽河	2004. 6	—	河流	2004. 6	同上		0. 96	2. 0
11	舞旗井群	墨水河	2003. 6	230	地下水	2003. 6	同上	0. 32	—	—
12	东关井群	墨水河	2003. 6	200	地下水	2003. 6	同上	0. 33	—	—
13	马山井群	墨水河	2003. 6	150	地下水	2003. 6	同上	0. 30	—	—
14	东障井群	墨水河	2003. 6	200	地下水	2003. 6	同上	0. 36	—	—

（1）城镇饮用水水源地保护区划

2004 年 6 月青岛市人民政府批准通过关于即墨市城镇集中饮用水水源地保护区划分文件，文件中明确 12 个城镇饮用水水源地的保护区划及区划面积。舞旗井群、东关井群、马山井群和东障井群四个地下水水源地划分一级保护区，保护区面积分别为 0. 32km²、0. 33km²、0. 30km² 和 0. 36km²。其余 8 个河流型和湖库型水源地划定了二级保护区和三级保护区，如表 3. 3 所示。

（2）地下水水源地一级保护区内污染源

地下水水源地一级保护区内的主要建筑物，舞旗井群一级保护区内主要污染源为青岛千惠绣品有限公司和青岛雨辰房地产开发有限公司，主要污染物为

COD，COD 的排放量分别为 0.45t/a 和 0.36t/a。马山井群一级保护区内建设项目较多，其中青岛恒丰源染织有限公司、青岛稻进食品有限公司和青岛耀杰时装有限公司 COD 排放量较大，分别为 7.2t/a，6.1t/a 和 5.4t/a。东障井群一级保护区内主要污染源为东障村村民住宅和即墨市福鲁思绣品厂，主要污染物 COD 的排放量分别为 5.4t/a 和 0.3t/a。

（3）湖库型、河流型水源地保护区内污染源

根据调查资料显示，王圈水库、石棚水库、挪城水库和宋化泉水库保护区内的土地主要用于工业用地、交通用地、农村居民用地和农业种植用地。其中，农村居民用地占的比例最大，其次为农业种植用地和交通用地。湖库型水源地保护区土地利用情况见表 3.4。

水源地保护区内农田径流污染物排放量及主要的农村生活污染源见表 3.5。宋化泉水库非标准农田面积最大，为 22315 亩，COD 和氨氮排放量 209.8t 和 41.9t；王圈水库保护区内非标准农田面积其次，为 17856 亩，但农田径流污染物最大，COD 和氨氮排放量为 271.4t 和 54.3t；大沽河保护区内非标准农田面积 15468 亩，COD 和氨氮排放量 207.2t 和 41.5t；石棚水库保护区内非标准农田面积最小，为 1473 亩，COD 和氨氮排放量 19.6t 和 3.9t。

湖库、河流型水源地保护区之内畜禽养殖污染源主要来自保护区内的规模化养鸡场、养猪场和奶牛场，这些畜禽养殖场并无污水处理设施，经冲洗后排放。

表 3.4　湖库型水源地保护区土地利用情况调查表　（单位：km^2）

水源地名称		王圈水库		石棚水库		挪城水库		宋化泉水库	
保护区面积		二级保护区	准保护区	二级保护区	准保护区	二级保护区	准保护区	二级保护区	准保护区
土地利用情况	工业用地	0.09	0.07	0.04	0.09	0.24	0.22	0.15	0.09
	交通用地	0.2	0.71	0.13	0.005	0.19	0.01	0.006	0.64
	城镇居民	0	0	0	0	0	0	0	0
	农村居民	1.42	1.24	0.54	0.23	1.18	1.07	1.06	0.16
	农业种植	0.39	0.86	0.02	0.25	0.04	0.33	0.39	0.32
	用地合计	2.1	3.51	0.73	0.58	1.48	1.63	1.61	1.21

表 3.5　农田径流污染物排放量面积调查表　（单位：亩）

水源地名称		王圈水库	石棚水库	挪城水库	宋化泉水库	大沽河	流浩河	墨水河	五沽河
不同情况下的源强系数*	农田情况	非标准农田	非标准农田	非标准农田	非标准农田	非标准农田	非标准农田	非标准农田	非标准农田

续表

水源地名称		王圈水库	石棚水库	挪城水库	宋化泉水库	大沽河	流浩河	墨水河	五沽河
不同情况下的源强系数*	农田面积/亩	17856	1473	12391	22315	15468	4578	4949	1620
	源强系数	1.52	1.33	0.93	0.94	1.34	1.2	1.34	1.34
污染物排放量/t	COD	271.4	19.6	115.2	209.8	207.2	54.9	66.3	21.7
	氨氮	54.3	3.9	23	41.9	41.5	10.9	13.2	4.3

* 源强系数：面积修正系数。

(4) 城镇饮用水水源地的保护措施

目前，城镇居民饮用水水源地制定了详细的水源地保护应急预案和水源地现状监测计划（表3.6）。

表3.6 饮用水水源地保护区管理机制调查表

水源地名称	水源地保护地方立法			饮用水源地保护区管理	管理制度建设
	是否制定	批准机构	批准时间	机构名称	
王圈水库	是	青岛市政府	2004年批准 2014年修订	王圈水库管理所	青岛市水功能区划、青岛市饮用水水源保护区划、即墨市水功能区划、即墨市饮用水水源保护区划、王圈水库水源地保护规定
石棚水库	是	同上	同上	石棚水库管理所	青岛市水功能区划、青岛市饮用水水源保护区划、即墨市水功能区划、即墨市饮用水水源保护区划、石棚水库水源地保护规定
挪城水库	是	同上	同上	挪城水库管理所	青岛市水功能区划、青岛市饮用水水源保护区划、即墨市水功能区划、即墨市饮用水水源保护区划、挪城水库水库水源地保护规定
宋化泉水库	是	同上	同上	宋化泉水库管理所	青岛市水功能区划、青岛市饮用水水源保护区划、即墨市水功能区划、即墨市饮用水水源保护区划、宋化泉水库水源地保护规定
大沽河	是	同上	同上	大沽河管理所	青岛市水功能区划、青岛市饮用水水源保护区划、即墨市水功能区划、即墨市饮用水水源保护区划、大沽河水源地保护规定

续表

水源地名称	水源地保护地方立法			饮用水源地保护区管理	管理制度建设
	是否制定	批准机构	批准时间	机构名称	
流浩河	是	同上	同上	无	青岛市水功能区划、青岛市饮用水水源保护区划、即墨市水功能区划、即墨市饮用水水源保护区划
墨水河	是	同上	同上	无	青岛市水功能区划、青岛市饮用水水源保护区划、即墨市水功能区划、即墨市饮用水水源保护区划
五沽河	是	同上	同上	无	青岛市水功能区划、青岛市饮用水水源保护区划、即墨市水功能区划、即墨市饮用水水源保护区划
舞旗井群	是	同上	同上	即墨市舞旗井群供水站	同上
东关井群	是	同上	同上	即墨市东关井群供水站	同上
马山井群	是	同上	同上	即墨市马山井群供水站	同上
东障井群	是	同上	同上	即墨市东障井群供水站	同上

3. 农村饮水水源地

(1) 农村饮水及供水模式

即墨市农村已经基本都配备了自来水供水设施。根据供水模式的不同，将农村饮水供水方式分为城市管网覆盖、乡镇集中供水和单村供水三大类。即墨市农村供水涉及乡镇及街道办事处 23 个，行政村 1033 个，人口 96.85 万人。其中，城市管网覆盖村庄 111 个，乡镇集中供水覆盖村庄 407 个，单村供水的村庄 515 个。即墨市农村主要供水水源情况详见表 3.7。

(2) 农村规模化供水

相对于农村自来水覆盖率较高的情况，农村规模化供水的人口相对较低。截至 2010 年末，全市农村规模化供水覆盖 518 个村庄，49.28 万人，占农村总人口的 50.9%，详情见表 3.8。由于供水水源的分散、地形差异大，全市规模化供水的覆盖程度不高。在水源丰富、易于建设大型供水工程的地区，城市管网供水工程、乡镇集中供水工程是供水结构的主要组成部分。在水源规模相对较小、规模化难以实现的水源周边，单村供水工程是供水工程的主要形式。

(3) 供水水源形式

即墨市各乡镇经济发展水平、地形条件、社会环境等因素不尽相同，供水水源的现状各有特点，规模化供水水源包括水库、塘坝、机井、大口井等，单村供水水源多使用地下水，如机井和大口井。农村供水总体上以水库水为主，受各种因素影响，机井等供水形式作为水库供水的补充。目前，日供水量500m^3以上，主要水源95%保证率，合计日供水能力10.01万m^3，其中地下水源1.93万m^3，水库水源7.18万m^3，河流水源0.8万m^3。各水源具体情况详见表3.8。大部分水源有相应的水质检验报告，但是仍有一些小型水库、塘坝、机井、大口井和拦河闸等小型供水水源目前都没有定期进行水质检测。这些小型供水水源也供给着大量农村人口的日常饮水，使用这些小水源的村庄饮水水质及水量难以保障。

表3.7　即墨市农村主要供水水源情况统计表

水源地名称	水源所在地	水源类型	可供水量/(m^3/d)	使用该水源的供水工程名称	是否划为水源保护区
团彪水库	龙山办事处	水库	6000	团彪水厂	是
翟家水库	大信镇	水库	5000	大信水厂	是
院西水库	店集中新社	水库	10000	店集水厂	是
潘家水库	田横岛旅游度假区	塘坝	1000	东部供水	是
段泊岚集中供水水源地	段泊岚镇	大口井	5000	段泊岚水厂	是
华山镇集中供水水源地	省级高新区	河道	3000	华山供水	是
金口镇集中供水水源地	金口镇	大口井	1800	金口供水	是
贾戈庄塘坝	蓝村镇	塘坝	10000	蓝村供水	是
灵山镇集中供水水源地	灵山镇	大口井	3000	灵山驻地供水	是
刘家庄镇集中供水水源地	刘家庄中心社	深机井	2000	刘家庄驻地供水	是
龙泉街道集中供水水源地	龙泉办事处	大口井	500	龙泉驻地供水	是
七级镇集中供水水源地	七级中心社	深机井	2000	七级水厂	是
王村镇集中供水水源地	田横镇	塘坝	500	王村驻地供水	是
移风店镇集中供水水源地	移风店镇	大口井	5000	移风水厂	是

表 3.8 即墨市农村规模化供水覆盖情况表

乡镇（街办）名称	村庄数/个	农村人口/万人	已规模化供水村庄数/个	规模化供水覆盖人数/万人	规模化供水人口覆盖率/%
环秀街道办事处	38	42681	21	27344	64.1
通济街道办事处	69	83511	39	50322	60.3
经济开发区	30	41828	21	30130	72
北安街道办事处	57	45165	16	10311	22.8
龙山街道办事处	36	36251	8	7429	20.5
龙泉办事处	61	50107	35	27859	55.6
鳌山卫镇	63	50613	12	10933	21.6
温泉镇	53	50727	9	10663	21
王村镇	35	38151	8	11178	29.3
田横岛度假区	48	45844	19	18441	40.2
丰城镇	42	50026	0	0	0
金口镇	36	31622	30	27289	86.3
店集镇	66	45454	36	23969	52.7
省级高新区	50	42564	32	23626	55.5
灵山镇	42	29721	7	3667	12.3
段泊岚镇	42	31864	34	25218	79.1
刘家庄中新社	28	31715	12	12470	39.3
移风店镇	66	55861	66	55861	100
七级中心	34	34074	26	25665	75.3
蓝村镇	24	32743	24	32743	100
南泉镇	33	34266	11	16841	49.1
普东镇	48	37745	38	29322	77.7
大信镇	32	26016	14	11511	44.2
合计	1033	968549	518	492792	50.9

（4）存在的主要问题

①水源不足。由于气候及地势地貌等原因，导致水源地出现十年九旱的现象。近年来，水源不足的现象严重制约农村经济的发展，解决水源不足的问题迫在眉睫。

②水资源浪费现象。在农业生产及农村生活中存在严重的水资源浪费现象。如挖土为渠的传统灌溉方法，水渠中很大一部分水会渗漏掉，这将导致水的利用

率很低。

③过量开采地下水。农村中仍有许多地方使用地下水。随意开采，过量使用使得井内水位下降严重。

④单村供水水质难以得到保证。由于农业农药和化肥的大量使用、农村污水的无序排放、沟壑河流水污染，目前村庄水源水质难以保证。再加上农村饮水安全缺乏必要的监管，农村饮用水供水设施运行期间的水质安全无法得到有效保证。

3.4.2　城镇饮用水水源地水质评价

1. 评价内容

地表水水质评价项目包括《地表水环境质量标准》（GB 3838—2002）中的24项地表水环境质量标准基本项目和5项集中式生活饮用水地表水水源地补充项目。地下水评价项目根据《地下水环境质量标准》（GB/T 14848—93）及即墨市实际监测数据，确定为21项。

地表水饮用水源地监测数据：2007—2014年，丰水期、枯水期、平水期各监测一次；地下水饮用水源地监测数据：2007—2013年，丰水期、枯水期各监测一次。地表水水源地监测点位置见表3.9、表3.10，地下水水源地监测点位置见表3.11。

表3.9　河流型水源地监测点

水源地	大沽河	五沽河	流浩河	莲阴河	墨水河	龙泉河	桃源河
监测站点	移风店 岔河闸	宫家城 刘家庄桥	大范戈庄 后吕戈庄闸	周疃桥	204国道桥 张家西城	墨水河入口 204国道桥	辛城

表3.10　湖库型水源地监测点

监测站点	石棚水库	宋化泉水库	挪城水库	王圈水库

表3.11　地下水水源地监测点

监测站点	岔河闸管所、院上、李家庄、三湾庄、西桥、移风店、蓝村、马山、刘家周疃、周疃、东关、东障、舞旗埠、岙山卫、东皋虞、古城、考院、灵山、石门、宋化泉、王村、西瓦戈庄、中障

2. 评价方法和评价标准

采用单因子指数法确定各水源地的主要影响因子；采用水污染指数法确定水

源地水质类别，并将水质类别转化为百分制的评分值，便于对各水源地的水质进行对比以及水源地水安全综合评价。

（1）单因子评价法

对于一般的评价项目（pH 和溶解氧另做考虑），采用式（3.1）进行单因子评价

$$P_i = C_i/S_i \tag{3.1}$$

式中：P_i——单因子污染指数；C_i——第 i 项污染物的监测值；S_i——第 i 项污染物评价标准值。

对于 pH 的评价，视具体情况，分别应用式（3.2）或式（3.3）计算

$$\text{pH}=(\text{pH}_j-7.0)/(\text{pH}_{su}-7.0) \quad \text{pH}_j>7.0 \tag{3.2}$$

$$\text{pH}=(7.0-\text{pH}_j)/(7.0-\text{pH}_{su}) \quad \text{pH}_j\leqslant 7.0 \tag{3.3}$$

式中：pH_j——第 j 取样点的 pH 实测值；pH_{su}——评价标准的上限值。

对于溶解氧的评价，采用公式（3.1）的倒数形式进行计算。

（2）水污染指数法

单个评价项目水污染指数值的计算公式如下：

$$\text{WPI}(i)=\text{WPI}_l(i)+\frac{\text{WPI}_h(i)-\text{WPI}_l(i)}{C_h(i)-C_l(i)}\times[C(i)-C_l(i)] \quad C_l(i)<C(i)<C_h(i) \tag{3.4}$$

式中：$C(i)$——第 i 个水质指标的监测浓度；$C_l(i)$——第 i 个水质指标的下限浓度值；$C_h(i)$——第 i 个水质指标的上限浓度值；$\text{WPI}_l(i)$——第 i 个水质指标下限浓度所对应的指数值；$\text{WPI}_h(i)$——第 i 个水质指标上限浓度所对应的指数值；WPI（i）——第 i 个水质指标所对应的指数值。

一些特殊情况，水污染指数计算方法规定如下：

①当 GB 3838—2002 中两个等级的标准浓度值相同时。则按低指数值区间插值计算。

②pH（属于无量纲值）的污染指数值 WPI（pH）计算方法：

当 $6\leqslant \text{pH}\leqslant 9$ 时，则取指数值 20 分；

当 pH 在 0 ~ 6 或 9 ~ 14 范围内时，采用 100 ~ 140 之间内差，分别按式（3.5）和式（3.6）计算。

$$\text{WPI(pH)}=100+6.67\times(6-\text{pH}) \tag{3.5}$$

$$\text{WPI(pH)}=100+8.00\times(\text{pH}-9) \tag{3.6}$$

③溶解氧（DO）的污染指数值 WPI（DO）计算方法：

当溶解氧监测值 C（DO）≥7.5mg/L 时，则取指数值 20 分；

当 C（DO）≥2.0mg/L，且<7.5mg/L 时，按式（3.7）计算：

$$\mathrm{WPI(DO)}=\mathrm{WPI_l(DO)}+\frac{\mathrm{WPI_h(DO)}-\mathrm{WPI_l(DO)}}{C_l(i)-C_h(i)}\times C_l(\mathrm{DO})-C_h(\mathrm{DO}) \tag{3.7}$$

式中：C_l（DO）——监测值所在类别标准的下限浓度值；C_h（DO）——监测值所在类别标准的上限浓度值；$\mathrm{WPI_l}$（DO）——监测下限浓度值所对应的指数值；$\mathrm{WPI_h}$（DO）——监测上限浓度值所对应的指数值。

当 C（DO）<2.0mg/L 时，按式（3.8）计算：

$$\mathrm{WPI(DO)}=100+\frac{2.0-C(\mathrm{DO})}{2.0}\times 40 \tag{3.8}$$

④其他水质指标的监测浓度值为劣 V 类时，即 $C(i)>C_s(i)$ 时，按式（3.9）计算：

$$\mathrm{WPI}(i)=100+\frac{C(i)-C_s(i)}{C_s(i)}\times 40 \tag{3.9}$$

式中：$C_s(i)$ ——GB 3838—2002 中 V 类标准浓度限值。

根据各单项指标的水污染指数值，取其最高指数值即为该断面（或垂线）的水污染指数值。水污染指数值计算如式（3.10）所示：

$$\mathrm{WPI}=\mathrm{MAX}[\mathrm{WPI}(i)] \tag{3.10}$$

粪大肠菌群、总氮是我国水体中常见的超标因子。考虑到经处理后，其对人体的伤害并不是太大，因而近年来我国的水质评价不包括总氮、粪大肠菌群指标。为了详细了解水源地的污染情况，在水质评价时，将分别对 29 项全部指标中不包括总氮、粪大肠菌群的 27 项指标进行评价。

水污染指数法（WPI），首先根据《地表水环境质量标准》（GB 3838—2002）规定的标准值，确定各项水质单个指标浓度值对应的水质类别，然后按照表 3.12 中水质类别与水污染指数值的对应关系，采用式（3.4）计算得出断面（或测点）各指标的指数值。

表 3.12　水质类别与水污染指数值对应

水质类别	Ⅰ	Ⅱ	Ⅲ	Ⅳ	Ⅴ	劣Ⅴ
水污染指数值	0<WPI≤20	20<WPI≤40	40<WPI≤60	60<WPI≤80	80<WPI≤100	WPI>100

注：当 WPI>100 时，WPI 取 100，按 V 类计算。

（3）评价标准

地表饮用水水源地水质执行《地表水环境质量标准》（GB 3838—2002）的Ⅲ类标准。地下水饮用水源地水质执行《地下水环境质量标准》（GB/T 14848—93）的Ⅲ类标准。

（4）水质评价结果

对 2007—2014 年即墨市城乡饮用水水源地的水质进行评价。评价的对象包括7条河流，4个水库和23个地下水监测点。河流和湖库型水源地评价标准为《地表水环境质量标准》（GB 3838—2002），地下水水源地评价标准为《地下水环境质量标准》（GB/T 14848—93）。本次水质评价采用单因子指数法和水污染指数法相结合的方法，通过单因子指数法确定各水源地的主要影响因子，然后应用水污染指数法确定水源地水质类别，并将水质类别转化为百分制的评分值，便于各水源地的水质对比以及水源地水安全的综合评价。主要的水质评价结果如下。

①河流型饮用水水源地水质评价结果

莲阴河的水质较好，除2007年11月的水质因高锰酸盐指数超标为Ⅳ类水及2014年8月BOD_5超标为Ⅴ类水外，其余均满足《地表水环境质量标准》（GB 3838—2002）中Ⅲ类水质标准。

流浩河水质次之，Ⅲ类水质占75%，高锰酸盐指数、BOD_5、总磷、氟化物是其主要污染因子。

大沽河水质以Ⅲ类水为主，其中，大沽河岔河闸段Ⅲ类及Ⅲ类以上水质占67%。相对岔河闸监测点的水质移风店水质较差，Ⅲ类水占60%，Ⅳ类水占21%。大沽河水源地的主要污染因子为氟化物，污染时段大多发生在8月（丰水期）。

桃源河水质虽以Ⅲ类水为主，占41.7%。主要污染因子有高锰酸盐指数、BOD_5、总磷。近两年来，桃源河水质呈现逐渐恶化趋势。

龙及河、墨水河、五沽河水质污染较严重，主要污染因子包括溶解氧、高锰酸盐指数、BOD_5、氨氮、总磷，无法满足水源地水质标准的要求，应着重治理。

②湖库型饮用水水源地水质评价结果

王圈水库饮用水水质最好，Ⅳ类水占33.3%，Ⅴ类水占4.2%，其他时段均为Ⅲ类及以上，能满足水源地水质类别要求。

挪城水库水质类别中Ⅳ类占54.2%，其余时段水质能满足水质要求。挪城水库主要超标因子包括高锰酸盐指数、BOD_5。

石棚水库的水质较差，大部分时段不能满足Ⅲ类水质要求，尤其是在2008年和2011年平水期，主要的超标因子包括高锰酸盐指数、BOD_5。

宋化泉水库水质以Ⅳ类为主。水质不能满足作为饮用水源地的水质要求，主要的超标因子包括高锰酸盐指数、BOD_5和氟化物。

③地下水饮用水水源地评价结果

马山监测点地下水水质较为理想，没有污染超标因子，全部达到Ⅲ类或Ⅲ类以上水质，其中2010年4月、2012年4月和9月、2013年4月水质类别为Ⅱ类；岙山卫和灵山监测点水质次之。岙山卫监测点除硝酸盐氮在2009年9月超标，相应的水质类别为劣Ⅴ外，其余年份水质较好，水质类别在Ⅲ类或以上，能满足水质要求；灵山监测点除硝酸盐氮在2009年9月和2010年4月两次超标外，其余时段均能满足水质要求。

李家庄、刘家周疃、东障、东皋虞、宋化泉、王村和西瓦戈庄监测点地下水水质以Ⅲ类水为主，主要的超标因子有总硬度、高锰酸盐指数、亚硝酸盐氮和硝酸盐氮。

蓝村、周疃、石门监测点地下水水质为Ⅳ类水为主，主要污染因子有溶解性总固体、高锰酸盐指数、亚硝酸盐氮和硝酸盐氮。岔河闸管所、院上和舞旗埠地下水水质较差，以Ⅳ类水、Ⅴ类水为主，主要超标因子是亚硝酸盐氮和硝酸盐氮。

三湾庄、西桥、移风店、东关、古城、考院、中障监测点水质很差，地下水水质以劣Ⅴ类水质为主，主要的超标因子有总硬度、溶解性总固体、亚硝酸盐氮和硝酸盐氮。但是东关监测点近三年的监测都没有指标超标，可以看出近几年东关水质有所改善。

3.4.3 饮用水水源地富营养化评价

即墨市饮用水水源地富营养化评价对象为即墨市的4个主要湖库型水源地，即石棚水库、宋化泉水库、挪城水库、王圈水库，评价项目包括总氮（TN）、总磷（TP）、高锰酸盐指数、叶绿素a（Chla）、透明度（SD）五项对水体富营养化有主要影响的指标。本次评价根据各个湖库型水源地于2007—2014年丰水期、枯水期、平水期的实际监测结果，计算出各水库各指标的评价值，然后对其进行富营养化评价。

1. 评价方法和标准

水体的营养状态是一系列相关因子综合作用的结果，其中总氮（TN）、总磷（TP）、高锰酸盐指数（COD_{Mn}）、五日生化需氧量（BOD_5）、叶绿素a（Chla）、透明度（SD）对水体的营养状态起主要作用。各项指标的营养程度评价执行我国湖泊富营养化评价标准，如表3.13所示[65]。水体富营养化评价的方法采用相关加权综合营养状态指数法，水体综合营养状态指数按照式（3.11）计算：

$$\mathrm{TLI} = \sum_{j=1}^{m} W_j \times \mathrm{TLI}(j) \tag{3.11}$$

式中：TLI——综合营养状态指数；TLI（j）——第j项参数的营养状态指数；W_j——第j项参数的营养状态指数的相关权重，各评价指标的相关权重如见表3.14所示。

表 3.13　湖泊富营养化评价标准

营养状态	SD /m	TP /(mg/L)	TN /(mg/L)	Chla /(mg/m³)	BOD_5 /(mg/L)	COD_{Mn} /(mg/L)
贫营养	2.0	0.01	0.12	5	1.5	2.0
贫中营养	1.5	0.025	0.30	10	2.0	3.0
中营养	1.0	0.05	0.60	15	3.0	4.0
中富营养	0.7	0.10	1.20	25	5.0	7.0
富营养	0.4	0.50	6.00	100	15	20
重富营养	<0.4	>0.50	>6.0	>100	>15	>20

表 3.14　各项指标营养状态指数权重

参数	Chla	TP	TN	SD	COD_{Mn}
W_j	0.2663	0.1879	0.1790	0.1834	0.1834

各评价指标的营养状态指数分别按照式（3.12）~式（3.16）计算：

$$\mathrm{TLI(Chla)}=10\times(2.5+1.086\ln\mathrm{Chla}) \tag{3.12}$$

$$\mathrm{TLI(TP)}=10\times(9.436+1.624\ln\mathrm{TP}) \tag{3.13}$$

$$\mathrm{TLI(TN)}=10\times(5.453+1.694\ln\mathrm{TN}) \tag{3.14}$$

$$\mathrm{TLI(SD)}=10\times(5.118-1.94\ln\mathrm{SD}) \tag{3.15}$$

$$\mathrm{TLI(COD_{Mn})}=10\times(0.109+2.661\ln\mathrm{COD_{Mn}}) \tag{3.16}$$

式中：Chla 的单位为 mg/m^3，SD 的单位为 m，其他指标的单位均为 mg/L。

由于监测数据充足、可用，拟对各水库的富营养化评价采取年平均评价和月评价相结合的方法。年平均评价即对各项指标每年 3 次的监测浓度求平均值，得出该指标的年平均浓度，再应用式（3.12）~式（3.16）求出各评价项目的营养状态指数及综合营养状态指数。月评价是根据当月监测数据做出的营养状态评价。年平均评价有利于研究年际间各水库营养状态的变化趋势，制定合理有效的管理保护措施；月评价有利于研究水库具体的营养状态变化情况，及时了解年内不同水期水库的营养状况和主要的影响因子。根据所求 TLI，采用 0~100 的一系列连续数字对水库营养状态进行分级（表 3.15）。

表 3.15　湖库水体的营养状态指数分级

营养状态类型	贫营养	中营养	富营养	轻度富营养	中度富营养	重度富营养
营养状态指数范围	<30	30~50	>50	50~60	60~70	>70

2. 水库富营养化评价结果

（1）石棚水库

根据石棚水库水质的监测结果，计算出各评价指标的营养状态指数、综合营养状态指数及年平均营养状态指数，绘制出该水库综合营养状态指数走势图。从图 3. 10 可以看出，石棚水库的综合营养状态指数在 2007 年到 2014 年整体上呈上升的趋势，2014 年综合营养指数有所下降。于 2011 年达到水库富营养状态的标准值，在 2013 年达到了近 8 年的峰值，富营养状态指数为 54. 57。从具体的评价指标来看，影响石棚水库富营养化程度的指标主要是总氮和透明度，其具体情况如图 3. 11、图 3. 12 所示：从图 3. 11 可以看出，2007 年 8 月、2008 年 8 月、2008 年 11 月、2012 年 11 月、2013 年 5 月、2013 年 8 月、2014 年 5 月总氮的营养状态指数都超过了 60，达到中度富营养状态；更为严重的是营养状态指数于 2012 年 8 月、2013 年 11 月、2014 年 8 月超过 70，为重度富营养状态。从图 3. 12 可以看出，2007 年 8 月、2007 年 11 月、2008 年 8 月、2008 年 11 月、2009 年 5 月、2009 年 8 月、2010 年 5 月、2010 年 11 月、2011 年 5 月、2011 年 8 月、2011 年 11 月、2014 年 8 月、2014 年 11 月透明度的指数都超过 60，达到中度富营养状态。这些状态为中度甚至重度富营养状态，需要及时控制相对应的营养物质的浓度，如不引起重视，极易暴发水体富营养化。

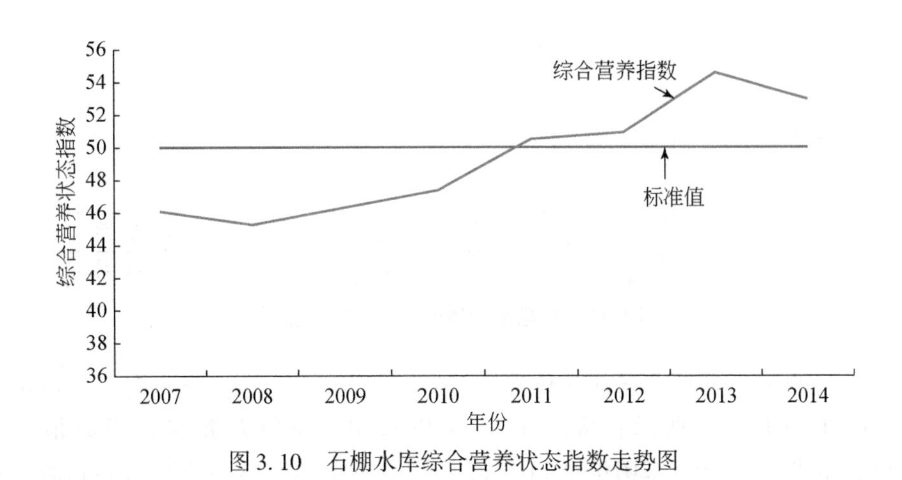

图 3. 10　石棚水库综合营养状态指数走势图

（2）宋化泉水库

从图 3. 13 可以看出，宋化泉水库的综合营养状态指数从 2007 年到 2014 年呈先下降后上升趋势，说明其水质富营养化程度前期虽略有改善，但未能保持良好的营养状态，之后富营养化程度仍然越来越高，2014 年达到最大值

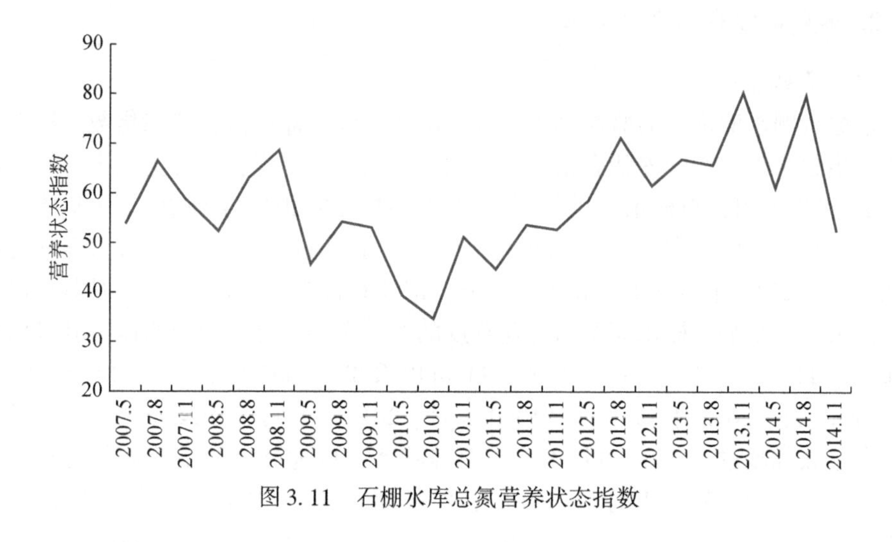

图 3. 11　石棚水库总氮营养状态指数

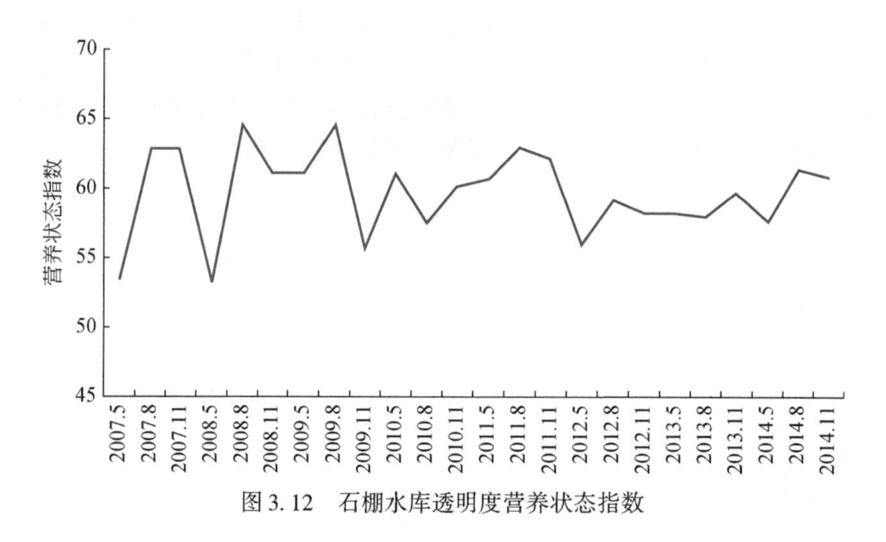

图 3. 12　石棚水库透明度营养状态指数

52. 58。影响宋化泉水库富营养化程度的指标主要是总氮和透明度。具体情况如图 3. 14、图 3. 15 所示。从图 3. 14 可以看出，总氮营养状态指数最高为 75. 11，最低为 34. 69，2010 年 11 月之后营养状态为中营养或富营养状态。从图 3. 15 可以看出，透明度营养状态指数最高为 68. 97，最低为 53. 01，整体处于中营养和富营养状态。宋化泉水库的富营养化程度在逐步加深，有暴发水体富营养化的潜在危险。

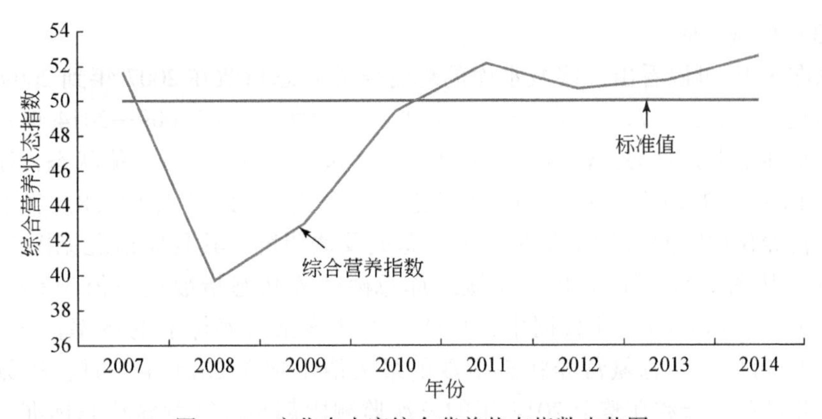

图 3.13　宋化泉水库综合营养状态指数走势图

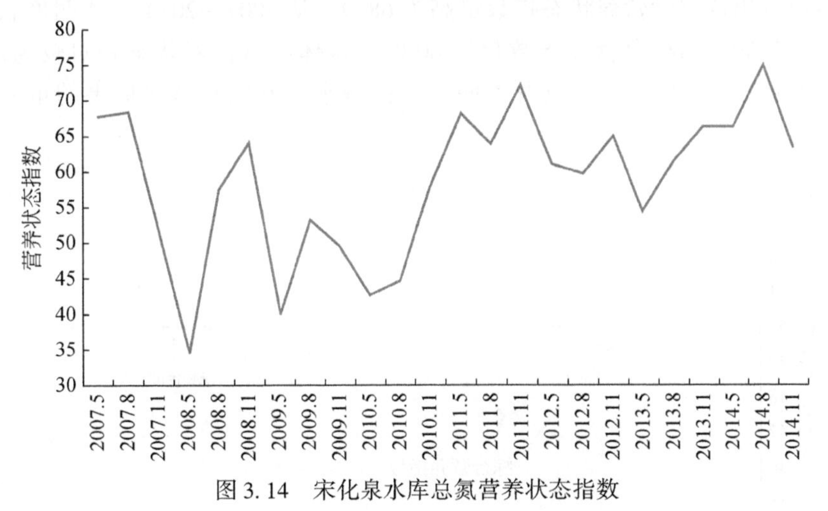

图 3.14　宋化泉水库总氮营养状态指数

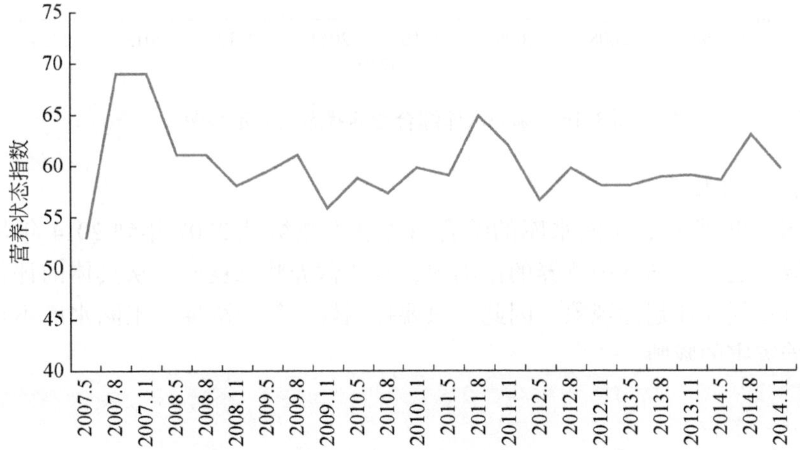

图 3.15　宋化泉水库透明度营养状态指数

（3）挪城水库

从图 3. 16 可以看出，挪城水库的综合营养状态指数在 2007 年到 2009 年呈下降的趋势，从轻度富营养状态转变为中度营养状态。在 2009—2014 年营养状态指数整体呈上升趋势，营养状态又从中营养状态变为轻度营养值状态，挪城水库在 2013 年及 2014 年的年平均营养状态指数分别为 51. 15 及 51. 28。影响挪城水库富营养化程度的指标主要是总磷、总氮及透明度，其具体情况见图 3. 17 ~ 图 3. 19。从图 3. 17 可以看出，挪城水库总磷营养状态指数最高值为 64. 1，在 2007—2014 年所有的统计数据中，总磷达到轻度富营养标准的概率占 47. 8% 。从图 3. 18 可以看出总氮营养状态指数的最大值出现在 2014 年 5 月，指数值为 82. 9，并且总氮指数在整个 2014 年的三次监测中都超过富营养状态标准。从图 3. 19 可以看出透明度营养状态指数最高为 68. 9，从 2007—2014 年透明度状态指数从未低于 50。当综合营养指数超过 60 时，水体的富营养状态相对较为严重。从单个指标来看，总磷、总氮及透明度是挪城水库暴发富营养危害的重要影响因子。

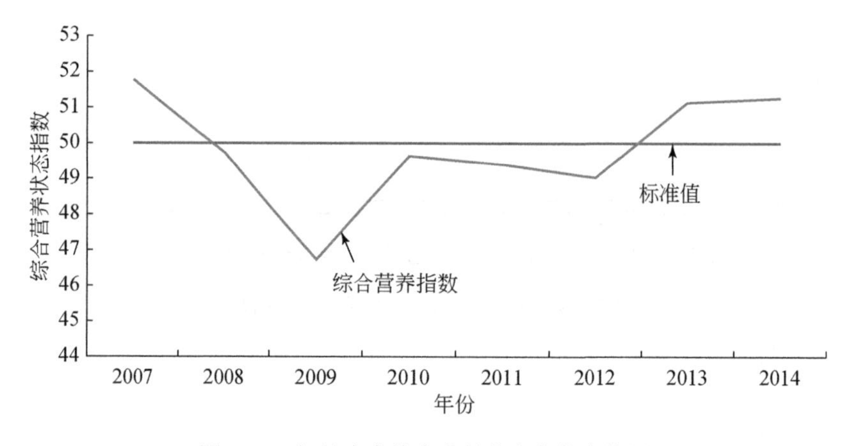

图 3. 16　挪城水库综合营养状态指数走势图

（4）王圈水库

如图 3. 20 所示，王圈水库的综合营养状态指数从 2007 年到 2014 年呈有升有降的波动趋势，均在中营养的范围内，水体营养状态良好。从具体的评价指标看，只有总氮存在超标现象。因此，只要控制好总氮的浓度，王圈水库不存在暴发富营养灾害的威胁。

图 3.17　挪城水库总磷营养状态指数

图 3.18　挪城水库总氮营养状态指数

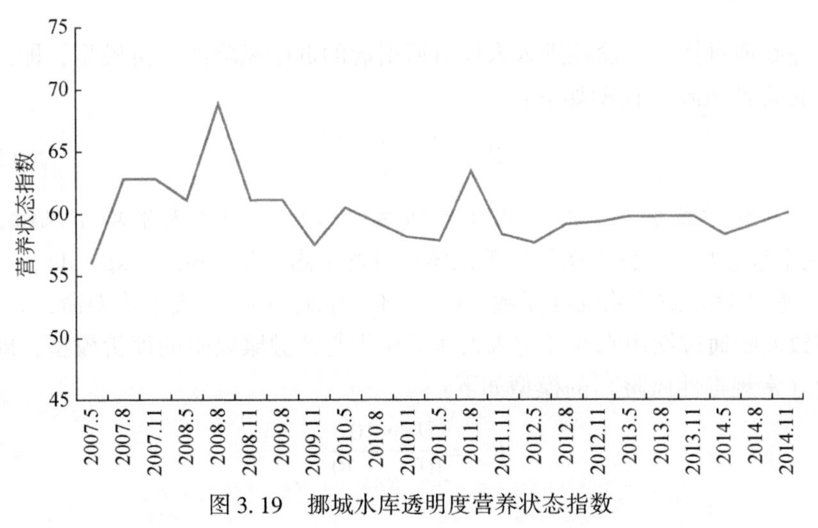

图 3.19　挪城水库透明度营养状态指数

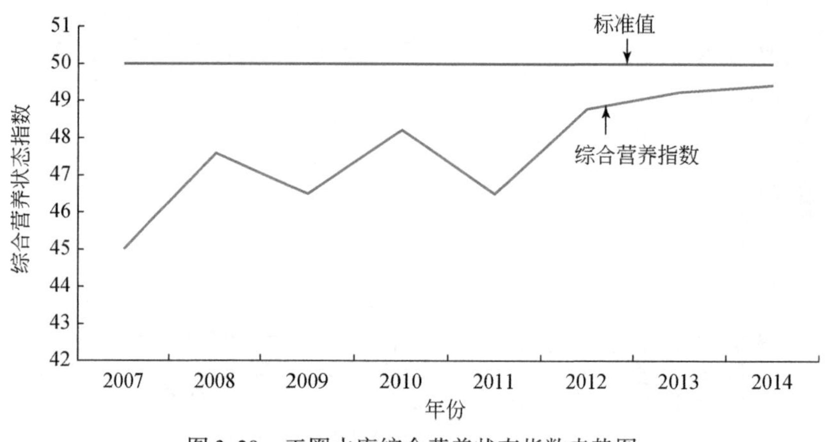

图 3.20　王圈水库综合营养状态指数走势图

从综合营养状态指数分析，石棚水库和宋化泉水库在 2011 年达到了富营养状态和轻度富营养状态；挪城水库在 2010 年达到富营养化程度，只有王圈水库的综合营养状态指数起伏波动不大，未达到富营养的标准。影响水库富营养化程度主要指标是总氮和透明度。

3.4.4　水质健康风险评价

健康风险评的参评指标为六价铬（Cr^{6+}）、镉（Cd）、砷（As）、铅（Pb）、汞（Hg）、挥发酚、氰化物（CN）、氟化物（F）等 8 项有毒有害物质，其中 Cr^{6+}、Cd、As 为致癌物，其余 5 项为非致癌物。

1. 评价方法

致癌物通过饮用水途径进入人体后所引起的健康风险的评价模型，即致癌风险（遗传毒性风险）模型如下：

$$R_{ig}^{c} = \frac{1 - e^{D_{ig} \cdot q_{ig}}}{70} \tag{3.17}$$

式中：R_{ig}^{c}—化学致癌物 i 经食入途径所致健康危害的个人平均年风险，a^{-1}；D_{ig}—化学致癌物 i 经食入途径的单位体重日均暴露剂量，mg/（kg · d）；q_{ig}—致癌物 i 经食入途径致癌物强度系数，（kg · d）/mg；70—人类平均寿命，a。

非致癌物通过饮用水途径进入人体后所引起的健康风险的评价模型，即非致癌风险（常规毒性风险）的模型如下：

$$R_{ig}^{n} = \frac{D_{ig} \cdot 10^{6}}{\mathrm{Rf}D_{ig} \cdot 70} \tag{3.18}$$

式中：R_{ig}^{n}—非致癌物 i 经食入途径所致健康危害的个人平均年风险，a^{-1}；RfD_{ig}—非致癌物 i 的食入途径参考剂量，mg/（kg·d）。

本报告涉及的化学致癌物的致癌强度系数 q_{ig}、非致癌物的参考剂量 RfD_{ig} 见表3.16。

表3.16　模型参数表[66]

q_{ig}/[（kg·d）/mg]			RfD_{ig}/[mg/(kg·d)]				
Cd	Cr^{6+}	As	挥发酚	Hg	Pb	CN	F
6.1	41	15	1.0×10^{-1}	3.0×10^{-4}	1.4×10^{-3}	3.7×10^{-2}	6.0×10^{-2}

注：参数引自 EPA. Supplement Public Health Evaluation Manual［S］. 1986，EPA/540/1-86-060。

式（3.17）、式（3.18）中 D_{ig} 按照式（3.19）计算：

$$D_{ig}=\frac{2.2\times c_i}{70} \tag{3.19}$$

式中，2.2为成人每日平均饮水量，单位L；c_i——污染物年平均浓度，mg/L。

对于饮用水中各种有毒物质所引起的总健康风险，往往是假设各有毒物质对人体健康危害的毒性作用呈相加关系，即致癌物对人体健康危害的总风险为 Cr^{6+}、Cd、As风险度之和，非致癌物的总风险为Hg、Pb、CN、F、挥发酚风险度之和，水源的总风险为致癌物总风险与非致癌物总风险之和。式（3.17）~式（3.19）为EPA推荐的基本模型，式中参数是根据美国的情况确定，可根据不同的情况进行调整。参考我国实际情况，我国成人每日平均饮水量为2L，人均体重为60kg。在健康风险评价时，式（3.19）中的参数按我国实际情况进行取值，即

$$D_{ig}=\frac{2.0\times c_i}{60} \tag{3.20}$$

为了便于综合评价水安全状况，按照瑞典环保局、荷兰建设和环境部推荐的最大可接受水平（1.0×10^{-6}/a）、国际辐射防护委员会（ICRP）推荐的最大可接受值（5.0×10^{-5}/a）、美国环保局（EPA）推荐值（1.0×10^{-4}/a）、我国生活饮用水卫生标准（GB 5749—2006）中规定的有毒有害物质浓度限值所计算得出的健康风险值（1.0×10^{-3}/a）以及我国地表水环境质量标准（GB 3838—2002）中规定的有毒有害物质的V类标准浓度所计算将风险分为很低、低、中、高、极高（I、II、III、IV、V）5个等级（表3.17）。按照表3.17和式（3.17）~式（3.20）的计算结果可将健康风险等级转换为百分制。

表 3.17　健康风险度等级

分类	很低（Ⅰ）	低（Ⅱ）	中（Ⅲ）	高（Ⅳ）	极高（Ⅴ）
健康风险范围	$<1.0\times10^{-6}$	1.0×10^{-6} 5.0×10^{-5}	5.0×10^{-5} 1.0×10^{-4}	1.0×10^{-4} 1.0×10^{-3}	1.0×10^{-3} 2.6×10^{-3}
健康风险分值	0～20	20～40	40～60	60～80	80～100

注：当风险度 $>2.6\times10^{-3}$ 时，取 100，按Ⅴ级计算。

2. 水质健康风险评价结果

(1) 河流型水源地

根据式（3.17）～式（3.20），计算得到致癌物和非致癌物健康风险值，通过计算结果分析得到：

在五种非致癌物中，氟化物的风险度最大，数量级为 10^{-8} 或 10^{-9}；挥发酚和氰化物风险度的数量级为 10^{-12} 和 10^{-11}；汞在 2007 年和 2008 年风险度数量级为 10^{-11}，在 2009—2014 年数量级为 10^{-12}。铅在 2007 年和 2008 年的风险度为数量级 10^{-9}，在 2009—2014 年风险度数量级为 10^{-10}。因此非致癌物的总风险情况主要取决于氟化物的情况，氟化物和非致癌物的总风险度见图 3.21 和图 3.22。

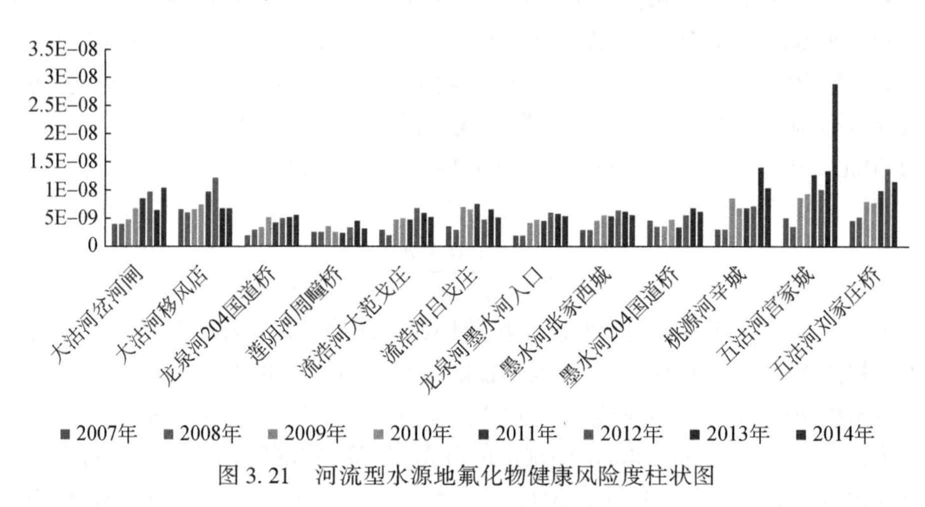

图 3.21　河流型水源地氟化物健康风险度柱状图

由图 3.21 可见，大沽河岔河闸、大沽河移风店、流浩河吕戈庄、桃源河辛城、五沽河宫家城和五沽河刘家庄桥监测点的风险度明显高于其他监测点的风险度。大沽河岔河闸、大沽河移风店、龙泉河 204 国道桥、五沽河宫家城和五沽河刘家庄桥监测点的氟化物风险度有逐年上升的趋势；莲阴河周疃桥和墨水河 204 国道桥的氟化物风险度比较稳定；流浩河大范戈庄、流浩河吕戈庄、龙泉河墨水

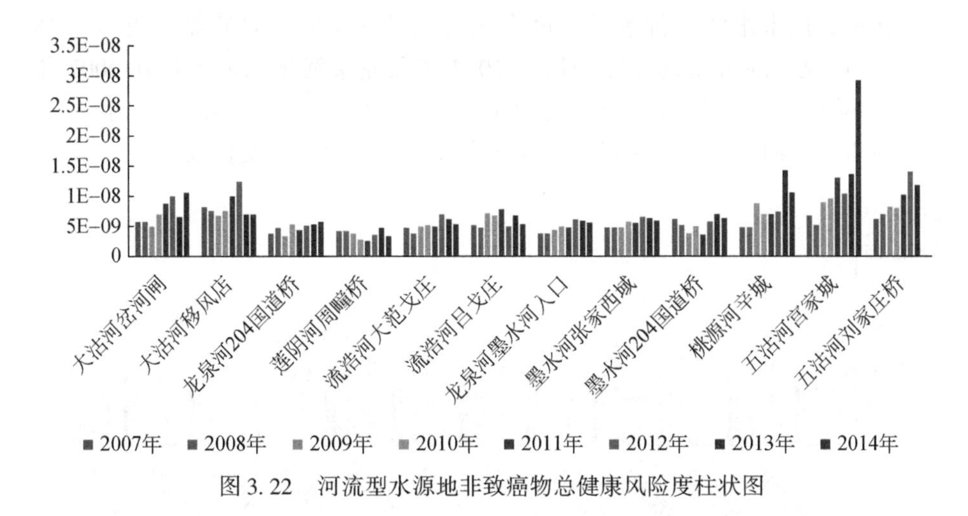

图 3. 22　河流型水源地非致癌物总健康风险度柱状图

河入口、桃源河辛城在 2007 年和 2008 年氟化物风险度比较稳定，2008 年到 2009 年有上升趋势，2009 年到 2014 年又趋于稳定。由图 3. 22 可见，大沽河和五沽河的非致癌物总风险度最高，且总体呈上升趋势，氟化物是其主要影响因子。

在三种致癌物中，Cr^{6+}对风险度的影响最大，风险度的数量级为 10^{-5}；镉风险度的数量级为 10^{-6}；大部分河流型水源地砷的风险度数量级为 10^{-6}，但是在 2007 年莲阴河周疃桥的风险度数量级为 10^{-5}。龙泉河墨水河入口风险度为 1.34×10^{-5}，五沽河宫家城的砷风险度为 1.57×10^{-5}，在 2007 年和 2008 年墨水河 204 国道桥的砷风险度为 1.12×10^{-5}。各河流型水源地致癌物健康风险度年际变化较小，相对比较稳定，具体情况见图 3. 23。

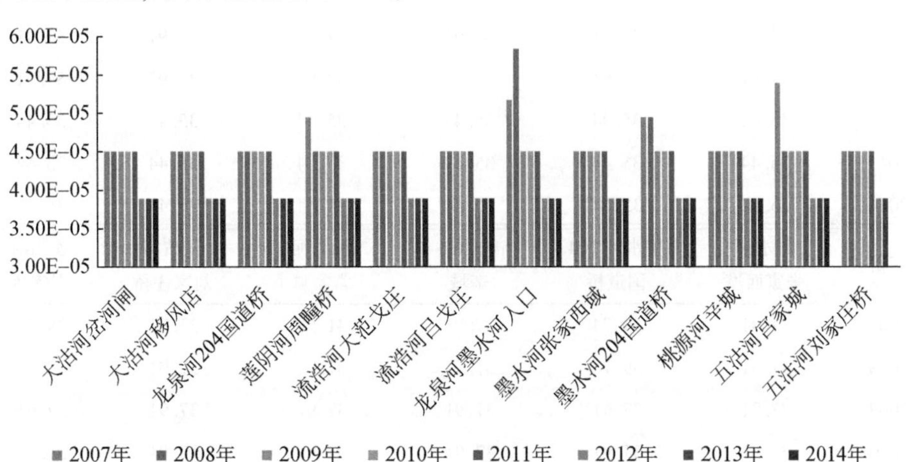

图 3. 23　河流型水源地致癌物健康风险度柱状图

河流型饮用水水源地健康风险度变化情况见图 3. 24，计算结果见表 3. 18。由表 3. 18 可见，除五沽河宫家城段在 2007 年及龙泉河墨水河入口在 2007 年、2008 年风险等级为Ⅲ级外，河流型水源地健康风险值在 20 ~ 40，风险等级为Ⅱ级。整体来讲，河流型水源地健康风险级别较低，且年际间变化较小。

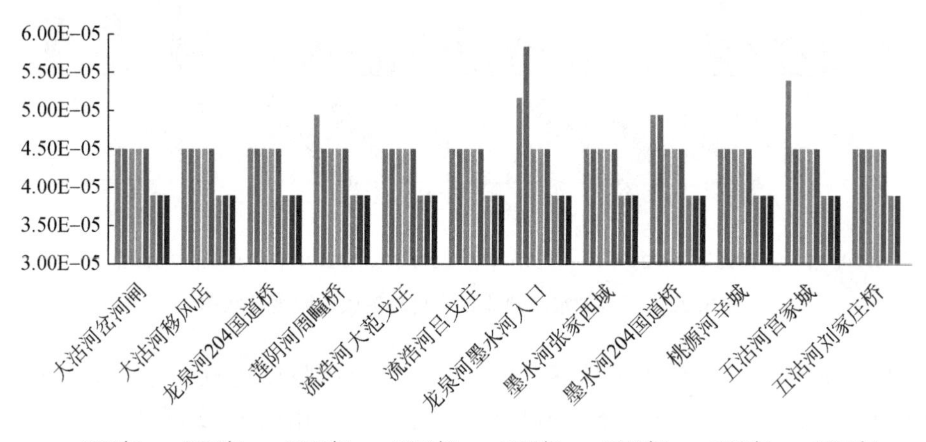

图 3. 24　河流型水源地总健康风险度柱状图

表 3. 18　河流型水源地健康风险度计算结果

年份	大沽河岔河闸	大沽河移风店	龙泉河 204 国道桥	流浩河大范戈庄	流浩河吕戈庄	龙泉河墨水河入口
2007	37. 91	37. 91	37. 91	37. 91	37. 91	40. 64
2008	37. 91	37. 91	37. 91	37. 91	37. 91	43. 33
2009	37. 91	37. 91	37. 91	37. 91	37. 91	37. 91
2010	37. 91	37. 91	37. 91	37. 91	37. 91	37. 91
2011	37. 91	37. 91	37. 91	37. 91	37. 91	37. 91
2012	35. 44	35. 44	35. 44	35. 44	35. 44	35. 44
2013	35. 44	35. 44	35. 44	35. 44	35. 44	35. 44
2014	35. 44	35. 44	35. 44	35. 44	35. 44	35. 44

年份	墨水河张家西城	墨水河 204 国道桥	桃源河辛城	五沽河宫家城	五沽河刘家庄桥	莲阴河周疃桥
2007	37. 91	39. 74	37. 91	41. 54	37. 91	39. 74
2008	37. 91	39. 74	37. 91	37. 91	37. 91	37. 91
2009	37. 91	37. 91	37. 91	37. 91	37. 91	37. 91
2010	37. 91	37. 91	37. 91	37. 91	37. 91	37. 91

续表

年份	墨水河 张家西城	墨水河 204 国道桥	桃源河 辛城	五沽河 宫家城	五沽河 刘家庄桥	莲阴河 周疃桥
2011	37.91	37.91	37.91	37.91	37.91	37.91
2012	35.44	35.44	35.44	35.44	35.44	35.43
2013	35.44	35.44	35.44	35.44	35.44	35.44
2014	35.44	35.44	35.44	35.45	—	35.43

(2) 湖库型水源地

五种非致癌物中，氟化物对人体健康的风险影响最大，风险度数量级为 10^{-9}，结果见图 3.25；其次是铅，2007 年、2008 年铅的风险度为 1.6×10^{-9}，2009—2014 年为 1.6×10^{-10}；而氰化物、汞和挥发酚的数量级为 10^{-11} 或 10^{-12}，影响较小，可以忽略。从图 3.25 可以看出，石棚水库、宋化泉水库和挪城水库的氟化物风险度值整体呈上升趋势；王圈水库氟化物风险度较为稳定且较低。非致癌物、致癌物总风险度柱状分布图见图 3.26 和图 3.27。对比分析可见，非致癌物风险度值数量级为 10^{-9}，致癌物风险度值数量级为 10^{-5}，致癌物对人体的健康危害风险度要远远高于非致癌物。六价铬风险度的数量级为 10^{-5}，镉元素的风险度数量级为 10^{-6}。砷元素风险度变化较大，以王圈水库为例，2007 年砷的风险度为 1.57×10^{-5}，2008 年砷的风险度为 6.73×10^{-6}，2009—2014 年风险度为 6.731×10^{-7}。湖库型饮用水水源地健康风险度计算结果见表 3.19，其变化特征见图 3.28。由表 3.19 可见，所有湖库型水源地健康风险值均在 20～40 之间，风险等级为Ⅱ级，健康风险级别较低，且年际间变化较小。

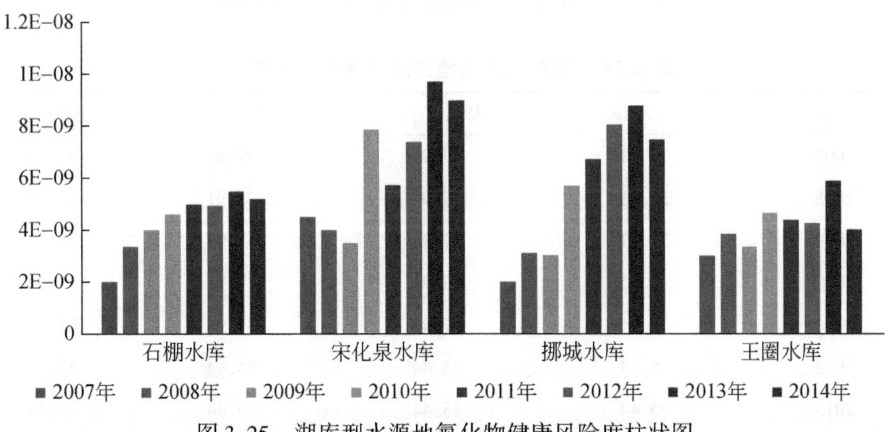

图 3.25　湖库型水源地氟化物健康风险度柱状图

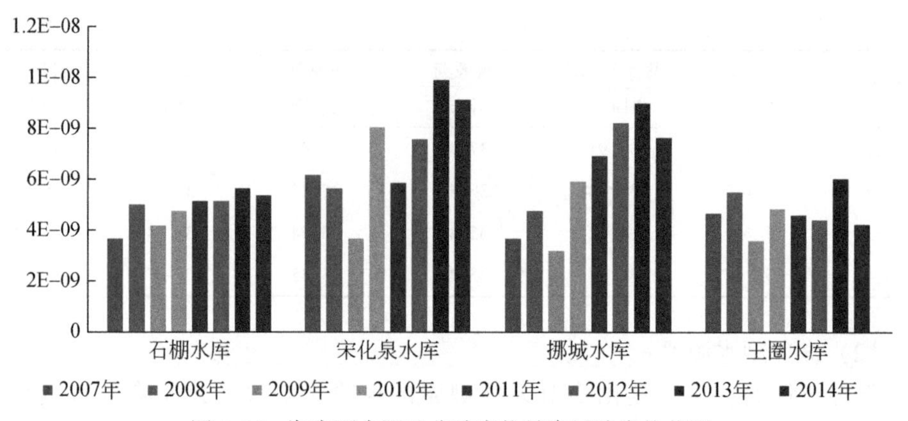

图 3. 26　湖库型水源地非致癌物健康风险度柱状图

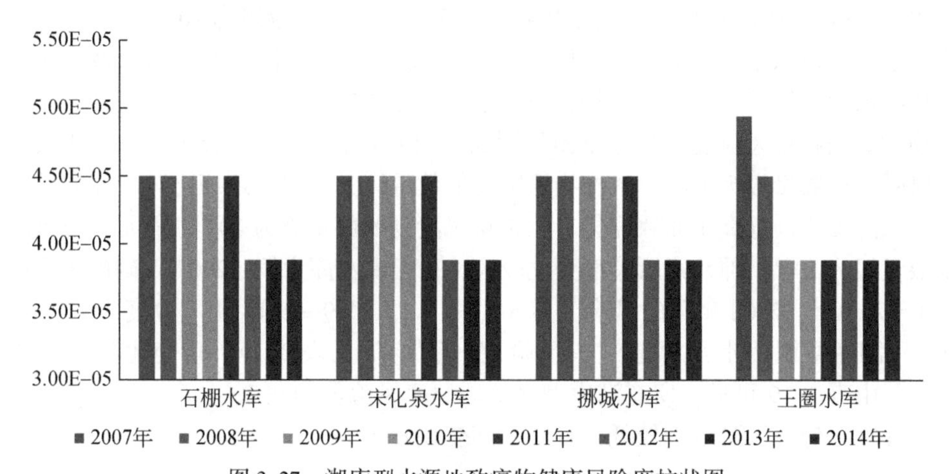

图 3. 27　湖库型水源地致癌物健康风险度柱状图

表 3. 19　湖库型水源地健康风险度计算结果

年份	石棚水库	宋化泉水库	挪城水库	王圈水库
2007	37. 91	37. 91	37. 91	39. 73
2008	37. 91	37. 91	37. 91	37. 91
2009	37. 91	37. 91	37. 91	35. 43
2010	37. 91	37. 91	37. 91	35. 44
2011	37. 91	37. 91	37. 91	35. 44
2012	35. 44	35. 44	35. 44	35. 44
2013	35. 44	35. 44	35. 44	35. 44
2014	35. 44	35. 44	35. 44	35. 44

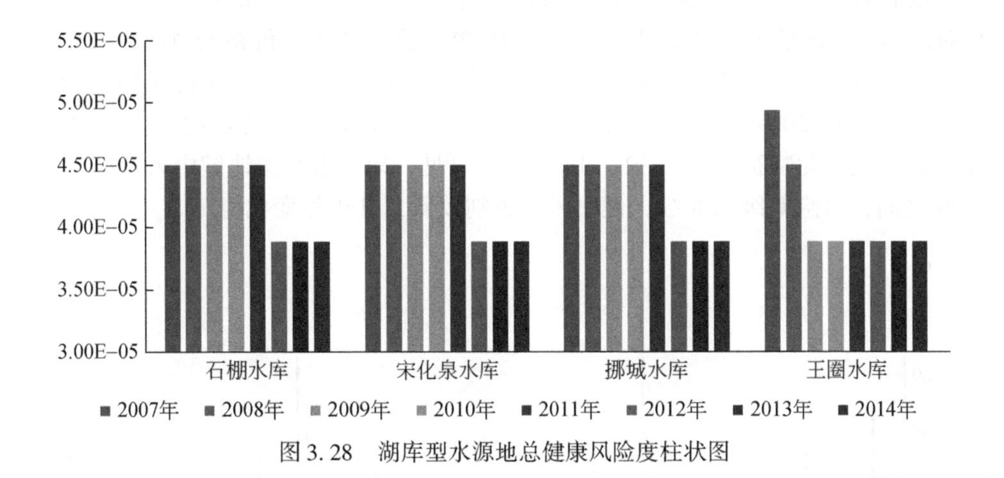

图 3.28　湖库型水源地总健康风险度柱状图

（3）地下水饮用水水源地

在五种非致癌物中，氟化物和铅对人体健康风险影响最大，二者风险度的数量级都为 10^{-9}；氰化物、汞和挥发酚的数量级为 10^{-11}、10^{-11} 和 10^{-12}，影响较小，可以忽略。由图 3.29 可见，氟化物风险度年际起伏波动较大，岔河闸管所、蓝村、马山、刘家周疃、古城和考院监测点的氟化物风险度值相对较高。

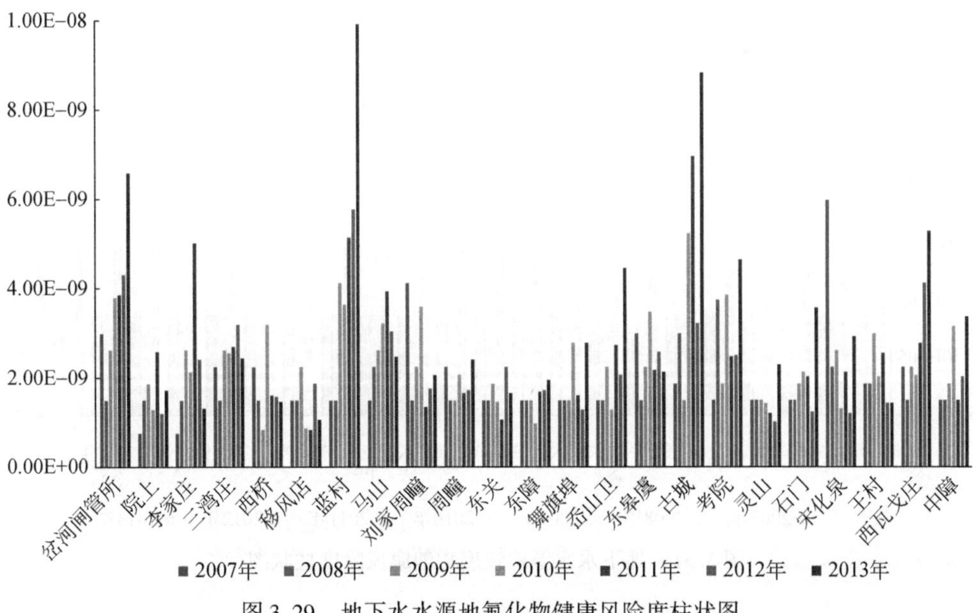

图 3.29　地下水水源地氟化物健康风险度柱状图

地下水水源地非致癌物、致癌物健康风险柱状图见图 3. 30 和图 3. 31。致癌物对人体的健康危害风险度要远高于非致癌物，致癌物中六价铬的风险度数量级为 10^{-5}，铬元素的风险度数量极为 10^{-6}，砷元素在 2007—2008 年的风险度数量级为 10^{-6}，在 2009—2014 年为 10^{-7}。地下水水源地健康风险度计算结果见表 3. 20，其变化特征见图 3. 32。由表 3. 20 可见，地下水水源地健康风险值在 20 ~40 之间，风险等级为Ⅱ级，健康风险级别较低，且年际变化稳定。

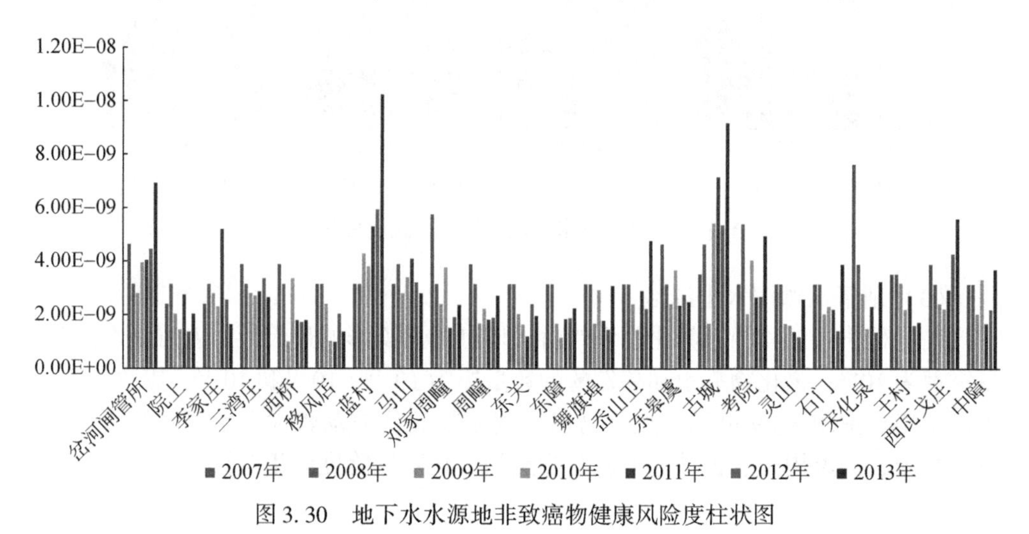

图 3. 30　地下水水源地非致癌物健康风险度柱状图

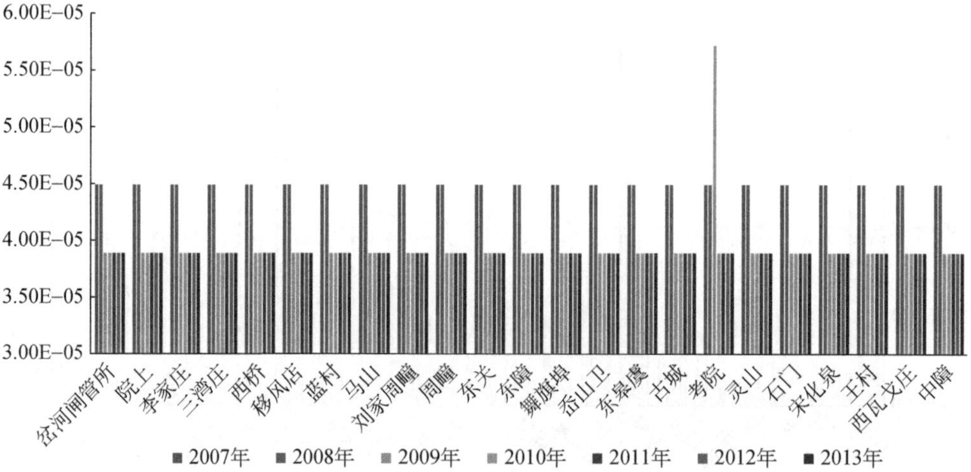

图 3. 31　地下水水源地致癌物健康风险度柱状图

表 3.20　地下水水源地致癌物健康风险度计算结果

年份	岔河闸管所	院上	李家庄	三湾庄	西桥	移风店	蓝村	马山	刘家周疃	周疃	东关	东障
2007	37.91	37.91	37.91	37.91	37.91	37.91	37.91	37.91	37.91	37.91	37.91	37.91
2008	37.91	37.91	37.91	37.91	37.91	37.91	37.91	37.91	37.91	37.91	37.91	37.91
2009	35.43	35.43	35.43	35.43	35.43	35.43	35.44	35.43	35.43	35.43	35.43	35.43
2010	35.43	35.43	35.43	35.43	35.43	35.43	35.43	35.43	35.43	35.43	35.43	35.43
2011	35.43	35.43	35.44	35.43	35.43	35.43	35.44	35.44	35.43	35.43	35.43	35.43
2012	35.44	35.43	35.43	35.43	35.43	35.43	35.44	35.43	35.43	35.43	35.43	35.43
2013	35.44	35.43	35.43	35.43	35.43	35.43	35.44	35.43	35.43	35.43	35.43	35.43

年份	舞旗埠	岙山卫	东皋虞	古城	考院	灵山	石门	宋化泉	王村	西瓦戈庄	中障
2007	37.91	37.91	37.91	37.91	37.91	37.91	37.91	37.91	37.91	37.91	37.91
2008	37.91	37.91	37.91	37.91	37.91	37.91	37.91	37.91	37.91	37.91	37.91
2009	35.43	35.43	35.43	35.43	50.20	35.43	35.43	35.43	35.43	35.43	35.43
2010	35.43	35.43	35.43	35.44	35.43	35.43	35.43	35.43	35.43	35.43	35.43
2011	35.43	35.43	35.43	35.44	35.43	35.43	35.43	35.43	35.43	35.43	35.43
2012	35.43	35.43	35.43	35.43	35.43	35.43	35.43	35.43	35.43	35.44	35.43
2013	35.43	35.44	35.43	35.44	35.43	35.43	35.43	35.43	35.43	35.44	35.43

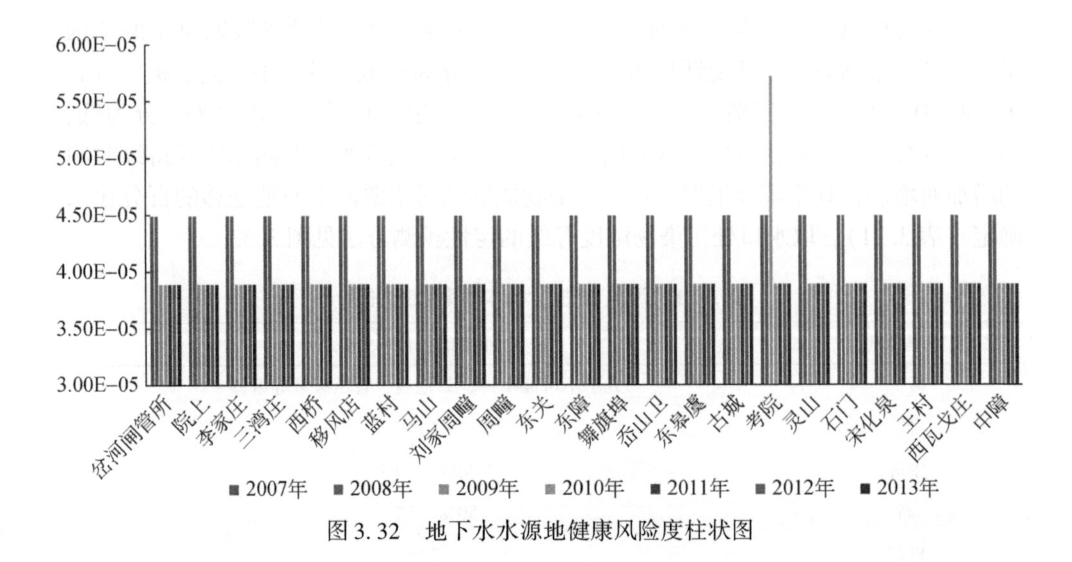

图 3.32　地下水水源地健康风险度柱状图

这里采用美国环保局推荐的健康风险模型对即墨市饮用水源地 2007—2014 年

（地下水水源地）的水质健康风险进行了评价。

河流型饮用水水源地除五沽河宫家城段 2007 年及龙泉河墨水河入口 2007 年、2008 年健康风险等级为Ⅲ级外，其他的健康风险等级均为Ⅱ级，健康风险级别较低，且年际间变化较小。非致癌物风险度的主要影响因子为氟化物，致癌物风险度的主要影响因子为六价铬，其次为砷。

湖库型水源地除王圈水库 2007 年风险等级为Ⅲ级外，其他监测点风险等级均为Ⅱ级，健康风险级别较低，且年际间变化较小。致癌物对人体的健康危害风险度要远高于非致癌物。五种非致癌物中，氟化物对人体健康的风险影响最大，风险度数量级为 10^{-9}；然而致癌物风险度值数量级为 10^{-5}，主要影响因子为六价铬。

地下水水源地健康风险值在 20 ~ 40 之间，风险等级为 II 级，健康风险级别较低，且年际变化稳定。同样致癌物对人体的健康危害风险度要远高于非致癌物。在五种非致癌物中，氟化物和铅对人体健康风险最大，风险度的数量级为 10^{-9}，致癌物中六价铬的风险度数量级为 10^{-5}，镉元素的风险度数量级为 10^{-6}。

3.4.5 水质污染风险评价

1. 评价方法

饮用水水源地水质污染风险主要是指污染物通过迁移过程进入水体，造成水质污染的风险，其主要考虑的是水源地保护区内污染源对水源水质安全存在威胁的风险。水质污染风险评价参考新西兰的定性方法进行评价。风险等级取决于两个因素，一是污染物向周围环境迁移的可能性水平，分为很低、低、中、高、极高（I、II、Ⅲ、IV、V）五个级别；二是定性预测污染物到取水口处的浓度水平，分为低、中、高等级别。污染物对饮用水源的风险随着污染物进入水体的频率以及持续时间的增加而增加，频率等级根据一年中污染物能够从污染源向水源地迁移的百分比来确定（表 3.21）。取水口处污染物浓度等级的定性预测方法见图 3.33。

表 3.21 污染物进入水体频率级别说明

频率级别	一年中的近似百分比
极低	几乎不可能事件，如地震、管道破裂等事件
低	<30%
中等	30% ~ 50%
高	50% ~ 70%
极高	>70%

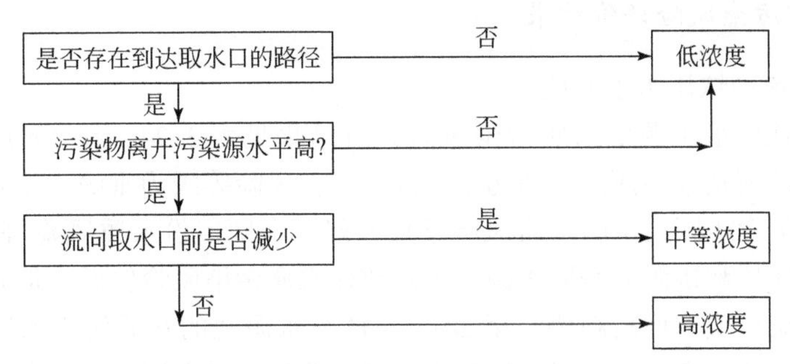

图3.33　污染源排放污染物在取水口处浓度等级确定方法

在确定了影响因素之后，利用风险评价的二维矩阵获得污染物引起的水质风险等级，分很低、低、中、高、极高（Ⅰ、Ⅱ、Ⅲ、Ⅳ、Ⅴ）五个级别，具体见表3.22。

表3.22　基于污染物进入水体的可能性和取水口处浓度等级的风险等级

污染物能够从污染源向水源地迁移的频率级别 / 污染物到达取水口的浓度水平调查	Ⅰ	Ⅱ	Ⅲ	Ⅳ	Ⅴ
低	Ⅰ	Ⅱ	Ⅲ	*	*
中	Ⅲ	Ⅲ	Ⅲ	Ⅳ	Ⅴ
高	*	*	Ⅴ	Ⅴ	Ⅴ

注：*表示等级没有针对具有极低概率但对水质具有明显作用的事件。

为了方便对比饮用水水源地之间的水质污染风险以及综合评价饮用水水源地的水安全性，将水质污染风险等级转化为百分制的评分值，见表3.23。根据表3.23确定风险评分值范围，再根据饮用水水源地保护区内污染源的污染负荷、取水方式，将水质污染风险的等级定量化。

表3.23　水质污染的风险等级

水质污染风险等级	很低（Ⅰ）	低（Ⅱ）	中（Ⅲ）	高（Ⅳ）	极高（Ⅴ）
水质污染风险评分值	0～20	20～40	40～60	60～80	80～100

2. 水质污染风险评价结果

(1) 河流型饮用水水源地

河流型饮用水水源地水质污染风险评价结果见表 3.24，在 2007—2014 年，大沽河、流浩河及莲阴河的水质污染风险较低，风险等级为Ⅲ级。墨水河 204 国道桥及龙泉河 204 国道桥的水质风险整体较好，个别年份水质风险等级为Ⅳ级。五沽河刘家庄桥和桃源河辛城水源地虽然整体水质污染风险较低，但是在近两三年其水质污染风险有增高趋势，至 2013 年两个水源地的水质污染风险等级全都达到Ⅳ级。五沽河宫家城、墨水河张家西城及龙泉河墨水河入口水源地的水质污染风险较差，风险等级基本为Ⅳ级，如龙泉河墨水河入口除在 2010 年风险等级为Ⅲ级外其余年份都是Ⅳ级及以上，墨水河张家西城在 2007—2014 年水质风险等级全为Ⅳ级及以上。河流型饮用水水源地水质污染风险评价详细结果见表 3.24，表 3.24 中被阴影覆盖的部分为存在水质污染风险的情况。

表 3.24　河流型饮用水水源水质污染风险评价结果

河流	监测站点	监测年份	污染物能够从污染源向水源地迁移的频率级别	污染物到达取水口的浓度水平调查	风险等级	水质污染风险值
大沽河	移风店	2007	Ⅲ	低	Ⅲ	47.3
		2008	Ⅲ	低	Ⅲ	45.5
		2009	Ⅲ	低	Ⅲ	47.5
		2010	Ⅲ	低	Ⅲ	47.5
		2011	Ⅲ	低	Ⅲ	46.2
		2012	Ⅲ	低	Ⅲ	59.2
		2013	Ⅲ	低	Ⅲ	45.0
		2014	Ⅲ	低	Ⅲ	44.6
	岔河闸	2007	Ⅲ	低	Ⅲ	43.4
		2008	Ⅲ	低	Ⅲ	43.5
		2009	Ⅲ	低	Ⅲ	43.0
		2010	Ⅲ	低	Ⅲ	47.9
		2011	Ⅲ	低	Ⅲ	52.2
		2012	Ⅲ	低	Ⅲ	54.4
		2013	Ⅲ	低	Ⅲ	43.4
		2014	Ⅲ	低	Ⅲ	57.1

续表

河流	监测站点	监测年份	污染物能够从污染源向水源地迁移的频率级别	污染物到达取水口的浓度水平调查	风险等级	水质污染风险值
五沽河	宫家城	2007	Ⅲ	低	Ⅲ	54.4
		2008	Ⅲ	低	Ⅲ	53.8
		2009	Ⅳ	中	Ⅳ	61.9
		2010	Ⅳ	中	Ⅳ	75.5
		2011	Ⅳ	中	Ⅳ	63.1
		2012	Ⅲ	低	Ⅲ	59.2
		2013	Ⅳ	中	Ⅳ	66.2
		2014	Ⅳ	中	Ⅳ	63.3
	刘家庄桥	2007	Ⅲ	低	Ⅲ	46.7
		2008	Ⅲ	低	Ⅲ	50.1
		2009	Ⅲ	低	Ⅲ	52.4
		2010	Ⅲ	低	Ⅲ	52.0
		2011	Ⅳ	中	Ⅳ	60.8
		2012	Ⅳ	中	Ⅳ	63.1
		2013	Ⅳ	中	Ⅳ	63.2
流浩河	大范戈庄	2007	Ⅲ	低	Ⅲ	45.0
		2008	Ⅲ	低	Ⅲ	53.1
		2009	Ⅲ	低	Ⅲ	45.8
		2010	Ⅲ	低	Ⅲ	43.5
		2011	Ⅲ	低	Ⅲ	43.9
		2012	Ⅲ	低	Ⅲ	44.7
		2013	Ⅲ	低	Ⅲ	47.1
		2014	Ⅲ	低	Ⅲ	44.9
	吕戈庄	2007	Ⅲ	低	Ⅲ	49.6
		2008	Ⅲ	低	Ⅲ	44.0
		2009	Ⅲ	低	Ⅲ	47.1
		2010	Ⅲ	低	Ⅲ	48.8
		2011	Ⅲ	低	Ⅲ	47.7
		2012	Ⅲ	低	Ⅲ	43.6

续表

河流	监测站点	监测年份	污染物能够从污染源向水源地迁移的频率级别	污染物到达取水口的浓度水平调查	风险等级	水质污染风险值
流浩河	吕戈庄	2013	Ⅲ	低	Ⅲ	44.9
		2014	Ⅲ	低	Ⅲ	49.6
莲阴河	周疃桥	2007	Ⅲ	低	Ⅲ	44.6
		2008	Ⅲ	低	Ⅲ	43.7
		2009	Ⅲ	低	Ⅲ	42.7
		2010	Ⅲ	低	Ⅲ	43.4
		2011	Ⅲ	低	Ⅲ	45.4
		2012	Ⅲ	低	Ⅲ	42.8
		2013	Ⅲ	低	Ⅲ	44.2
		2014	Ⅲ	低	Ⅲ	48.1
墨水河	204 国道桥	2007	Ⅳ	中	Ⅳ	61.3
		2008	Ⅲ	低	Ⅲ	58.5
		2009	Ⅲ	低	Ⅲ	49.1
		2010	Ⅲ	低	Ⅲ	56.5
		2011	Ⅲ	低	Ⅲ	54.0
		2012	Ⅳ	中	Ⅳ	65.9
		2013	Ⅲ	低	Ⅲ	57.0
		2014	Ⅲ	低	Ⅲ	54.2
	张家西城	2007	Ⅴ	中	Ⅴ	96.7
		2008	Ⅳ	中	Ⅳ	63.3
		2009	Ⅳ	中	Ⅳ	68.2
		2010	Ⅳ	中	Ⅳ	70.2
		2011	Ⅳ	中	Ⅳ	66.8
		2012	Ⅳ	中	Ⅳ	67.6
		2013	Ⅳ	中	Ⅳ	72.2
		2014	Ⅳ	中	Ⅳ	60.8

续表

河流	监测站点	监测年份	污染物能够从污染源向水源地迁移的频率级别	污染物到达取水口的浓度水平调查	风险等级	水质污染风险值
龙泉河	墨水河入口	2007	Ⅳ	中	Ⅳ	72.3
		2008	Ⅳ	中	Ⅳ	74.3
		2009	Ⅳ	中	Ⅳ	69.6
		2010	Ⅲ	低	Ⅲ	59.9
		2011	Ⅳ	中	Ⅳ	67.7
		2012	Ⅳ	中	Ⅳ	64.3
		2013	Ⅳ	高	Ⅴ	100
		2014	Ⅳ	中	Ⅳ	60.6
	204国道桥	2007	Ⅳ	中	Ⅳ	60.6
		2008	Ⅲ	低	Ⅲ	52.8
		2009	Ⅲ	低	Ⅲ	46.2
		2010	Ⅲ	低	Ⅲ	43.7
		2011	Ⅲ	低	Ⅲ	47.1
		2012	Ⅲ	低	Ⅲ	47.1
		2013	Ⅳ	中	Ⅳ	60.5
		2014	Ⅲ	低	Ⅲ	47.1
桃源河	辛城	2007	Ⅲ	低	Ⅲ	47.8
		2008	Ⅲ	低	Ⅲ	58.5
		2009	Ⅲ	低	Ⅲ	52.6
		2010	Ⅲ	低	Ⅲ	45.2
		2011	Ⅲ	低	Ⅲ	44.6
		2012	Ⅲ	低	Ⅲ	46.1
		2013	Ⅳ	中	Ⅳ	78.9
		2014	Ⅳ	中	Ⅳ	72.9

（2）湖库型饮用水水源地

湖库型饮用水水源地水质污染风险评价结果见表3.25。从表3.25可以看出，湖库型饮用水水源地水质污染风险值在20～40之间，风险等级较低，水质风险等级为Ⅱ级。

表 3.25　湖库型饮用水水源水质污染风险评价结果

水库	监测年份	污染物能够从污染源向水源地迁移的频率级别	污染物到达取水口的浓度水平调查	风险等级	水质污染风险值
石棚水库	2007	Ⅱ	低	Ⅱ	26.4
	2008	Ⅱ	低	Ⅱ	29.1
	2009	Ⅱ	低	Ⅱ	29.5
	2010	Ⅱ	低	Ⅱ	29.6
	2011	Ⅱ	低	Ⅱ	29.9
	2012	Ⅱ	低	Ⅱ	28.7
	2013	Ⅱ	低	Ⅱ	29.4
	2014	Ⅱ	低	Ⅱ	29.4
宋化泉水库	2007	Ⅱ	低	Ⅱ	33.3
	2008	Ⅱ	低	Ⅱ	30.1
	2009	Ⅱ	低	Ⅱ	31.1
	2010	Ⅱ	低	Ⅱ	31.0
	2011	Ⅱ	低	Ⅱ	31.1
	2012	Ⅱ	低	Ⅱ	31.3
	2013	Ⅱ	低	Ⅱ	36.0
	2014	Ⅱ	低	Ⅱ	33.8
挪城水库	2007	Ⅱ	低	Ⅱ	28.0
	2008	Ⅱ	低	Ⅱ	29.1
	2009	Ⅱ	低	Ⅱ	28.3
	2010	Ⅱ	低	Ⅱ	28.7
	2011	Ⅱ	低	Ⅱ	29.4
	2012	Ⅱ	低	Ⅱ	31.5
	2013	Ⅱ	低	Ⅱ	33.4
	2014	Ⅱ	低	Ⅱ	31.3
王圈水库	2007	Ⅱ	低	Ⅱ	29.2
	2008	Ⅱ	低	Ⅱ	26.8
	2009	Ⅱ	低	Ⅱ	28.5
	2010	Ⅱ	低	Ⅱ	26.1
	2011	Ⅱ	低	Ⅱ	26.3
	2012	Ⅱ	低	Ⅱ	25.6

续表

水库	监测年份	污染物能够从污染源向水源地迁移的频率级别	污染物到达取水口的浓度水平调查	风险等级	水质污染风险值
王圈水库	2013	Ⅱ	低	Ⅱ	27.7
	2014	Ⅱ	低	Ⅱ	27.4

（3）地下水水源地

地下水水源地水质污染风险情况虽不及湖库型水源地的污染风险，但远优于河流型水源地。地下水水源地水质污染风险评价结果见表 3.26。从表 3.26 可以看出，岔河闸管所、马山、刘家周疃、周疃、东障、东皋虞、灵山、石门、宋化泉和王村水质污染风险值在 20～40 之间，风险等级为Ⅱ级，水质污染风险较低；院上、李家庄、东关、舞旗埠、岙山卫和西瓦戈庄整体水质污染风险状况良好，风险等级以Ⅱ级为主，水质污染风险较低；三湾庄、西桥、移风、考院和中障水质污染风险等级以Ⅲ类为主，风险等级略高于其他地下水水源地；地下水水源地也有少数监测点的风险等级在个别年份较高，如古城水质污染风险等级在 2007 年、2008 年及 2010 年以Ⅳ、Ⅴ类为主，蓝村及西瓦戈庄在 2009 年为Ⅴ类和Ⅳ类，东关在 2013 年为Ⅴ类，水质污染风险较高。

表 3.26　地下水水源地水质污染风险评价结果

地下水监测点	监测年份	污染物能够从污染源向水源地迁移的频率级别	污染物到达取水口的浓度水平调查	风险等级	水质污染风险值
岔河闸管所	2007	Ⅱ	低	Ⅱ	29.3
	2008	Ⅱ	低	Ⅱ	33.3
	2009	Ⅱ	低	Ⅱ	31.5
	2010	Ⅱ	低	Ⅱ	31.8
	2011	Ⅱ	低	Ⅱ	33.9
	2012	Ⅱ	低	Ⅱ	32.1
	2013	Ⅱ	低	Ⅱ	31.8
院上	2007	Ⅱ	低	Ⅱ	31.7
	2008	Ⅲ	低	Ⅲ	40.8
	2009	Ⅱ	低	Ⅱ	37.6
	2010	Ⅱ	低	Ⅱ	34.2
	2011	Ⅱ	低	Ⅱ	37.2

续表

地下水监测点	监测年份	污染物能够从污染源向水源地迁移的频率级别	污染物到达取水口的浓度水平调查	风险等级	水质污染风险值
院上	2012	Ⅱ	低	Ⅱ	29.6
	2013	Ⅱ	低	Ⅱ	32.0
李家庄	2007	Ⅱ	低	Ⅱ	29.4
	2008	Ⅱ	低	Ⅱ	31.1
	2009	Ⅲ	低	Ⅲ	45.4
	2010	Ⅱ	低	Ⅱ	36.8
	2011	Ⅱ	低	Ⅱ	29.1
	2012	Ⅱ	低	Ⅱ	32.5
	2013	Ⅱ	低	Ⅱ	29.6
三湾庄	2007	Ⅲ	低	Ⅲ	43.4
	2008	Ⅲ	低	Ⅲ	45.0
	2009	Ⅲ	低	Ⅲ	42.0
	2010	Ⅲ	低	Ⅲ	47.7
	2011	Ⅲ	低	Ⅲ	51.5
	2012	Ⅲ	低	Ⅲ	55.5
	2013	Ⅲ	低	Ⅲ	54.3
西桥	2007	Ⅲ	低	Ⅲ	43.4
	2008	Ⅲ	低	Ⅲ	41.3
	2009	Ⅲ	低	Ⅲ	44.0
	2010	Ⅲ	低	Ⅲ	41.2
	2011	Ⅲ	低	Ⅲ	42.9
	2012	Ⅲ	低	Ⅲ	47.1
	2013	Ⅲ	低	Ⅲ	47.1
移风	2007	Ⅲ	低	Ⅲ	47.7
	2008	Ⅲ	低	Ⅲ	43.7
	2009	Ⅲ	低	Ⅲ	45.4
	2010	Ⅲ	低	Ⅲ	45.2
	2011	Ⅲ	低	Ⅲ	43.1
	2012	Ⅱ	低	Ⅱ	33.9
	2013	Ⅱ	低	Ⅱ	35.0

续表

地下水监测点	监测年份	污染物能够从污染源向水源地迁移的频率级别	污染物到达取水口的浓度水平调查	风险等级	水质污染风险值
蓝村	2007	Ⅲ	低	Ⅲ	42.1
	2008	Ⅱ	低	Ⅱ	33.7
	2009	Ⅴ	中	Ⅴ	82.0
	2010	Ⅱ	低	Ⅱ	29.5
	2011	Ⅱ	低	Ⅱ	30.5
	2012	Ⅱ	低	Ⅱ	29.9
	2013	Ⅱ	低	Ⅱ	39.6
马山	2007	Ⅱ	低	Ⅱ	25.1
	2008	Ⅱ	低	Ⅱ	28.9
	2009	Ⅱ	低	Ⅱ	26.7
	2010	Ⅱ	低	Ⅱ	26.5
	2011	Ⅱ	低	Ⅱ	28.5
	2012	Ⅱ	低	Ⅱ	23.7
	2013	Ⅱ	低	Ⅱ	26.6
刘家周疃	2007	Ⅱ	低	Ⅱ	26.8
	2008	Ⅱ	低	Ⅱ	29.4
	2009	Ⅱ	低	Ⅱ	27.9
	2010	Ⅱ	低	Ⅱ	27.4
	2011	Ⅱ	低	Ⅱ	27.2
	2012	Ⅱ	低	Ⅱ	25.4
	2013	Ⅱ	低	Ⅱ	25.7
周疃	2007	Ⅱ	低	Ⅱ	29.1
	2008	Ⅱ	低	Ⅱ	36.4
	2009	Ⅱ	低	Ⅱ	33.4
	2010	Ⅱ	低	Ⅱ	28.6
	2011	Ⅱ	低	Ⅱ	22.6
	2012	Ⅱ	低	Ⅱ	26.5
	2013	Ⅱ	低	Ⅱ	25.8
东关	2007	Ⅱ	低	Ⅱ	38.1
	2008	Ⅲ	低	Ⅲ	43.6
	2009	Ⅲ	低	Ⅲ	40.5

续表

地下水监测点	监测年份	污染物能够从污染源向水源地迁移的频率级别	污染物到达取水口的浓度水平调查	风险等级	水质污染风险值
东关	2010	Ⅱ	低	Ⅱ	34.7
	2011	Ⅱ	低	Ⅱ	28.8
	2012	Ⅱ	低	Ⅱ	29.6
	2013	Ⅲ	高	Ⅴ	100
东障	2007	Ⅱ	低	Ⅱ	30.7
	2008	Ⅱ	低	Ⅱ	29.0
	2009	Ⅱ	低	Ⅱ	29.2
	2010	Ⅱ	低	Ⅱ	32.0
	2011	Ⅱ	低	Ⅱ	30.6
	2012	Ⅱ	低	Ⅱ	33.0
	2013	Ⅱ	低	Ⅱ	31.5
舞旗埠	2007	Ⅱ	低	Ⅱ	27.2
	2008	Ⅱ	低	Ⅱ	26.3
	2009	Ⅱ	低	Ⅱ	35.0
	2010	Ⅲ	低	Ⅲ	44.9
	2011	Ⅲ	低	Ⅲ	56.4
	2012	Ⅱ	低	Ⅱ	33.9
	2013	Ⅱ	低	Ⅱ	34.6
岙山卫	2007	Ⅱ	低	Ⅱ	27.9
	2008	Ⅱ	低	Ⅱ	27.0
	2009	Ⅲ	低	Ⅲ	52.8
	2010	Ⅱ	低	Ⅱ	24.5
	2011	Ⅱ	低	Ⅱ	24.5
	2012	Ⅱ	低	Ⅱ	26.3
	2013	Ⅱ	低	Ⅱ	25.1
东皋虞	2007	Ⅱ	低	Ⅱ	31.4
	2008	Ⅱ	低	Ⅱ	29.9
	2009	Ⅱ	低	Ⅱ	28.1
	2010	Ⅱ	低	Ⅱ	29.6
	2011	Ⅱ	低	Ⅱ	29.2
	2012	Ⅱ	低	Ⅱ	29.7

续表

地下水监测点	监测年份	污染物能够从污染源向水源地迁移的频率级别	污染物到达取水口的浓度水平调查	风险等级	水质污染风险值
东皋虞	2013	Ⅱ	低	Ⅱ	29.2
古城	2007	Ⅴ	中	Ⅴ	100.0
	2008	Ⅳ	中	Ⅳ	68.4
	2009	Ⅱ	低	Ⅱ	31.4
	2010	Ⅳ	中	Ⅳ	78.8
	2011	Ⅲ	低	Ⅲ	41.2
	2012	Ⅱ	低	Ⅱ	29.6
	2013	Ⅱ	低	Ⅱ	36.9
考院	2007	Ⅱ	低	Ⅱ	37.0
	2008	Ⅱ	低	Ⅱ	36.1
	2009	Ⅲ	低	Ⅲ	40.5
	2010	Ⅲ	低	Ⅲ	40.1
	2011	Ⅲ	低	Ⅲ	45.0
	2012	Ⅱ	低	Ⅱ	38.2
	2013	Ⅱ	低	Ⅱ	32.8
灵山	2007	Ⅱ	低	Ⅱ	26.3
	2008	Ⅱ	低	Ⅱ	29.1
	2009	Ⅱ	低	Ⅱ	30.4
	2010	Ⅱ	低	Ⅱ	28.7
	2011	Ⅱ	低	Ⅱ	29.7
	2012	Ⅱ	低	Ⅱ	28.6
	2013	Ⅱ	低	Ⅱ	28.6
石门	2007	Ⅱ	低	Ⅱ	35.2
	2008	Ⅱ	低	Ⅱ	38.3
	2009	Ⅱ	低	Ⅱ	32.0
	2010	Ⅱ	低	Ⅱ	32.8
	2011	Ⅱ	低	Ⅱ	29.8
	2012	Ⅱ	低	Ⅱ	28.9
	2013	Ⅱ	低	Ⅱ	30.9

续表

地下水监测点	监测年份	污染物能够从污染源向水源地迁移的频率级别	污染物到达取水口的浓度水平调查	风险等级	水质污染风险值
宋化泉	2007	Ⅱ	低	Ⅱ	28.0
	2008	Ⅱ	低	Ⅱ	25.8
	2009	Ⅱ	低	Ⅱ	28.2
	2010	Ⅱ	低	Ⅱ	30.9
	2011	Ⅱ	低	Ⅱ	27.4
	2012	Ⅱ	低	Ⅱ	28.9
	2013	Ⅱ	低	Ⅱ	29.8
王村	2007	Ⅱ	低	Ⅱ	30.6
	2008	Ⅱ	低	Ⅱ	28.5
	2009	Ⅱ	低	Ⅱ	29.3
	2010	Ⅱ	低	Ⅱ	29.5
	2011	Ⅱ	低	Ⅱ	30.5
	2012	Ⅱ	低	Ⅱ	34.9
	2013	Ⅱ	低	Ⅱ	41.6
西瓦戈庄	2007	Ⅱ	低	Ⅱ	32.3
	2008	Ⅱ	低	Ⅱ	29.7
	2009	Ⅳ	中	Ⅳ	66.4
	2010	Ⅱ	低	Ⅱ	28.8
	2011	Ⅱ	低	Ⅱ	29.5
	2012	Ⅱ	低	Ⅱ	30.4
	2013	Ⅱ	低	Ⅱ	33.9
中障	2007	Ⅱ	低	Ⅱ	41.9
	2008	Ⅲ	低	Ⅲ	48.0
	2009	Ⅲ	低	Ⅲ	40.0
	2010	Ⅲ	低	Ⅲ	40.5
	2011	Ⅱ	低	Ⅱ	37.2
	2012	Ⅱ	低	Ⅱ	30.5
	2013	Ⅱ	低	Ⅱ	30.7

对 2007—2014 年即墨市饮用水水源地的水质污染风险进行了评价，主要结论如下：

河流型饮用水水源地于 2007—2014 年的评价结果中，大沽河、流浩河及莲阴河的水质污染风险较低，风险等级为Ⅲ级。墨水河 204 国道桥及龙泉河 204 国道桥的水质风险整体较好，个别年份水质风险等级为Ⅳ级。五沽河刘家庄桥和桃源河辛城水源地虽然整体水质污染风险较好，但是在近两三年其水质污染风险有增高趋势，至 2013 年两个水源地的水质污染风险等级全都达到Ⅳ级。五沽河宫家城、墨水河张家西城及龙泉河墨水河入口水源地的水质污染风险较差，风险等级基本为Ⅳ级，如龙泉河墨水河入口除在 2010 年风险等级为Ⅲ级外其余年份都是Ⅳ级，墨水河张家西城在 2007—2014 年水质风险等级全为Ⅳ级。

湖库型饮用水水源地水质污染风险值在 20 ~ 40 之间，风险等级全部为Ⅱ级。

岔河闸管所、马山、刘家周疃、周疃、东障、东皋虞、灵山、石门、宋化泉和王村水质污染风险值在 20 ~ 40 之间，风险等级为Ⅱ级，水质污染风险较低；院上、李家庄、东关、舞旗埠、岙山卫和西瓦戈庄整体水质污染风险状况良好，风险等级等级以Ⅱ级为主，水质污染风险较低；三湾庄、西桥、移风、考院和中障水质污染风险等级以Ⅲ类为主，风险等级略高于其他地下水水源地；地下水水源地也有少数监测点的风险等级在个别年份较高，如古城水质污染风险等级在 2007 年、2008 年及 2010 年以Ⅳ、Ⅴ类为主，蓝村及西瓦戈庄在 2009 年为Ⅳ类，东关在 2013 年为Ⅴ类，水质污染风险较高。

3.4.6　水源地水安全评价

水源地水安全评价体系[67,68]包括水质类别、富营养化程度、水质健康风险、水质污染风险 4 项指标。根据各指标在水安全体系中所占的比重，综合评价饮用水水源地的水安全状况。水安全评价的关键是确定各项目因子的权重，以衡量不同指标在评价体系中相对重要程度。

1. 评价方法

层次分析法（AHP）是由美国运筹家匹兹堡大学 Saaty 教授在 20 世纪 70 年代初提出的，将决策问题的有关元素分解成若干层次，并在此基础上进行定性分析和定量分析的一种决策方法[69,70]。该方法通过分析系统所包含的因素及其内在联系，将系统分组，构建一个有序的层次结构模型，并通过两两比较，确定模型中因素的重要程度，对决策因素相对重要性排序。该方法为多目标、多准则或无结构特性的复杂决策问题提供了简便的决策方法，清晰明确，需定量数据信息少。鉴于层次分析法的特点，选择该方法对即墨市水源地水安全进行评价。

构建即墨市水源地水安全评价体系指标层，包括水质类别、富营养化程度、水质健康风险、水质污染风险 4 项指标。根据各指标在水安全体系中所占的比重，综合评价饮用水水源地水安全状况。层次分析法的具体步骤如图 3. 34 所示。

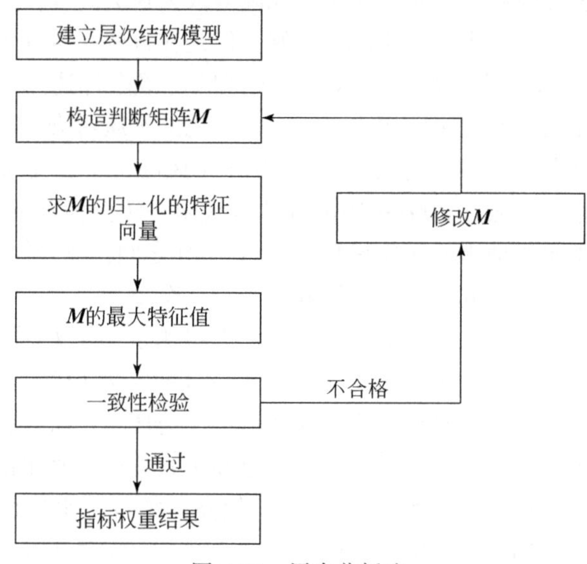

图 3. 34　层次分析法

①建立层次结构模型，将决策问题层次化，一般分为目标层、准则层和指标层。这里目标层是即墨市水源地水安全评价，指标层是水质类别、富营养化程度、水质健康风险、水质污染风险共计 4 项评价指标。

②构建判断矩阵 $\boldsymbol{M}$。采用 1–9 标度法（表 3. 27），标度两两指标的相对重要程度。邀请水安全、水环境保护领域经验丰富的专家，对两两指标的相对重要性评分，得出平均标度值，构建判断矩阵 $\boldsymbol{M}$。

③计算判断矩阵的最大特征值 λ_{max} 和特征向量，并将特征向量归一化。

④通过判断矩阵的最大特征值，计算矩阵的一致性指标 CI：

$$CI = \frac{\lambda_{max} - n}{n - 1} \tag{3.21}$$

⑤一致性检验：判断矩阵的一致性比例 CR 通过下式计算得出：

$$CR = \frac{CI}{RI} \tag{3.22}$$

式中：RI—平均随机一致性指标，根据判断矩阵阶数的变化而变化，可通过查表 3. 28 得出对应的 RI 的值。只有当 $CR<0.1$ 时，才认为通过一致性检验，一致性检验分为层次单排序一致性检验和层次总排序一致性检验，只有都通过一致性检验的判断矩阵，才是可靠的，权重分配合理，归一化的特征向量值即是各指标

的权重。

表 3.27　判断矩阵的 1–9 标度法

M_{ij}的取值	意义
1	i 指标与 j 指标相比，同等重要
3	i 指标与 j 指标相比，i 指标稍微重要
5	i 指标与 j 指标相比，i 指标明显重要
7	i 指标与 j 指标相比，i 指标强烈重要
9	i 指标与 j 指标相比，i 指标极端重要
2、4、6、8	上述相邻标度结果的中间程度

表 3.28　随机一致性指标 *RI*

n	1	2	3	4	5	6	7	8	9	10
w_{RI}	0	0	0.58	0.9	1.12	1.24	1.32	1.41	1.45	1.49

根据水质评价、健康风险评价、富营养化评价以及水质风险评价结果，结合层次分析所得权重 w，根据公式（3.23）对水安全性进行综合评价，并依据表 3.29 将水质安全性分为好、良好、中、差以及极差五个等级。

水安全评价值 R 计算公式：

$$R = \sum r \times w \tag{3.23}$$

式中：r—水质评价、健康风险评价、富营养化评价、水质风险评价结果；w—各指标对应的权重，计算结果以百分制表示。

表 3.29　水质安全评价等级

水安全等级	好（I）	良好（II）	中（III）	差（IV）	极差（V）
水安全评分值	0 ~ 20	20 ~ 40	40 ~ 60	60 ~ 80	80 ~ 100

2. 水安全评价结果

水源地水质类别直接反映了水源地水安全状况，在水安全体系中比重最高。水体富营养化不仅影响水质感官指标，对人体健康也存在影响，从水质状况的方面反映了水体的水安全状况，与水质类别同等重要。健康风险评价是基于水体中有毒有害物质进入人体后对健康的危害风险，这里所得结果为水源中的有毒有害污染的健康危害性，只能作为参照，重要性比水质状况、富营养化状况权重略低。水质污染风险是根据保护区内污染源情况分析水质出现污染情况的可能性，水源地污染物不仅与保护区污染源有关，还与上游采水、水文条件等有关，水质状况、富营养化状况比水质污染风险重要。湖库型水源地的水文条件不利于污染物的扩散、降解，水质污染风险权重略高于健康风险评价；河流型水源地受船舶、工业污水等影响，有毒有害物质浓度较高，对人体健康危害的潜在危险高，视为健康风险状况与水质污染风险状况同等重要。

（1）河流型饮用水水安全评价

河流型饮用水水源地水安全评价体系指标构造的判断矩阵如下：

$$\boldsymbol{U}_1 = \begin{bmatrix} 1 & 2 & 2 \\ \frac{1}{2} & 1 & 2 \\ \frac{1}{2} & \frac{1}{2} & 1 \end{bmatrix}$$

对判断矩阵采用和法进行权重计算，得出特征向量 $\boldsymbol{W}_1 = (0.49 \quad 0.31 \quad 0.20)$，最大特征值 $\lambda_{max} = 3.054$，河流型饮用水水源地水质安全评价指标权重见表3.30。

表3.30　河流型饮用水水源地水质安全评价指标权重

指标	水质类别	水质健康风险	水质污染风险
权重	0.49	0.31	0.20

判断矩阵的一致性检验：$CR = \frac{CI}{RI} = \frac{\frac{\lambda_{max} - n}{n - 1}}{RI} = \frac{\frac{3.054 - 3}{3 - 1}}{0.58} = 0.047 < 0.1$，故矩阵具有满意一致性，权重是合理的。

根据计算结果及表3.30的权重计算结果得到河流型饮用水水源地水安全评价结果。从表3.31可见，大沽河、流浩河及莲阴河水安全状况最好，水安全等级以Ⅲ级为主。五沽河的水安全状况不理想，水安全等级等级以Ⅳ级为主，水安全状况较差，宫家城监测点水安全状况要差于刘家庄桥监测点的水安全状况。龙泉河两个监测点的水安全状况相差较大，龙泉河上游的204国道桥监测点水安全等级以Ⅲ级为主，下游的墨水河入口监测点水安全等级以Ⅳ级和Ⅴ级为主。桃源河的水安全状况较好，整体上水安全等级以Ⅲ级为主，2012年后水安全等级年况愈下。墨水河水源地的水安全状况最差，张家西城监测点，8年中有6年水安全等级为Ⅴ级，还有两年为Ⅳ级。

表 3.31　河流型水源地水安全评价结果

河流名称	监测站点	监测年份	水质类别	水质健康风险	水质污染风险	水安全评分值	水安全等级
大沽河	移风店	2007	62.0	37.9	47.3	51.60	Ⅲ
		2008	62.4	37.9	47.5	51.84	Ⅲ
		2009	56.0	37.9	45.3	48.26	Ⅲ
		2010	58.6	37.9	46.2	49.71	Ⅲ
		2011	80.4	37.9	53.5	61.82	Ⅳ
		2012	97.6	35.4	59.2	70.65	Ⅳ
		2013	55.1	35.4	45.0	47.01	Ⅲ
		2014	53.8	35.4	44.6	46.27	Ⅲ
	岔河闸	2007	50.2	37.9	43.4	45.01	Ⅲ
		2008	50.5	37.9	43.5	45.21	Ⅲ
		2009	49.1	37.9	43	44.42	Ⅲ
		2010	63.6	37.9	47.9	52.50	Ⅲ
		2011	76.5	37.9	52.2	59.69	Ⅲ
		2012	83.3	35.4	54.4	62.68	Ⅳ
		2013	50.2	35.4	43.4	44.26	Ⅲ
		2014	91.2	35.4	57.1	67.09	Ⅳ
五沽河	宫家城	2007	83.3	41.5	54.4	64.59	Ⅳ
		2008	81.5	37.9	53.8	62.45	Ⅳ
		2009	105.7	37.9	61.9	75.94	Ⅳ
		2010	146.4	37.9	75.5	98.60	Ⅴ
		2011	109.4	37.9	63.1	77.99	Ⅳ
		2012	97.7	35.4	59.2	70.71	Ⅳ
		2013	118.5	35.4	66.2	82.29	Ⅴ
		2014	110.0	35.4	63.3	77.55	Ⅳ
	刘家庄桥	2007	60.2	37.9	46.7	50.60	Ⅲ
		2008	70.2	37.9	50.1	56.19	Ⅲ
		2009	77.3	37.9	52.4	60.13	Ⅳ
		2010	76.1	37.9	52	59.46	Ⅲ
		2011	102.3	37.9	60.8	74.02	Ⅳ
		2012	109.3	35.4	63.1	77.18	Ⅳ
		2013	109.5	35.4	63.2	77.27	Ⅳ

续表

河流名称	监测站点	监测年份	水质类别	水质健康风险	水质污染风险	水安全评分值	水安全等级
流浩河	大范戈庄	2007	55.0	37.9	45	47.70	Ⅲ
		2008	79.3	37.9	53.1	61.25	Ⅳ
		2009	57.3	37.9	45.8	49.01	Ⅲ
		2010	50.4	37.9	43.5	45.15	Ⅲ
		2011	51.7	37.9	43.9	45.85	Ⅲ
		2012	54.0	35.4	44.7	46.38	Ⅲ
		2013	61.4	35.4	47.1	50.52	Ⅲ
		2014	54.7	35.4	44.9	46.79	Ⅲ
	后吕戈庄闸	2007	68.9	37.9	49.6	55.42	Ⅲ
		2008	52.0	37.9	44	46.03	Ⅲ
		2009	61.3	37.9	47.1	51.23	Ⅲ
		2010	66.4	37.9	48.8	54.05	Ⅲ
		2011	63.0	37.9	47.7	52.16	Ⅲ
		2012	50.7	35.4	43.6	44.52	Ⅲ
		2013	54.7	35.4	44.9	46.77	Ⅲ
		2014	68.8	35.4	49.6	54.64	Ⅲ
莲阴河	周疃桥	2007	53.8	39.7	44.6	47.62	Ⅲ
		2008	51.0	37.9	43.7	45.48	Ⅲ
		2009	48.1	37.9	42.7	43.84	Ⅲ
		2010	50.2	37.9	43.4	45.04	Ⅲ
		2011	56.2	37.9	45.4	48.37	Ⅲ
		2012	48.5	35.4	42.8	43.33	Ⅲ
		2013	52.7	35.4	44.2	45.64	Ⅲ
		2014	64.3	35.4	48.1	52.13	Ⅲ
墨水河	204 国道桥	2007	104.0	39.7	61.3	75.54	Ⅳ
		2008	95.4	39.7	58.5	70.76	Ⅳ
		2009	67.3	37.9	49.1	54.57	Ⅲ
		2010	89.5	37.9	56.5	66.92	Ⅳ
		2011	82.0	37.9	54	62.75	Ⅳ
		2012	117.7	35.4	65.9	81.82	Ⅴ
		2013	90.9	35.4	57.0	66.92	Ⅳ
		2014	82.5	35.4	54.2	62.24	Ⅳ

续表

河流名称	监测站点	监测年份	水质类别	水质健康风险	水质污染风险	水安全评分值	水安全等级
墨水河	张家西城	2007	210.0	37.9	96.7	100	Ⅴ
		2008	110.0	37.9	63.3	78.31	Ⅳ
		2009	124.7	37.9	68.2	86.50	Ⅴ
		2010	130.7	37.9	70.2	89.85	Ⅴ
		2011	120.3	37.9	66.8	84.04	Ⅴ
		2012	122.9	35.4	67.6	84.71	Ⅴ
		2013	136.7	35.4	72.2	92.40	Ⅴ
		2014	102.3	35.4	60.8	73.27	Ⅳ
龙泉河	墨水河入口	2007	137.0	40.6	72.3	94.19	Ⅴ
		2008	143.0	43.3	74.3	98.35	Ⅴ
		2009	128.9	37.9	69.6	88.83	Ⅴ
		2010	99.7	37.9	59.9	72.57	Ⅳ
		2011	123.0	37.9	67.7	85.56	Ⅴ
		2012	112.9	35.4	64.3	79.15	Ⅳ
		2013	221.9	35.4	100.6	139.86	Ⅵ
		2014	101.8	35.4	60.6	72.97	Ⅳ
	204国道桥	2007	101.8	37.9	60.6	73.77	Ⅳ
		2008	78.5	37.9	52.8	60.79	Ⅳ
		2009	58.5	37.9	46.2	49.66	Ⅲ
		2010	51.1	37.9	43.7	45.55	Ⅲ
		2011	61.3	37.9	47.1	51.23	Ⅲ
		2012	70.4	35.4	50.1	55.51	Ⅲ
		2013	61.3	35.4	47.1	50.46	Ⅲ
		2014	101.6	35.4	60.5	72.88	Ⅳ
桃源河	辛城	2007	63.3	37.9	47.8	52.35	Ⅲ
		2008	95.4	37.9	58.5	70.20	Ⅳ
		2009	77.8	37.9	52.6	60.38	Ⅳ
		2010	55.5	37.9	45.2	47.97	Ⅲ
		2011	53.9	37.9	44.6	47.07	Ⅲ
		2012	58.4	35.4	46.1	48.83	Ⅲ
		2013	156.6	35.4	78.9	103.47	Ⅵ
		2014	138.6	35.4	72.9	93.47	Ⅴ

（2）湖库型饮用水水安全评价

湖库型饮用水水源地水安全评价体系指标构造的判断矩阵如下：

$$U_2 = \begin{bmatrix} 1 & 1 & 3 & 2 \\ 1 & 1 & 3 & 2 \\ \frac{1}{3} & \frac{1}{3} & 1 & \frac{1}{2} \\ \frac{1}{2} & \frac{1}{2} & 2 & 1 \end{bmatrix}$$

对判断矩阵采用和法进行权重计算，得出特征向量 $\boldsymbol{W}_2 =（0.35\quad 0.3\quad 0.11\quad 0.19）$，最大特征值 $\lambda_{\max}=4.010$。湖库型饮用水水源地水质安全评价指标权重见表3.32。

表3.32　湖库型饮用水水源地水质安全评价指标权重

指标	水质类别	富营养化程度	水质健康风险	水质污染风险
权重	0.35	0.35	0.11	0.19

判断矩阵的一致性检验：$CR=\frac{CI}{RI}=\frac{\frac{\lambda_{\max}-n}{n-1}}{RI}=\frac{\frac{3.054-4}{4-1}}{0.9}=0.004<0.1$，故矩阵具有满意一致性，权重是合理的。

湖库型饮用水水源地水安全评价结果见表3.33，在40组评价结果中，风险等级全为Ⅲ级，且水安全评分制变化幅度较小，这说明湖库型饮用水水源地水安全状况较好。

表3.33　湖库型水源地水安全评价结果

水库	监测年份	水质类别	富营养程度	水质健康风险	水质污染风险	水安全评分值	水安全等级
石棚水库	2007年	45.6	46.1	37.9	26.4	41.27	Ⅲ
	2008年	56.4	45.3	37.9	29.1	45.28	Ⅲ
	2009年	58.0	46.4	37.9	29.5	46.30	Ⅲ
	2010年	58.4	47.4	37.9	29.6	46.82	Ⅲ
	2011年	59.6	50.5	37.9	29.9	48.37	Ⅲ
	2012年	54.8	50.9	35.4	28.7	46.35	Ⅲ
	2013年	57.6	54.6	35.4	29.4	48.74	Ⅲ
	2014年	57.6	53.0	35.4	29.4	48.18	Ⅲ

续表

水库	监测年份	水质类别	富营养程度	水质健康风险	水质污染风险	水安全评分值	水安全等级
宋化泉水库	2007年	73.2	51.7	37.9	33.3	54.21	Ⅲ
	2008年	60.4	39.8	37.9	30.1	44.94	Ⅲ
	2009年	64.4	43.0	37.9	31.1	47.68	Ⅲ
	2010年	64.0	49.4	37.9	31.0	49.75	Ⅲ
	2011年	64.4	52.2	37.9	31.1	50.88	Ⅲ
	2012年	65.2	50.7	35.4	31.3	50.42	Ⅲ
	2013年	84.0	51.3	35.4	36.0	58.08	Ⅲ
	2014年	75.2	52.6	35.4	33.8	55.04	Ⅲ
挪城水库	2007年	52.0	51.8	37.9	28.0	45.81	Ⅲ
	2008年	56.4	49.7	37.9	29.1	46.84	Ⅲ
	2009年	53.2	46.7	37.9	28.3	44.52	Ⅲ
	2010年	54.8	49.7	37.9	28.7	46.19	Ⅲ
	2011年	57.6	49.4	37.9	29.4	47.20	Ⅲ
	2012年	66.0	49.0	35.4	31.5	50.15	Ⅲ
	2013年	73.6	51.2	35.4	33.4	53.91	Ⅲ
	2014年	65.2	51.3	35.4	31.3	50.61	Ⅲ
王圈水库	2007年	56.8	45.0	39.7	29.2	45.55	Ⅲ
	2008年	47.2	47.6	37.9	26.8	42.44	Ⅲ
	2009年	54.0	46.5	35.4	28.5	44.49	Ⅲ
	2010年	44.4	48.2	35.4	26.1	41.27	Ⅲ
	2011年	45.2	46.5	35.4	26.3	40.99	Ⅲ
	2012年	42.4	48.8	35.4	25.6	40.68	Ⅲ
	2013年	50.8	49.3	35.4	27.7	44.18	Ⅲ
	2014年	49.6	49.4	35.4	27.4	43.76	Ⅲ

(3) 地下水型饮用水水安全评价

地下水型饮用水水源地水安全评价体系指标构造的判断矩阵如下：

$$\boldsymbol{U}_3 = \begin{bmatrix} 1 & 2 & 2 \\ \frac{1}{2} & 1 & 2 \\ \frac{1}{2} & \frac{1}{2} & 1 \end{bmatrix}$$

对判断矩阵采用和法进行权重计算，得出特征向量 $W_3 = (0.49 \quad 0.31 \quad 0.20)$，最大特征值 $\lambda_{max} = 3.054$。地下水型饮用水水源地水质安全评价指标权重见表3.34。

表3.34　地下水型饮用水水源地水质安全评价指标权重

指标	水质类别	水质健康风险	水质污染风险
权重	0.49	0.31	0.20

判断矩阵的一致性检验：$CR = \frac{CI}{RI} = \frac{\frac{\lambda_{max} - n}{n - 1}}{RI} = \frac{\frac{3.054 - 3}{3 - 1}}{0.58} = 0.047 < 0.1$，故矩阵具有满意一致性，权重是合理的。

地下水型饮用水水源地水安全评价结果见表3.35。从表3.35可以看出地下水水安全状况整体较好，水安全等级以Ⅲ级主，占67.1%，Ⅳ级和Ⅴ级水安全状况分别占23.0%和9.9%。其中，岔河闸管所、马山、刘家周疃、东障、东皋虞、灵山、石门、宋化泉和王村水安全状况相对较好，以Ⅲ类为主；三湾庄、西桥、移风、古城、考院和中障水安全状况较差，以Ⅳ类和Ⅴ类为主。

表3.35　地下水型水源地水安全评价结果

地下水监测点	监测年份	水质类别	水质健康风险	水质污染风险	水安全评分值	水安全等级
岔河闸管所	2007	57.2	37.91	29.3	45.64	Ⅲ
	2008	73.2	37.91	33.3	54.28	Ⅲ
	2009	66.0	35.43	31.5	49.62	Ⅲ
	2010	67.2	35.43	31.8	50.27	Ⅲ
	2011	75.6	35.43	33.9	54.81	Ⅲ
	2012	68.4	35.44	32.1	50.92	Ⅲ
	2013	67.2	35.44	31.8	50.27	Ⅲ
院上	2007	66.8	37.91	31.7	50.82	Ⅲ
	2008	103.2	37.91	40.8	70.48	Ⅳ
	2009	90.4	35.43	37.6	62.80	Ⅳ
	2010	76.8	35.43	34.2	55.46	Ⅲ
	2011	88.8	35.43	37.2	61.94	Ⅳ
	2012	58.4	35.43	29.6	45.52	Ⅲ
	2013	68.0	35.43	32	50.70	Ⅲ

续表

地下水监测点	监测年份	水质类别	水质健康风险	水质污染风险	水安全评分值	水安全等级
李家庄	2007	57.6	37.91	29.4	45.86	Ⅲ
	2008	64.4	37.91	31.1	49.53	Ⅲ
	2009	121.6	35.43	45.4	79.65	Ⅳ
	2010	87.2	35.43	36.8	61.07	Ⅳ
	2011	56.4	35.44	29.1	44.44	Ⅲ
	2012	70.0	35.43	32.5	51.78	Ⅲ
	2013	58.4	35.43	29.6	45.52	Ⅲ
三湾庄	2007	113.6	37.91	43.4	76.10	Ⅳ
	2008	120.0	37.91	45	79.55	Ⅳ
	2009	108.0	35.43	42	72.30	Ⅳ
	2010	130.8	35.43	47.7	84.62	Ⅴ
	2011	146.0	35.43	51.5	92.82	Ⅴ
	2012	162.0	35.43	55.5	100	Ⅴ
	2013	157.2	35.43	54.3	98.87	Ⅴ
西桥	2007	113.6	37.91	43.4	76.10	Ⅳ
	2008	105.2	37.91	41.3	71.56	Ⅳ
	2009	116.0	35.43	44	76.62	Ⅳ
	2010	104.8	35.43	41.2	70.58	Ⅳ
	2011	111.6	35.43	42.9	74.25	Ⅳ
	2012	128.4	35.43	47.1	83.32	Ⅴ
	2013	128.4	35.43	47.1	83.32	Ⅴ
移风	2007	130.8	37.91	47.7	85.38	Ⅴ
	2008	114.8	37.91	43.7	76.74	Ⅳ
	2009	121.6	35.43	45.4	79.65	Ⅳ
	2010	120.8	35.43	45.2	79.22	Ⅳ
	2011	112.4	35.43	43.1	74.68	Ⅳ
	2012	75.6	35.43	33.9	54.81	Ⅲ
	2013	80.0	35.43	35	57.18	Ⅲ

续表

地下水监测点	监测年份	水质类别	水质健康风险	水质污染风险	水安全评分值	水安全等级
蓝村	2007	108. 4	37. 91	42. 1	73. 29	Ⅳ
	2008	74. 8	37. 91	33. 7	55. 14	Ⅲ
	2009	268. 0	35. 44	82	100	Ⅴ
	2010	58. 0	35. 43	29. 5	45. 30	Ⅲ
	2011	62. 0	35. 44	30. 5	47. 47	Ⅲ
	2012	59. 6	35. 44	29. 9	46. 17	Ⅲ
	2013	98. 4	35. 44	39. 6	67. 12	Ⅳ
马山	2007	40. 4	37. 91	25. 1	36. 57	Ⅱ
	2008	55. 6	37. 91	28. 9	44. 78	Ⅲ
	2009	46. 8	35. 43	26. 7	39. 26	Ⅱ
	2010	46. 0	35. 43	26. 5	38. 82	Ⅱ
	2011	54. 0	35. 44	28. 5	43. 15	Ⅲ
	2012	34. 8	35. 43	23. 7	32. 78	Ⅱ
	2013	46. 4	35. 43	26. 6	39. 04	Ⅱ
刘家周疃	2007	47. 2	37. 91	26. 8	40. 24	Ⅲ
	2008	57. 6	37. 91	29. 4	45. 86	Ⅲ
	2009	51. 6	35. 43	27. 9	41. 85	Ⅲ
	2010	49. 6	35. 43	27. 4	40. 77	Ⅲ
	2011	48. 8	35. 43	27. 2	40. 34	Ⅲ
	2012	41. 6	35. 43	25. 4	36. 45	Ⅱ
	2013	42. 8	35. 43	25. 7	37. 10	Ⅱ
周疃	2007	56. 4	37. 91	29. 1	45. 21	Ⅲ
	2008	85. 6	37. 91	36. 4	60. 98	Ⅳ
	2009	73. 6	35. 43	33. 4	53. 73	Ⅲ
	2010	54. 4	35. 43	28. 6	43. 36	Ⅲ
	2011	30. 4	35. 43	22. 6	30. 40	Ⅱ
	2012	46. 0	35. 43	26. 5	38. 82	Ⅱ
	2013	43. 2	35. 43	25. 8	37. 31	Ⅱ

续表

地下水监测点	监测年份	水质类别	水质健康风险	水质污染风险	水安全评分值	水安全等级
东关	2007	92.4	37.91	38.1	64.65	Ⅳ
	2008	114.4	37.91	43.6	76.53	Ⅳ
	2009	102.0	35.43	40.5	69.06	Ⅳ
	2010	78.8	35.43	34.7	56.54	Ⅲ
	2011	55.2	35.43	28.8	43.79	Ⅲ
	2012	58.4	35.43	29.6	45.52	Ⅲ
	2013	340.0	35.43	100	100	Ⅴ
东障	2007	62.8	37.91	30.7	48.66	Ⅲ
	2008	56.0	37.91	29	44.99	Ⅲ
	2009	56.8	35.43	29.2	44.66	Ⅲ
	2010	68.0	35.43	32	50.70	Ⅲ
	2011	62.4	35.43	30.6	47.68	Ⅲ
	2012	72.0	35.43	33	52.86	Ⅲ
	2013	66.0	35.43	31.5	49.62	Ⅲ
舞旗埠	2007	48.8	37.91	27.2	41.10	Ⅲ
	2008	45.2	37.91	26.3	39.16	Ⅱ
	2009	80.0	35.43	35	57.18	Ⅲ
	2010	119.6	35.43	44.9	78.57	Ⅳ
	2011	165.6	35.43	56.4	100	Ⅴ
	2012	75.6	35.43	33.9	54.81	Ⅲ
	2013	78.4	35.43	34.6	56.32	Ⅲ
岙山卫	2007	51.6	37.91	27.9	42.62	Ⅲ
	2008	48.0	37.91	27	40.67	Ⅲ
	2009	151.2	35.43	52.8	95.63	Ⅴ
	2010	38.0	35.43	24.5	34.50	Ⅱ
	2011	38.0	35.43	24.5	34.50	Ⅱ
	2012	45.2	35.43	26.3	38.39	Ⅱ
	2013	40.4	35.44	25.1	35.80	Ⅱ

续表

地下水监测点	监测年份	水质类别	水质健康风险	水质污染风险	水安全评分值	水安全等级
东皋虞	2007	65.6	37.91	31.4	50.18	Ⅲ
	2008	59.6	37.91	29.9	46.94	Ⅲ
	2009	52.4	35.43	28.1	42.28	Ⅲ
	2010	58.4	35.43	29.6	45.52	Ⅲ
	2011	56.8	35.43	29.2	44.66	Ⅲ
	2012	58.8	35.43	29.7	45.74	Ⅲ
	2013	56.8	35.43	29.2	44.66	Ⅲ
古城	2007	340.0	37.91	100	100	Ⅴ
	2008	213.6	37.91	68.4	100	Ⅴ
	2009	65.6	35.43	31.4	49.41	Ⅲ
	2010	255.2	35.44	78.8	100	Ⅴ
	2011	104.8	35.44	41.2	70.58	Ⅳ
	2012	58.4	35.43	29.6	45.52	Ⅲ
	2013	87.6	35.44	36.9	61.29	Ⅳ
考院	2007	88.0	37.91	37	62.27	Ⅳ
	2008	84.4	37.91	36.1	60.33	Ⅳ
	2009	102.0	50.2	40.5	73.64	Ⅳ
	2010	100.4	35.43	40.1	68.20	Ⅳ
	2011	120.0	35.43	45	78.78	Ⅳ
	2012	92.8	35.43	38.2	64.10	Ⅳ
	2013	71.2	35.43	32.8	52.43	Ⅲ
灵山	2007	45.2	37.91	26.3	39.16	Ⅱ
	2008	56.4	37.91	29.1	45.21	Ⅲ
	2009	61.6	35.43	30.4	47.25	Ⅲ
	2010	54.8	35.43	28.7	43.58	Ⅲ
	2011	58.8	35.43	29.7	45.74	Ⅲ
	2012	54.4	35.43	28.6	43.36	Ⅲ
	2013	54.4	35.43	28.6	43.36	Ⅲ

续表

地下水监测点	监测年份	水质类别	水质健康风险	水质污染风险	水安全评分值	水安全等级
石门	2007	80.8	37.91	35.2	58.38	Ⅲ
	2008	93.2	37.91	38.3	65.08	Ⅳ
	2009	68.0	35.43	32	50.70	Ⅲ
	2010	71.2	35.43	32.8	52.43	Ⅲ
	2011	59.2	35.43	29.8	45.95	Ⅲ
	2012	55.6	35.43	28.9	44.01	Ⅲ
	2013	63.6	35.43	30.9	48.33	Ⅲ
宋化泉	2007	52.0	37.91	28	42.83	Ⅲ
	2008	43.2	37.91	25.8	38.08	Ⅱ
	2009	52.8	35.43	28.2	42.50	Ⅲ
	2010	63.6	35.43	30.9	48.33	Ⅲ
	2011	49.6	35.43	27.4	40.77	Ⅲ
	2012	55.6	35.43	28.9	44.01	Ⅲ
	2013	59.2	35.43	29.8	45.95	Ⅲ
王村	2007	62.4	37.91	30.6	48.45	Ⅲ
	2008	54.0	37.91	28.5	43.91	Ⅲ
	2009	57.2	35.43	29.3	44.87	Ⅲ
	2010	58.0	35.43	29.5	45.30	Ⅲ
	2011	62.0	35.43	30.5	47.46	Ⅲ
	2012	79.6	35.43	34.9	56.97	Ⅲ
	2013	106.4	35.43	41.6	71.44	Ⅳ
西瓦戈庄	2007	69.2	37.91	32.3	52.12	Ⅲ
	2008	58.8	37.91	29.7	46.50	Ⅲ
	2009	205.6	35.43	66.4	100	Ⅴ
	2010	55.2	35.43	28.8	43.79	Ⅲ
	2011	58.0	35.43	29.5	45.30	Ⅲ
	2012	61.6	35.44	30.4	47.25	Ⅲ
	2013	75.6	35.44	33.9	54.81	Ⅲ

续表

地下水监测点	监测年份	水质类别	水质健康风险	水质污染风险	水安全评分值	水安全等级
中障	2007	107.6	37.91	41.9	72.86	Ⅳ
	2008	132.0	37.91	48	86.03	Ⅴ
	2009	100.0	35.43	40	67.98	Ⅳ
	2010	102.0	35.43	40.5	69.06	Ⅳ
	2011	88.8	35.43	37.2	61.94	Ⅳ
	2012	62.0	35.43	30.5	47.46	Ⅲ
	2013	62.8	35.43	30.7	47.90	Ⅲ

注：当风险值超过100时，本文按风险等级Ⅴ级计，风险值为100。

3.5 小　　结

随着城市的发展，水源地水质受到影响，也影响了供水工艺。

采用了层次分析法，构建了包含水质类别、富营养化程度、水质健康风险、水质污染风险4个指标对即墨市水源地水安全进行了评价。主要结论如下：

河流型饮用水水源地中大沽河、流浩河及莲阴河水安全状况最好，水安全等级以Ⅲ级为主。五沽河的水安全等级等级以Ⅳ级为主。龙泉河两个监测点的水安全状况相差较大，龙泉河上游的204国道桥监测点水安全等级以Ⅲ级为主，下游的墨水河入口监测点水安全等级以Ⅳ级和Ⅴ级为主。桃源河的水安全状况较好，整体上水安全等级以Ⅲ级为主，2012年后水安全等级每况愈下。墨水河水源地的水安全状况8年中有6年水安全等级为Ⅴ级，还有两年为Ⅳ级。

湖库型饮用水水源地水安全等级全部是Ⅲ级，水安全状况较好。水质和富营养评价表明部分水库存在较为严重的污染因子。

地下水水安全状况整体较好，水安全等级以Ⅲ级主，占67.1%，Ⅳ级和Ⅴ级水安全状况分别占23.0%和9.9%。其中，岔河闸管所、马山、刘家周疃、东障、东皋虞、灵山、石门、宋化泉和王村水安全状况相对较好，以Ⅲ类为主；三湾庄、西桥、移风、古城、考院和中障水安全状况较差，以Ⅳ类和Ⅴ类为主。

参考文献

[1]《水经注》. 卷八《济水注》.
[2] 马正林. 中国城市历史地理 [M]. 济南：山东教育出版社，1999.
[3] [宋] 乐史. 太平寰宇记·卷一九 [M] //王文楚等点校. 太平寰宇记. 北京：中华书

局，2007：385.

[4] 朱善.《观约突泉记》.

[5] 乾隆.《历城县志》. 卷一六《古迹考》.

[6] 叶春墀.《济南指南》. 大东日报社，1914年版.

[7] http://blog. sina. com. cn/s/blog_52588f4d0100oeqn. html.

[8] 济南市史志编纂委员会. 济南市志（第二册）[M]. 北京：中华书局，1997，1-6.

[9] 陆敏. 济南水文环境的变迁与城市供水 [M]. 中国历史地理论丛 No. 3. 1997.

[10] 薛诩国，李术才，滕德宾，等. 济南地下泉域水资源研究进展与建议 [J]. 黑龙江水专学报，2009，36（3）：97-99.

[11] 孙湛. 济南泉水水质调查分析 [D]. 济南：山东大学，2011.

[12] 张科峰，济南玉清供水系统藻污染及二氧化氯除藻特性研究 [D]. 西安：西安建筑科技大学，2004.

[13] 吕昱衡. 济南玉清水厂工艺优化改造及效能研究 [D]. 哈尔滨：哈尔滨工业大学，2015.

[14] 郭敬华，刘衍波，李世俊，等. 济南玉清水厂技改工程的设计、施工与运行 [J]. 中国给水排水，28（18）：57-59.

[15] 上海市政协文史资料委员会. 上海文史资料存稿汇编（市政交通）[M]. 上海：上海古籍出版社，2001，72.

[16] 顾振国. 上海市创立最早的杨树浦水厂 [J]. 净水技术，2003，22（5）：20-23.

[17] 温正军. 那些年在中国水厂的外国人（二）[J]. 城镇供水，2019，1：8-10.

[18] 上海市公用事业管理局. 上海公用事业（1840－1986） [M]. 上海：上海人民出版社，1991.

[19] 陈仁杰，钱海雷. 水质评价综合指数法的研究进展 [J]. 环境与职业医学，2009，26（6）：581-584.

[20] 解莹，李叙勇，王慧亮，等. 滦河流域上游地区主要河流水污染特征及评价 [J]. 环境科学学报，2012，32（03）：645-653.

[21] Zhang Q，Feng M，Hao X. Application of nemerow index method and integrated water quality index method in water quality assessment of Zhangze reservoir [J]. Earth and Environmental Science，2018.

[22] Meng X L，Fan G L，Cao X H，et al. Research on a multi- index comprehensive evaluation method for surface water quality assessment [J]. Advanced Materials Research，2014，1010-1012：321-324.

[23] 刘琰，郑丙辉，付青，等. 水污染指数法在河流水质评价中的应用研究 [J]. 中国环境监测，2013，29（03）：49-55.

[24] Li R，Zou Z，An Y. Water quality assessment in Qu river based on fuzzy water pollution index method [J]. Journal of Environmental Sciences，2016，50：87-92.

[25] Selle B，Schwientek M，Lischeid G. Understanding processes governing water quality in catchments using principal component scores [J]. Journal of Hydrology，2013，486：31-38.

[26] Ting H, Liangen Z, Yan Z, et al. Water quality comprehensive index method of eltrix river in Xin Jiang Province using SPSS [J]. Procedia Earth and Planetary Science. 2012, 5: 314-321.

[27] Wang Y, Wang P, Bai Y, et al. Assessment of surface water quality via multivariate statistical techniques: A case study of the Songhua river Harbin region, China [J]. Journal of Hydro-environment Research, 2013, 7 (1): 30-40.

[28] 姚泽清，张洛嘉，熊安邦，等．基于层次分析的主成分分析法及其应用 [J]．数学的实践与认识．2016，46 (18)：176-183.

[29] Yin G, Zhou S, Zhang W. A threat assessment algorithm based on AHP and principal components analysis [J]. Procedia Engineering, 2011, 15: 4590-4596.

[30] Uddameri V, Honnungare V, Hernandez A. Assessment of groundwater water quality in central and southern Gulf Coast aquifer, TX using principal component analysis [J]. Environmental Earth Sciences, 2014, 71 (6): 2653-2671.

[31] Mahapatra S S, Sahu M, Patel R K, et al. Prediction of water quality using principal component analysis [J]. Water Quality, Exposure and Health, 2012, 4 (2): 93-104.

[32] Zeinalzadeh K, Rezaei E. Determining spatial and temporal changes of surface water quality using principal component analysis [J]. Journal of Hydrology: Regional Studies, 2017, 13: 1-10.

[33] Lifeng S, Qingjie Q, Xiaoliang Z, et al. The establishment of principal component analysis assessment model for drinking water quality of city resource [J]. Applied Mechanics & Materials, 2014, (675-677): 960.

[34] Arslan, Ozan. Spatially weighted principal component analysis (PCA) method for water quality analysis [J]. Water Resources, 2013, 40 (3): 315-324.

[35] Xiao K X, Yin W, Yan J H. Water quality evaluation for tributaries of Danjiangkou reservoir with principal component analysis [J]. Advanced Materials Research, 2014, 955-959: 3586.

[36] 富天乙，邹志红，王晓静．基于多元统计和水质标识指数的辽阳太子河水质评价研究 [J]．环境科学学报，2014，34 (02)：473-480.

[37] Zhang B, Song X, Zhang Y, et al. Hydrochemical characteristics and water quality assessment of surface water and groundwater in Songnen plain, Northeast China [J]. Water Research, 2012, 46 (8): 2737-2748.

[38] Yongqian C, Qianwu S, Hongmei M. Research on Optimization of water quality monitoring sites using principal component analysis and cluster analysis [C]. IEEE, 2011.

[39] Varol M, G 8 13k8tBB, Bekleyen A, et al. Spatial and temporal variations in surface water quality of the dam reservoirs in the Tigris River basin, Turkey [J]. CATENA, 2012, 92: 11-21.

[40] 张旋，王启山，于淼，等．基于聚类分析和水质标识指数的水质评价方法 [J]．环境工程学报，2010，4 (02)：476-480.

[41] Kamble S R, Vijay R. Assessment of water quality using cluster analysis in coastal region of

Mumbai, India [J]. Environmental Monitoring and Assessment, 2011, 178 (1-4): 321-332.

[42] Hatvani I G, Kovács J, Kovács I S, et al. Analysis of long-term water quality changes in the Kis-Balaton water protection system with time series-, cluster analysis and Wilks' lambda distribution [J]. Ecological Engineering, 2011, 37 (4): 629-635.

[43] Gonçalves A M, Alpuim T. Water quality monitoring using cluster analysis and linear models [J]. Environmetrics, 2011, 22 (8): 933-945.

[44] Sutadian A D, Muttil N, Yilmaz A G, et al. Using the analytic hierarchy process to identify parameter weights for developing a water quality index [J]. Ecological Indicators, 2017, 75: 220-233.

[45] Li Y, Jia X M, Xing P F. Evaluation of water environmental quality in Feng Zi Jian Mining Area based on analytic hierarchy process [J]. Advanced Materials Research, 2013, 864-867: 2350-2356.

[46] Gorgij A D, Vadiati M. Determination of groundwater quality based on important irrigation indices using analytical hierarchy process method [J]. Agricultural Advances, 2014, 6 (3): 176-185.

[47] 向文英，杨静，张雪．模糊综合评价法的改进及其在水库水质评价中的应用 [J]. 安全与环境学报，2015，15 (6): 344-348.

[48] Gang-Fu S, Bing S, Nan-Xiang C, et al. Research on comprehensive evaluation of Zhengzhou groundwater environment based on analytic hierarchy process [C]. IEEE, 2010.

[49] 徐祖信，尹海龙．河流综合水质评价方法比较研究 [J]. 长江流域资源与环境，2008，17 (5): 729-733.

[50] J R, Y X. An optimised method of weighting combination in multi-index comprehensive evaluation [J]. International Journal of Applied Decision Sciences, 2010, 3 (1): 34.

[51] 杜娟娟．基于不同赋权方法的模糊综合水质评价研究 [J]. 人民黄河，2015，37 (12): 69-73.

[52] Karmakar S, Mujumdar P P. Grey fuzzy optimization model for water quality management of a river system [J]. Advances in Water Resources, 2006, 29 (7): 1088-1105.

[53] Karmakar S, Mujumdar P P. A two-phase grey fuzzy optimization approach for water quality management of a river system [J]. Advances in Water Resources, 2007, 30 (5): 1218-1235.

[54] 李如忠，汪家权，钱家忠．基于灰色动态模型群法的河流水质预测研究 [J]. 水土保持通报，2002，22 (04): 10-12.

[55] 王超．灰色动态模型群法在河流水质预测中的应用初探 [J]. 中国农村水利水电，2003，(1): 76-78.

[56] 魏文秋，孙春鹏．灰色神经网络水质预测模型 [J]. 武汉大学学报（工学版），1998，31 (04): 27-29.

[57] Wu B, Zeng W, Chen H, et al. Grey water footprint combined with ecological network analysis

for assessing regional water quality metabolism [J]. Journal of Cleaner Production, 2016, 112: 3138-3151.

[58] Li zhen bo, Jiang Yu, Yue Jun, et al. An improved gray model for aquaculture water quality prediction [J]. Intelligent Automation & Soft Computing, 2012, 18 (5): 557-567.

[59] Li S, Zhao N, Shi Z, et al. Application of artificial neural network on water quality evaluation of Fuyang River in Handan city [C]. IEEE, 2010.

[60] šiljić Tomić A, Antanasijević D, Ristić M, et al. Application of experimental design for the optimization of artificial neural network-based water quality model: a case study of dissolved oxygen prediction [J]. Environmental Science and Pollution Research, 2018, 25 (10): 9360-9370.

[61] Yilma M, Kiflie Z, Windsperger A, et al. Application of artificial neural network in water quality index prediction: a case study in Little Akaki River, Addis Ababa, Ethiopia [J]. Modeling Earth Systems and Environment, 2018, 4 (1): 175-187.

[62] Guo L, Zhao Y, Wang P. Determination of the principal factors of river water quality through cluster analysis method and its prediction [J]. Frontiers of Environmental Science & Engineering. 2012, 6 (2): 238-245.

[63] 边耐政，李硕，陈楚才．加权交叉验证神经网络在水质预测中的应用 [J]．计算机工程与应用，2015，51 (21)：255-258.

[64] 张树冬，李伟光，南军，等．北方某水库总氮浓度预测的神经网络改进方法 [J]．给水排水，2009，45 (08)：114-118.

[65] 王晋，王琳，周玲玲．2007—2011 年石棚水库富营养化评价 [J]．绿色科技，2013，11：148-152.

[66] EPA. Supplement Public Health Evaluation Manual [S]. 1986, EPA/540/1-86-060.

[67] 史正涛，刘新有，黄英．城市水安全评价指标体系研究 [J]．城市问题，2008，6：30-34.

[68] 赖武荣，叶茂．城市水安全评价体系研究 [J]．甘肃水利水电技术，2010，45 (4)：45-46.

[69] 樊彦芳，刘凌，陈星，等．层次分析法在水环境安全综合评价中的应用 [J]．河海大学学报，2004，32 (5)：512-514.

[70] 王彦威，邓海利，王永成．层次分析法在水安全评价中的应用 [J]．黑龙江水利科技，2007，35 (3)：117-118.

第4章　饮用水供水系统的安全风险识别

供水系统包括水源、水厂和管网，保障水源地水质安全，水厂处理工艺改造升级，出水达到饮用水标准，并不代表抵达用户的饮用水是达标水。输配水管道仍然存在巨大隐患。输水管道管材包括预应力混凝土给水管、钢管、灰口铸铁管、球墨铸铁管、PVC管、玻璃钢管等。自20世纪70年代金属管开始逐渐推广应用水泥砂浆衬里技术；PVC管曾在相当范围内使用，当时PVC管材尚处于试验和初步推广阶段，制造技术不成熟、配套管件不齐全。球墨铸铁管是20世纪90年代末开始普遍采用的较理想管材，配套管件齐全，是供水管网建设首选的输配水用管道材料。由于使用年限久远，管道老化，且绝大部分为钢管和普通铸铁管，大多未做衬里处理，防腐性能低，严重影响城市优质安全供水[1]。

供水系统承担着为居民提供充足、清洁、安全饮用水的任务。供水安全涉及公共安全，从饮用水供应系统中识别出风险因子，加以重点管控和预防是饮用水安全管理的有效措施。WHO认为，应对饮用水供应链，从集水区到用户的供应链条或网络进行系统的风险评估、确认管理这些风险的方法[2]。目前饮用水原水来源呈现多样化，在缺水地区不仅会采用本地地表水和地下水水源，也会采用跨流域调水方式补充原水的缺口[3-5]，并大力发展再生水[6,7]、雨水[8,9]和海水淡化等替代水源[10,11]。为了缓解水资源紧张和保障用水安全，越来越多的大中城市采用了多水源供水模式[12,13]，水源结构变化成为供水常态。部分来源的饮用水供应环节多，供应链长，处理过程也越来越复杂，使得饮用水供应过程中的潜在风险不断增加。不同水源饮用水的风险差别巨大，这使水质安全风险识别在实践中面临很大的困难。

4.1　水质风险识别方法

城市饮用水全过程供水水质安全评价向“多层次”“全过程”的目标发展，由原来的“产品控制评价”向“过程控制评价”发展。基于全过程产品质量控制理论，系统最终的产品质量仅由少数关键性能指标影响，忽略其他指标可提高产品的生产效率，降低运营成本，将饮用水看作为一种产品，其水质水平同样由少数关键控制因素（key control factors，KCFs）所决定[14,15]，识别影响饮用水安全的 KCFs 并量化其对水质的影响，忽略其他因素，可提高饮用水全过程全面指标体系综合评价与管理的效率。

定量风险评价法是基于失效概率和失效结果直接评价的基础上，根据事故发生的概率和事故后果的严重程度进行评价的方法，主要以故障树和事件树为工具，综合其他污染源解析方法进行计算[16-18]。污染源解析方法主要包括清单分析法、扩散模型和受体模型。其中，清单分析法通过观测和模拟污染物的排放量、排放特征及排放地理分布等来建立列表模型，可实现整个生命周期过程中资源消耗与污染物排放确定，已较多应用于面源污染物溯源；扩散模型通过输入各个污染源的排放数据和相关参数信息预测污染物的时空变化情况，可同时考虑各污染源排放的不同情况；受体模型由于不需要详细的污染源调查等优势，应用较多，主要包括以下几种方法。

1. 指纹识别法

指纹识别法是指选取特征污染因子作为指纹识别因子，经过计算比较，分析指纹识别因子在污染源与受体之间的联系与差异，进而得到污染来源及各污染源贡献率[19,20]。现已逐渐由单因子指纹发展为复合指纹，稳定性得到提高，基本操作为指纹因子筛选、最佳复合指纹因子构建、通过指纹因子建立源与受体间关系、确定污染源贡献[21,22]。

指纹识别法中污染因子在随水体流动过程中具有保持本身性质不变的特性，在应用时需提前知道特征污染物的指纹图谱，但由于该方法仅是定性分析，且受温度影响较大，单独使用较少，多与其他定量方法联合使用，同时该方法存在难以区分图谱相似污染源的弊端；刘乘麟[23]将其与多元统计模型结合进行黄河内蒙古段泥沙来源分析。

2. 化学质量平衡模型

化学质量平衡模型（CMB）是美国环保局认定的源解析标准方法[24]，基础是质量守恒，依赖污染源与监测点组分间线性组合，在已知源信息的基础上，通过相关矩阵对各污染源及其贡献率进行解析[25]。

CMB 模型原理清晰，无需大规模的样品采集，能够检出是否依赖重要信息源[26]，资料不足时亦可发挥一定作用。但应用条件严格，受到制约较多：一是源成分谱到受体不发生改变；二是假设各污染因子之间不存在相互作用，即没有物质的产生与消减；三是各污染源间化学组分有明显差别。为解决上述问题，王在峰等[26]引入正向扩散模型用于解析污染源对受体的绝对贡献值和相对贡献率，陈海洋等[27]引入非负约束因子分析模型提高污染贡献率准确度，郎印海等[28]修正降解因子校正污染因子在源和受体之间发生变化的约束；苏丹等[29]提出可采用去离子水、控制光强等减少污染因子间相互转化。

CMB 模型适用于污染源数目较多、指纹图谱明确的污染物定量解析，因制约因素较多，在大气中应用较多，但逐渐推广至水体沉积物 PAHs 污染源解析[30]，现较多应用于生化性质稳定的有机物和重金属污染源解析[24]。

3. 多元统计法

多元统计法是利用监测数据间的相互关系来产生源成分谱的一种污染溯源方法，主要包括主成分/因子分析（CPA/FA）、CA 及多元回归（MR）等多种分析方法[31]，其基本思路是通过降维减少污染因子间相关性，利用 CA 将数据切割成不同类别，得到的特征污染因子通过 MR 等方式计算污染源的贡献率[32]。其中，研究表明主成分分析法良好的降维效果对减少工作量很有裨益，适用于复杂数据处理及污染源识别，避免主观判断产生的误差[17]；刘涛等[33]引入层次分析法进行供水风险综合评价，结果验证方法的可行性和实用性。

多元统计法对源成分谱数据、污染源的种类与数量没有严格要求，可仅依靠受体数据进行污染源成分谱推测，但处理排放源较多、成分相似的污染源的水体时效果较差[34]，且当前使用存在历史数据缺失等问题。有学者提出采用聚类分析法区分站点、采用主成分分析和因子分析的方法来识别和提取导致水质变化的主要潜在因素[35]；陈锋等[36]提出引入富集因子来判断污染源属于自然污染或者人为污染；方晓波等[37]结合模糊综合评价法对不同季节污染因子的空间差异进行了解析。

多元统计模型适用于污染源数目较少的污染源解析，现已应用于水质评价[38]、水体重点污染源与污染因子筛选[39]、解释地下水化学空间控制过程[40]。

定量风险评价法建立在大量数据的基础上，能对供水系统进行充分的描述，但过高的数据要求也造成了其比较复杂、费用较高等问题。

4. 多级屏障法

多级屏障法是全过程控制的目标下的供水系统风险识别评价方法，通过设计包括水处理技术、监控与水质管理、法律体系、监管体系和科技技术等多个层次在内的评价系统来进行风险识别，通过各单元的处理形成供水系统的多级屏障[41]。其中，在多级屏障的每个层次中运用危险和可操作性分析，找出过程中存在的危害，确定供水系统的关键控制环节[83]。多级屏障法与危险和可操作性分析法已经被 WHO 和澳大利亚等运用到饮用水水质安全评价管理体系中。

WHO 认为持续保障饮用水供应安全的最有效手段是对“从源头到龙头”饮用水供应链全过程水质都采取全面的监测与管理[2]，并推荐“危害分析关键控制点”（HACCP）原理作为监管方案。该方案也成为目前饮用水管理的主流方式，相关研究也很多[42,43]。HACCP 方案是以控制微生物污染为目标，没有将化学性和感官性污染等其他影响饮用水安全的指标纳入风险因子识别体系，不能全面地反映饮用水水质安全存在的隐患。

国际上还有学者建议将尽可能多的指标纳入监管体系中。随着监测技术的提高和成本降低，覆盖更多水质指标的水质监测网络在城市供水系统已经比较普遍[44,45]。欧盟各国在建立全面水质监测基础上，实施全面水质管理的框架[46]，通过全面的水质筛查来确定水质安全风险。但是，这类研究应用往往着重于其中某一环节，缺乏饮用水供应全过程风险识别。其原因在于，国内饮用水管理制度为横向上分割管理，极难做到全过程管理[44]；为实现饮用水供应全过程的安全管理和风险预测，不得不在供水系统中设置大量的水质监测点，并覆盖尽可能多的水质监测指标。这带来巨大的监测成本，海量监测数据，巨大的分析工作量，效率低，增加了结果的不准定性；缺少能用于整个供水系统的标准和指标化模型[47]，使不同环节和指标的水质监测结果对比和量化变得非常困难[48]。

基于全过程产品质量控制理论[49]，通过生产全过程监控保障产品质量已非常成熟，并逐步应用到其他领域。近年来全过程质量监控的研究成果和工业实践表明，只有少数关键性能指标会影响系统最终的产品质量，忽略其他指标可提高生产效率并降低维护成本[50]。大量研究表明，对饮用水水质安全性起决定意义往往是少数关键控制因素（KCFs）[51,52]。饮用水作为一种产品，可借用全过程产品质量控制理论，从大量监测数据中挖掘出隐藏的有用信息[50]，识别出影响饮用水安全的 KCFs 并量化其对最终水质的影响贡献，忽略其他因素的影响，可以高效、准确地筛选出供水系统的水质安全风险。HACCP 原理虽然涉及指标有限，但如利用从饮用水 KCFs 识别与影响量化的结果，借鉴 HACCP 原理的监控体系和纠偏方法，可以建立起饮用水供应系统的风险识别与消除方案。

综上所述，需要建立一种新的饮用水安全风险筛查方法来应对复杂的饮用水安全风险。该方法基于主成分分析法，从饮用水供应水质监测系统的海量监测数据中进行数据挖掘，量化和对比不同因素对饮用水水质的影响，识别有用的数据，识别出影响饮用水水质的关键控制因子（KCFs），从而筛查出饮用水全过程水质安全风险，列出水质安全影响清单和防控措施，为饮用水的监管机构和供水企业提供决策依据。

4.2　关键控制因子（KCFs）模型

山东省饮用水原水来源呈现多样化，饮用水供应环节多，供应链长，处理过程越来越复杂，上述因素使饮用水在供应过程中潜在风险不断增加。城市供水管理者缺少一种快速准确定位饮用水安全风险的工具，居民则缺少值得信任、简单明了的水质安全结论。

为了准确地识别出饮用水供应链中的风险因子，目前采取的措施是在饮用水供应链中尽可能地设多处监测点位，监测更多的水质指标。尽管水质监测可以全面覆盖饮用水供应系统中的各类水质指标和和各个供应环节，通过水质监测收集大量监测数据，但由于缺乏以监测数据为基础，全面分析水质安全风险的分析方法，故很难从海量数据中提取有价值的信息为决策服务[53]。出现上述问题的原因在于，缺少能用于整个供水系统的标准和指标化模型[44,47]，使不同环节和指标的水质监测结果对比和影响量化变得非常困难[48]；对供水系统全面水质监测产生了海量的监测数据，依据海量监测数据筛查水质安全风险，工作量巨大，评价结果不确定性增多。

因此，需要建立一种新的饮用水安全风险筛查方法。该方法可以从饮用水供应系统中的海量监测数据中进行数据挖掘，量化和对比不同因素对饮用水水质的影响，识别有用的数据，筛查出饮用水全过程水质安全风险，列出水质安全影响清单和防控措施。

4.2.1　基本原理

建立统一的数据标准化方法是对饮用水供应全过程不同环节和指标的监测结果对比和影响量化的前提。参照袁东等[54]所用综合水质指数法中分指数的计算方法，统一采用《生活饮用水水质标准》（GB 5749）进行统一标准化，使供应链中的所有数据纳入统一的指数体系。对微生物指标指数计算方法进行改进，使其符合饮用水供应链中微生物消毒和生长的特征。

面对海量的监测数据，运用正确的数据分析方法高效准确地筛查风险，已经变得越来越重要[53]。研究表明，尽管潜在的风险较多，但仅有少数因素会对饮用水水质安全起到决定性影响[51,52]，即关键控制因子（KCFs）。海量监测数据中的大部分信息对饮用水供应链的水质安全风险筛查工作是冗余信息，可以排除。WHO 推荐的 HACCP 就是围绕确定的关键控制点来进行饮用水安全管理[55,56]。HACCP 方案仅以控制微生物污染为目标[55]，未将化学性和感官性污染纳入评价体系，不能全面反映饮用水面临的安全风险，需要利用饮用水供应系统海量的监测数据，识别出对饮用水水质安全起到决定性影响的KCFs，并利用KCFs排除饮用水供应链中的冗余信息，实现快速准确的风险筛查。

利用饮用水供应系统海量的监测数据，识别KCFs并排序的最佳方法是主成分分析法[57]。该方法能将多个因子化成少数几个综合因子，排除冗余信息，还可以避免主观判断带来的误差[58,59]。因此，该方法被成功应用于过程建模、监控和控制领域[27,28]，在饮用水安全领域得到应用[25,29]，特别是对于复杂数据集处理、污染源识别以及对水体水质变化过程的描述有非常好的效果。因此，我们基于对监测数据的标准化和主成分分析方法，建立了一套KCFs模型，以快速识别饮用水供应链中的关键控制因子。为了进一步实现分析过程的快速化和智能化，开发以KCFs模型为基础的计算机辅助分析系统软件，从而为完全利用计算机计算代替人工计算奠定基础。

针对饮用水供应系统风险筛查建立的KCFs模型的基本分析过程如图4.1所示。首先将对饮用水供应链上一系列监测点位得到的监测数据进行统一标准化，纳入一个分析系统中；再将标准化的指标数据进行主成分分析，量化不同水质指标、供应环节以及水质指标与供应环节形成的矩阵元素对饮用水水质变化的影响贡献率，考虑其对水质影响的性质（净化为正影响，污染为负影响），从中筛选饮用水水质安全起到决定性影响KCFs；从KCFs就可以快速准确地筛查出供水系统中的水质安全风险，并列出水质安全影响清单。

图4.1　KCFs模型的基本分析流程

4.2.2　分模型

饮用水供应链案例具有多样性，对分析结果的要求也不一样。KCFs模型应该是一种开放式的模型，将可能遇到不同情形进行了分类，预设了适用于不同情形的分模型。也可根据案例涉及新供应链形式，分析要求，直接开发适用的分模型，进一步丰富 KCFs 模型的应用范围。各分模型可以根据案例实例，组合使用，加大模型应用的灵活性。已预设的分模型包括：

1. 基础分模型 KCFs-A

分模型 KCFs-A 为 KCFs 模型基础分析方式，基于一次监测数据，识别单源线性饮用水供应链第一个监测点和最后一个监测点之间对饮用水水质有决定性影响的关键控制因子。

2. 原水水质影响的 KCFs-B 分模型

分模型 KCFs-A 仅考虑了第一个监测点和最后一个监测点之间的关键控制因子，因此该分模型无法分析最初水源带来的风险。分模型 KCFs-A 不适用于水源不同供应链之间的对比，或者饮用水源水变化时的风险分析。KCFs-B 分模型考虑了最初原水水质的影响。KCFs-B 将第一个监测点的集水区视为供应链的第一个环节，代表了最初原水质的影响。分模型 KCFs-A 与 KCFs-B 在分析步骤上的差别主要集中在数据矩阵的分析计算和输出的贡献率结果矩阵上。KCFs-B 分析结果中有原水对水质影响贡献率，较不考虑之前集水区的 KCFs-A 模型考查的风险因素更全面。

3. 长期水质风险的 KCFs-L 分模型

分析饮用水供应链水质安全风险所涉及的监测数据，可能是基于一次监测的结果，也可能是长期例行监测的结果。分模型 KCFs-A 无法基于长期监测数据进行长期的水质风险分析。开发的 KCFs-L 分模型是基于长期例行监测，预测供应链的长期水质安全风险。

4. 网络化供水系统的 KCFs-W 分模型

在许多大型城市供水系统中，往往多水源地之间、多水厂之间以及多配水管网之间是相互连通的[60,61]。这种供水系统网络化提高了供水保障能力，但加大了水质安全风险筛查的难度。分模型 KCFs-A 是基于单源线性饮用水供应链建立的模型，无法适用于网络化的供水系统。开发的 KCFs-W 分模型，用以识别网络化供水系统中的 KCFs。

KCFs-W 分模型的基本原理是，将网络化供水系统先虚拟为一条单源供应链，求得相应水质指标、供应环节和分析元素的贡献率，再根据水的流量和来源，把贡献率反馈到实际供应网络中。因此，KCFs-W 分模型不仅需要水质监测数据，还需要详细的水量数据。

4.2.3 分析步骤

1. 监测数据整理

首先将饮用水供应链中得到的监测数据进行有效性检验，对其中异常数据进行复查，将失准数据剔除；对监测数据中的缺失数据利用热卡填充法进行补充。如一个水质指标在各监测点中始终未检出或保持不变，将其筛选并标注，不参与主成分分析，以避免恒量数据造成分析失败。

2. 选择标准化依据的标准

监测数据的标准化需要预选一个统一的标准。由于是分析饮用水的水质安全风险，因此一般选用《生活饮用水水质标准》(GB 5749)。当该模型用于其他用途时，也可选用其他标准。

3. 数据标准化

将袁东等[54]所用综合水质指数法中分指数的计算方法进行优化，对监测原始数据换算为统一的标准化指数。标准化后的指数无量纲，以便不同指标数据进行对比和综合计算。指数标准化方法如下：

(1) 绝大多数水质指标是规定了最高浓度限值，对于该类指标，指数用实测数据的占标率概念标准化，如式 (4.1)：

$$I_i = C_i/S_i \tag{4.1}$$

式中：C_i—i 指标的实测值 (mg/L)；S_i—相应的标准值 (mg/L)。实测值低于最低检出值时，以最低检出值的一半代替实测浓度。

(2) 对于有上下两个限值的指标，如 pH，指数按式 (4.2) 计算：

$$I_i = |C_i - (S_{max} + S_{min})/2| / [(S_{max} + S_{min})/2] \tag{4.2}$$

式中：S_{max}—上限值（量纲同标准）；S_{min}—下限值（量纲同标准）。

(3) 对于微生物指标和感官指标中，如以一定数量为上限，如菌落总数等，当实测值低于限值时，按式 (4.1) 计算指数 I_i；当实测值高于限值时，指数按照式 (4.3) 计算：

$$I_i = 1.00 + \lg(C_i/S_i) \tag{4.3}$$

如以是否检出为标准的，如总大肠菌群、耐热大肠菌群及嗅和味等，未检出计为 0.5，若检出按式 (4.4) 计算指数：

$$I_i = 1.00 + \lg(n) \tag{4.4}$$

式中：C_i—i 指标的实测值（量纲同标准）；S_i—相应的标准值（量纲同标准）；n 为检出个数。

4. 供水环节划分

以监测点位为界，将饮用水供应链划分为多个环节。由于不考虑第一个监测点以前的阶段，KCFs-A 分模型划分的供水环节数比监测点位数少 1，KCFs-B 分模型划分的供水环节数与监测点位数相等。

5. 建立主成分分析的数据矩阵

在进行主成分分析前，需要一个依据指数建立的数据矩阵。分模型 KCFs-A 和 KCFs-B 所需要的数据矩阵有所不同。

（1）KCFs-A 分模型的数据矩阵

建立一个 $m \times n$ 的分析计算矩阵 $\boldsymbol{A}$，如表 4.1 所示。m 为供应链上监测点位的数量，n 为筛除了痕量指标后参与分析的水质指标的数量。矩阵中位置为 (i, j) 的元素值为第 i 个水质指标从第一个监测点位到第 j 监测点位的指数累积变化值 $\Sigma\Delta I_{i,j}$，在供应链的第一个监测点位各水质指标的指数累积变化值均为 0，其他监测点位的指数累积变化值计算方法见式（4.5）。

$$\Sigma\Delta I_{i,j} = \sum_{j=1}^{k} \left| I_{i,k} - I_{i,k-1} \right| \tag{4.5}$$

表 4.1　KCFs 模型的分析计算矩阵 $\boldsymbol{A}$

	…	指标 i-1	指标 i	指标 i+1	…
…	…	…	…	…	…
监测点 j-1	…	…	…	…	…
监测点 j	…	…	$\Sigma\Delta I_{i,j}$	…	…
监测点 j+1	…	…	…	…	…
…	…	…	…	…	…

（2）KCFs-B 分模型的数据矩阵

KCFs-B 模型也需建立一个 $m \times n$ 的指标矩阵 $\boldsymbol{A}$，m 为供应链上监测点位的数量，n 为筛除了痕量指标后参与分析的水质指标的数量。矩阵中位置为 (i, j) 的元素值为第 i 个水质指标到第 j 监测点位的指数累积变化值 $\Sigma\Delta I_{i,j}$，在供应链的第一个监测点位各水质指标的指数累积变化值即为其监测值，其他监测点位的指数累积变化值计算方法见式（4.6）：

$$\Sigma\Delta I_{i,j} = \sum_{j=1}^{k} \left| I_{i,k} - I_{i,k-1} \right| + I_{i,1} \tag{4.6}$$

6. 主成分分析获得水质指标贡献率

按指标数据矩阵，以水质指标的积累变化值为变量进行主成分分析，得到参与分析的水质指标的特征值 λ_i、贡献率 A_i 和成分矩阵 C_i。按李朝峰等[62]和孙艺珂等[63]的方法得到第一主成分各指标特征根向量作为该指标对水质变化影响的贡献值 ω_i^* 。然后，对指标贡献值 ω_i^* 进行标准化处理，最终得到和为 1 的各指标对水质变化贡献率 ω_i 。被筛除的痕量指标对水质变化影响贡献率默认为 0。

7. 供水环节对水质指标影响的分担率

供水环节对水质指标影响的分担率是指饮用水在经过供应链过程中，具体水质指标受某一环节影响的比重。具体来说，按水质指标 i 在供水环节 k 的变化值占其总指数积累变化值 $\Sigma\Delta I_i$ 的比例，计算该水质指标在不同环节对水质影响的分担率。

在分模型 KCFs-A 中分担率 $P_{i,k}$ 按式（4.7）计算：

$$P_{i,k} = \frac{|I_{i,k+1} - I_{i,k}|}{\Sigma\Delta I_i} \tag{4.7}$$

式中：$\Sigma\Delta I_i$ —水质指标 i 在整个供应链中变化的积累总值，数值为最后一个监测点的水质指标 i 的指数积累变化值；$I_{i,k+1}$ 与 $I_{i,k}$ 分别是供水环节 k 后端与前端监测点位水质指标 i 的指标。

在分模型 KCFs-B 中，第一个环节的分担率 $P_{i,1}$ 按式（4.8）计算：

$$P_{i,1} = \frac{I_{i,1}}{\Sigma\Delta I_i} \tag{4.8}$$

式中：$I_{i,1}$—第一个监测点水质指标 i 的指数。

其他环节的分担率 $P_{i,k}$ 按式（4.9）计算：

$$P_{i,k} = \frac{|I_{i,k} - I_{i,k-1}|}{\Sigma\Delta I_i} \tag{4.9}$$

式中：$I_{i,k}$ 与 $I_{i,k-1}$—供水环节 k 后端与前端监测点位水质指标 i 的指标。

8. 贡献率矩阵

按式（4.10）计算水质指标 i 在供水环节 k 在对水质的影响贡献率 $\psi_{i,k}$ ：

$$\psi_{i,k} = \omega_i \times P_{i,k} \tag{4.10}$$

得到的贡献率计算结果组成矩阵 $\boldsymbol{R}$ 如表 4.2 所示，$\psi_{i,k}$ 为 $\boldsymbol{R}$ 矩阵在位置（i, j）的元素值。矩阵 $\boldsymbol{R}$ 第 k 行求和，得到环节 k 对水质变化的贡献率，即式（4.11）：

$$\xi_k = \sum_{i=1}^{n} \psi_{i,k} \tag{4.11}$$

式中：n—参与分析的水质指标总数。

矩阵 $\boldsymbol{R}$ 的第 i 列的和为水质指标 i 对水质变化的贡献率 ω_i 。

表 4.2　KCFs 模型的贡献率计算结果矩阵 *R*

	…	指标 i-1	指标 i	指标 i+1	…
…	…	…	…	…	…
环节 k-1	…	…	…	…	…
环节 k	…	…	$\psi_{i,k}$	…	…
环节 k+1	…	…	…	…	…
…	…	…	…	…	…

分模型 KCFs-A 与 KCFs-B 区别在于，KCFs-A 的贡献率矩阵较其数据矩阵少一行，而在 KCFs-B 中两者行数相等。

KCFs-L 分模型基于长期监测数据，不仅可以得到每一期贡献率矩阵，还可以基于每一期的贡献率得到长期贡献率矩阵，矩阵中的元素的贡献率值为各期贡献率值的平均值 $\overline{\psi}_{i,k}$ 。同理，可以基于第一期各水质指标和供应环节计算得到贡献率求长期平均值得水质指标和供应环节的长期贡献率。

9. 水质综合指数

以指标对影响贡献率 ω_i 为权重，采用式（4.12）计算监测点位 j 处的综合水质指数 I_j：

$$I_j = \sum_{i=1}^{n} \omega_i \times I_{i,j} \tag{4.12}$$

式中：$I_{i,j}$—第 i 种水质指标在 j 监测点的指数值。

该水质综合指数用于分析总体水质的变化趋势。

10. KCFs 的识别

利用一次监测结果进行分析的 KCFs-A 基础分模型与利用长期监测结果进行分析的 KCFs-L 分模型利用不同的方式对 KCFs 进行识别。

（1）KCFs-A 基础分模型的 KCFs 识别

将水质指标、供水环节和矩阵元素对水质影响的贡献率值按大小排序，分别筛选其中累计贡献率超过 85% 的前 m 个识别为关键控制指标、关键控制分段和关键控制元素作为 KCFs。如有因子未排到累计贡献率超过 85% 的前 m 个因子之中，但在以下情况下也应识别到 KCFs 中以防遗漏关键控制因子：

①贡献率大于 10% 时；

②其贡献值与排序最后的 KCFs 相等，或相差不大（对于水质指标和供应环节<10%）时；

③当参与分析的水质指标或供水环节数量较少时，指定 m 的最小值时。

（2）KCFs-L 分模型的 KCFs 识别

按 KCFs-A 基础分模型的 KCFs 识别的方法，基于水质指标、供水环节和矩阵元素的长期贡献率，识别出相应因子的长期 KCFs。长期 KCFs 可反映长期水质安全风险，但不能反映短期出现但影响超高的水质安全风险。供应链中引发这种风险的事件应在引起水质负影响短期异常提高，或对水质的正影响异常下降的因子中，可据此查找引发短期高风险的事件发生时间和原因。

因此在长期 KCFs 中统计每期的贡献率，负影响效应因子中查找贡献率异常升高（比平均值高两倍方差以上）的时段，或正影响效应因子中贡献率异常下降（比平均值低两倍方差以上）的时段，确认为该时段出现的短期 KCFs，以筛查短期风险。

11. KCFs 的影响效应

考查水质指标的指数在整个供应链中的变化：如指数上升，说明该指标在供应链中趋于净化，对水质安全呈正效应；反之说明趋于污染，对水质安全呈负效应。

考查综合水质指数在各供水环节的变化：如指数上升，说明水质在该分段中趋于净化，对水质安全呈正效应；反之说明趋于污染，对水质安全呈负效应。

考查元素指数的变化：如指数上升，说明相应水质指标在该分段中趋于净化，对水质安全呈正效应；反之说明趋于污染，对水质安全呈负效应。

4.2.4 KCFs 模型软件的开发

1. 软件开发的意义

KCFs 模型利用统一分析计算方法进行分析，运算工作量较大，开发以 KCFs 模型为基础的分析系统软件——饮用水供应链水质关键控制因子（KCFs）筛选平台，利用计算机计算代替人工计算，以实现分析过程的快速化和智能化。

2. 软件的基本功能

KCFs 识别法的辅助计算系统，是基于水质监测数据计算供应链中所有因素对水质的影响贡献率，并根据贡献率的大小得出 KCFs 的识别结果，精确地推算出水质安全风险可能存在的范围，再进一步筛查水质安全风险因子，从而快捷准确地完成风险因子识别工作。软件利用 Excel 文件进行数据的输入和输出，与日常数据无缝对接，方便使用。

3. 软件结构

（1）编程环境与代码

KCFs 模型软件基于 Python 语言开发实现，编程代码共有 2500 行左右。该软件已申请软件著作权。

（2）设计模式

每个案例中监测数据涉及的水质指标、监测点数量和适用标准均有所不同，计算每个案例时的基本参数差别很大，且后续可能对计算参数进行调整和修正。因此，采用工程模式进行案例的管理和存储。初始时为每个案例生成一个独立的工程，可将过程参数和结果保存至工程文件。如需再现案例或对其进行修正，可通过调用该工程文件的方式直接加载原有的计算过程参数和结果，大大节省了前期的数据导入、参数设置和运行计算的工作量。

（3）运行界面

软件主界面如图 4.2 所示。界面左侧是输入显示栏，包含一个输入栏，主要是用于输入、编辑和显示原始数据，以直观地控制原始数据的输入，如图 4.3 所示。界面右侧是输入结果显示栏，包括五个输出栏，依次显示贡献率计算结果矩阵、关键控制指标、关键控制环节、关键控制元素及综合水质指标等的计算结果，如图 4.4 所示。

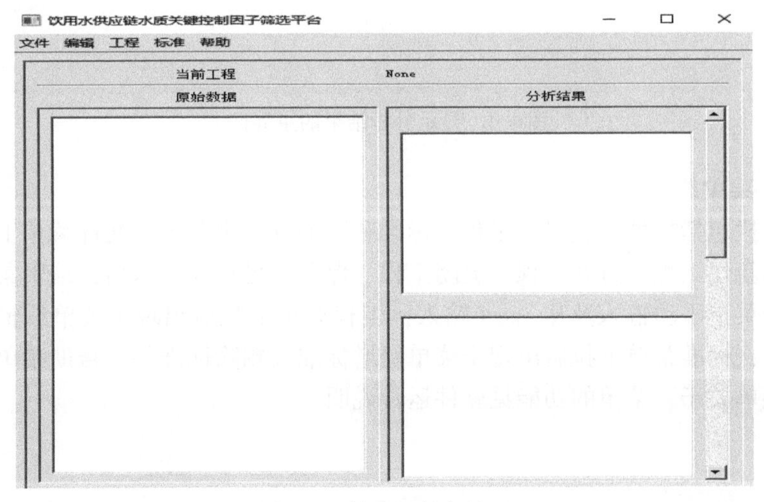

图 4.2　软件运行主界面

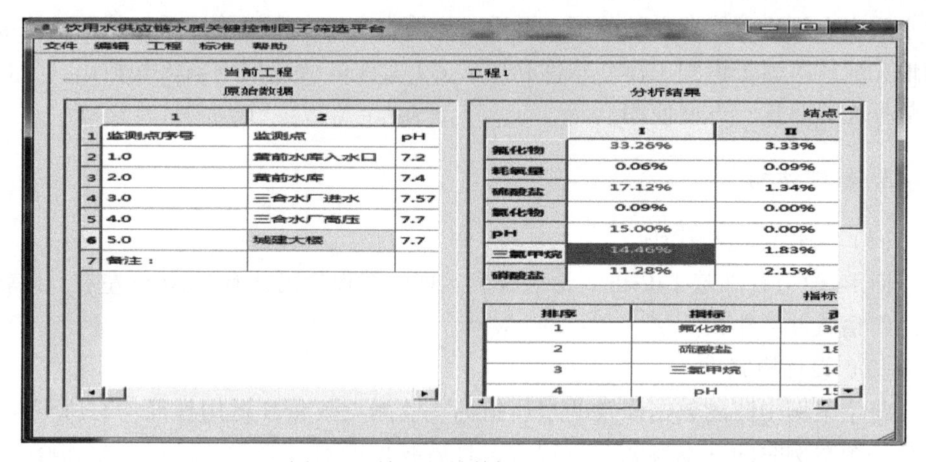

图 4.3 输入原始数据后的主界面

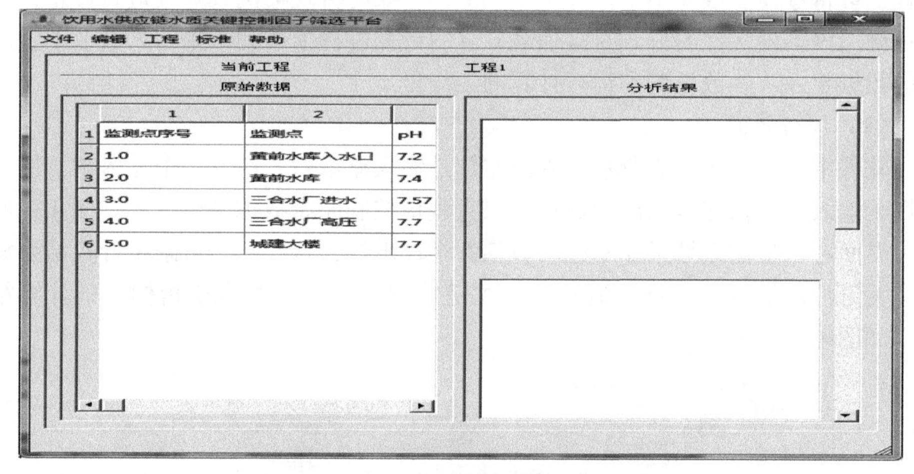

图 4.4 显示分析结果的主界面

(4) 菜单栏

菜单栏包括文件、编辑、工程、标准和帮助五个主菜单。文件菜单下拉后出现子菜单新建工程、打开工程、关闭工程、保存、另存为及退出；编辑菜单下拉后出现子菜单手动输入及从 excel 输入；工程菜单下拉后出现子菜单编辑工程及运行工程；标准菜单下拉后出现子菜单新增标准及删除标准件；帮助菜单下拉后出现子菜单关于。菜单的功能见软件运行说明。

4. 软件的安装与运行

软件的安装与运行见说明。

5. 软件相关文件

软件运行过程中会生成数个与用户操作有关的软件，主要包括如下。

（1）工程信息储存文件

每新建一个工程后，系统会生成一个以新建工程名为文件名，后缀名为 water 的文件，放置在以该工程名称为文件夹名的存储文件夹下，并将工程的信息存储在其中，如图 4.5 所示。在后续工作可以打开该文件重新加载该工作或编辑该工程信息。

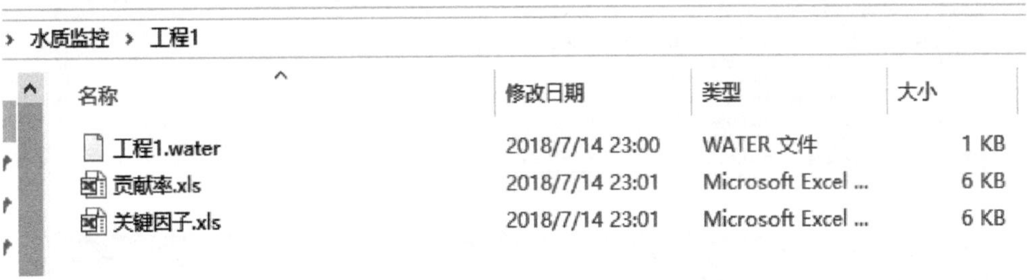

› 水质监控 › 工程1

名称	修改日期	类型	大小
工程1.water	2018/7/14 23:00	WATER 文件	1 KB
贡献率.xls	2018/7/14 23:01	Microsoft Excel ...	6 KB
关键因子.xls	2018/7/14 23:01	Microsoft Excel ...	6 KB

图 4.5　系统在工程存储文件夹下生成的文件

（2）输入数据模板文件

为防止系统读不懂导入数据，安装包中两个带有数据标准格式的 Excel 文件——原始数据格式模板 . xlsx 与标准格式模板 . xlsx。在编辑准备导入的原始数据和评价标准时，应严格按这两个文件的格式编辑，不然会造成数据读入错误。

（3）分析结果输出文件

每个工程在运行完毕后，系统会自动在存储文件夹下生成贡献率 . els 和关键因子 . els 两个结果输出文件。分析结果不仅会出现在主界面上，而且会被输出到这两个文件中，以方便用户调用。贡献率 . els 中储存的是各水质指标、供应环节和两者矩阵元素的贡献率，如图 4.6 所示，关键因子 . els 中存储的 KCFs 的筛选结果，如图 4.7 所示。

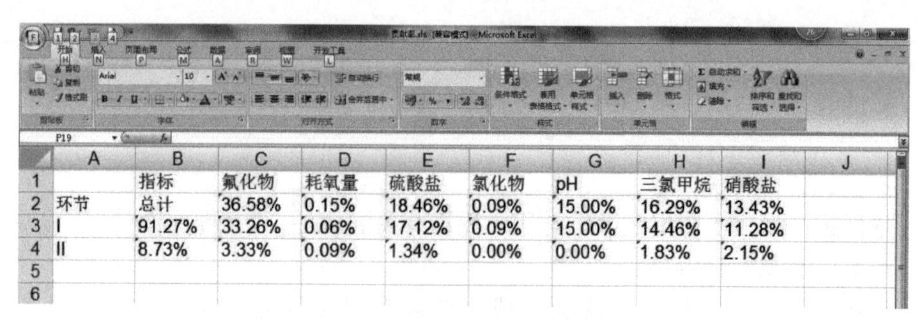

	A	B	C	D	E	F	G	H	I	J
1		指标	氟化物	耗氧量	硫酸盐	氯化物	pH	三氯甲烷	硝酸盐	
2	环节	总计	36.58%	0.15%	18.46%	0.09%	15.00%	16.29%	13.43%	
3	I	91.27%	33.26%	0.06%	17.12%	0.09%	15.00%	14.46%	11.28%	
4	II	8.73%	3.33%	0.09%	1.34%	0.00%	0.00%	1.83%	2.15%	
5										
6										

图 4.6　贡献率 . els 文件中存储的分析结果

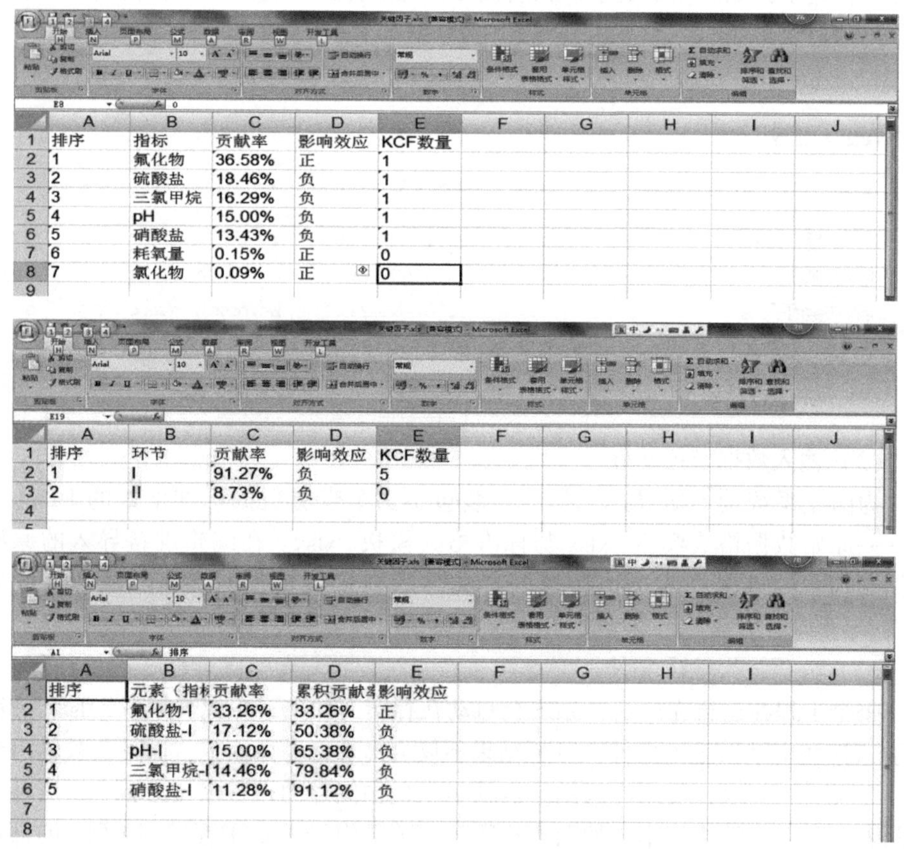

	A	B	C	D	E
1	排序	指标	贡献率	影响效应	KCF数量
2	1	氟化物	36.58%	正	1
3	2	硫酸盐	18.46%	负	1
4	3	三氯甲烷	16.29%	负	1
5	4	pH	15.00%	负	1
6	5	硝酸盐	13.43%	负	1
7	6	耗氧量	0.15%	正	0
8	7	氯化物	0.09%	正	0

	A	B	C	D	E
1	排序	环节	贡献率	影响效应	KCF数量
2	1	I	91.27%	负	5
3	2	II	8.73%	负	0

	A	B	C	D	E
1	排序	元素（指标	贡献率	累积贡献率	影响效应
2	1	氟化物-I	33.26%	33.26%	正
3	2	硫酸盐-I	17.12%	50.38%	负
4	3	pH-I	15.00%	65.38%	负
5	4	三氯甲烷-I	14.46%	79.84%	负
6	5	硝酸盐-I	11.28%	91.12%	负

图 4.7　关键因子 . els 中存储的分析结果

4.2.5　KCFs 模型结果的应用

通过 KCFs 模型对饮用水供应链监测数据的分析，可以识别出供水链中对饮用水质具体决定性影响的关键控制指标、关键控制环节与关键控制元素，它们对水质影响的贡献率、影响性质（正影响为消减，负影响为污染）以及根据水质指标贡献率为权重的综合水质指标。对 KCFs 模型的结果可进行以下应用，进一步分析得到饮用水供应链中的水质安全风险。

（1）从 KCFs 中筛查饮用水供应系统的水质安全风险

在饮用水供应系统中涉及水质安全的繁杂因素中，仅有少数因子对水质起到决定性作用[64,65]。因此，利用 KCFs 识别的结果，舍弃绝大多数的无用信息在 KCFs 中筛查水质安全风险不仅大大提高效率，而且提高了准确性。这意味着 KCFs 模型是一种具有数据挖掘特征的技术[66,67]，放置于数据仓库的监测数据越多、越全面，模型分析的优势越明显，从而为大数据下的饮用水安全管理提供依据。

（2）反映饮用水供应链风险的分布

参与分析因子对水质贡献率，也可以反映饮用水供应链风险的分布情况。对水质高贡献率的因子集中的水质指标和供应环节，显然是高水质安全风险集中的因素，从而为饮用水安全管理的力量分配提供依据。同时，对不同饮用水供应链因子的贡献率进行单因素分析，就可以分析它们之间风险分布的差异，从而为不同饮用水供水系统差异化的水质安全管理的提供依据。

（3）区别长期和短期水质安全风险

在饮用水供应系统中，有些水质安全风险是源自系统本身，会长期存在较高的发生概率；有些水质安全风险源自系统外或系统的偶发因素，只会在短期出现超出平时的高发生概率，对两者管理和防范有极大的不同。因此，应在筛查水质安全风险时进行区分。依据供应系统长期水质监测数据，不仅可以得每个监测期的贡献率矩阵，还可以到长期贡献率平均值矩阵。通过后者，可以识别出饮用水供应系统的长期 KCFs，以此为根据筛查长期水质安全风险。而通过分析前者中的贡献率异常值（与平均值的偏差超过两倍标准差），可以得到短期 KCFs 及其发生的时间，以此为根据筛查短期高水质安全风险。

4.2.6　KCFs 模型所做的改进与优点

1. KCFs 模型所做的改进及原因

（1）建立统一的数据标准化模式并进化改进

除了通过 WHO 推荐的 HACCP 原理[55,56]外，极少有文献展开饮用水全供应链安全管理的研究。而 HACCP 原理也仅以控制微生物污染为目标[55,68]，未将化学性和感官性污染纳入评价体系。其原因在于缺少用于饮用水全供应链的统一标准和统一指标化模型[47,48]，使不同环节和指标的水质监测结果对比和影响量化变得非常困难[48]。鉴于此，KCFs 模型做了如下改进：

①建立全供应链统一的数据标准化方法：参照袁东等[54]所用综合水质指数法中分指数的计算方法，并采用统一的标准，如《生活饮用水水质标准》（GB 5749）进行统一标准化，将供应链中的所有数据纳入统一的指数体系，使不同指标不同环节的数据可以相互对比和计算。

②对微生物指标的指数计算方法进行改进，用对数法替代使其更符合饮用水供应链中微生物生长和消毒的特征。

（2）对主成分分析法的改进

主成分分析法可通过消除重叠信息，实现数据的降维，在损失较少数据信息的基础上把众多指标转化为少数有代表的综合指标[57]。但将主成分分析法用于饮用水全供应链中确定识别风险因子的研究却少见报道。因此 KCFs 模型在利用主成分分析法进行数据分析时做了以下改进：

①主成分分析不考虑变量赋值的次序，饮用水水质监测数据在供应链中的序列会被忽略。同时主成分分析在几个主成分累积贡献率低或影响因素的效应有正有负的时候，其意义就会不太准确，水质指标对水质的影响力也会因其上下波动被部分抵消，使分析结果不能完全反映实际应用。KCFs 模型分析中以水质指标指数值的累积变化量代替了指数值作为数据分析矩阵的元素值，这样变量赋值就变成了单增数列，弥补了主成分分析法不考虑变量赋值的次序和供应过程水质指数上下波动抵消部分影响的缺陷，使分析结果更准确地反映供应链中各因素对水质影响的大小。

②主成分分析法一般根据特征值和累计贡献率来确定主成分个数。但唐启义[69]认为，主成分分析结果中仅有第一主成分与评价方向一致，具有综合评价功能，是“大小因子”，其他主成分参与加权后反而不利于排序。本书所涉及的所有案例的主成分分析结果中，第一主成分的贡献率均不低于 85%，几乎反映了全部信息，其他主成分的贡献率均很小。因此，本方法仅选用第一主成分进行定量评价和排序，从而大大减少了工作量且不影响分析准确性。

（3）开发分模型以适应不同案例

由于饮用水供应链环节长短多寡不同、原水水质不同、分析目标有差异，因此不同案例中监测数据库、分析要求和计算过程也有所差异。KCFs 模型是一种开放式模型，可开发不同分模型以适应不同案例实际情形。本书已预设了四种分模型，分别适用于考虑或不考虑最初原水质、基于一次或长期监测数据分析以单源线性供应链或多源网状供应网等多种情形。

（4）计算机辅助分析

鉴于利用KCFs模型分析时有较大的运算工作量，因此开发了KCFs模型软件代替人工运算，提高了分析效率。

2. KCFs模型用于饮用水供应链水质安全风险筛查的优点

KCFs模型主要是为筛查饮用水供应链水质安全风险而设立的，相对于其他风险筛查方法，具有以下优点。

（1）基于监测数据进行分析

随着对饮用水水质的重视和水质监测水平的提高，对饮用水供应进行全过程监测已比较普遍，多设监测点位并监测更多的水质指标也是大势所趋，其结果就是形成了海量的数据库。但在饮用水管理中，这些监测数据往往用来进行水质评价，分析其超标情况，而没有用于全过程风险筛查。而在其他行业，利用大量监测数据进行分析，从而基于大数据为风险评估提供科学依据已多有应用，并取得不错的效果[70-73]。因此，基于现有的监测数据，利用KCFs模型分析饮用水供应链水质安全风险，不但为监测数据提供了一条有价值的利用途径，也使风险筛查的结果对饮用水管理的指导更有针对性。

（2）全过程全指标分析

随着饮用水原水来源呈现多样化，以及饮用水供应环节增多，供应链延长，更新更复杂的工艺被应用，使饮用水在供应过程中潜在污染因素不断增加。因此，需要一种能充分利用现有数据，对饮用水供应链全过程所有监测指标分析的风险筛查方法。而以往的研究中，更多是在供水的某环节以水质进行评价查找风险，或专注于饮用水中少数指标来考查供应链中的关键控制点，如WHO推荐的HACCP[2,55,74,68]，通过更全面的指标体系考虑饮用水供应链中水源改变对水质影响的研究几乎是空白。而KCFs模型基于监测数据，可以考查所有监测数据涉及的供应链环节和指标，实现了基于监测数据的全过程全指标分析，充分利用了数据，使水质安全风险被遗漏的风险大大降低。

（3）提高了分析效率与准确性

全过程多指标分析所面对是海量的监测数据。依据海量监测数据筛查水质安全风险，工作量巨大，评价结果变得不确定增强，风险因子的识别工作复杂，降低了工作效率和结果的准确性。KCFs法将识别范围缩小到风险因子可能的存在范围，舍弃了绝大多数的无用信息，使利用海量的监测数据快捷准确识别出饮用水安全风险因子成为可能。由于具有大数据信息挖掘特征，数据量越大越能体现该方法高效准确的特点。

（4）套用不同分模型，适用范围广泛

KCFs 模型不仅预设了多种分模型，可以根据实际开发新的分模型，使 KCFs 模型可以适应实际应用中多样化情形和要求，拓展了其应用范围。

（5）计算机辅助分析，快捷方便

KCFs 法有统一计算方法，可以利用计算机辅助分析，摆脱计算分析过程中重复性的计算工作，提高了工作效率。

4.2.7 KCFs 模型开发方向与待提高的环节

KCFs 模型目前是一种在研究中的风险筛查模型，如何进一步利用水质监测得到大数据库实现供水系统智能化的风险识别、预防和预警是其开发方向。因此，该模型仍有可提高的环节：

①实现接驳到供水系统信息平台；

②实现多种水体标准化方法的统一；

③开发更多适用于不同情形和要求案例的分模型；

④实现利用现有 KCFs 识别的结果，为即时水质监测数据设置预警条件，实现水质安全风险的实时预警。

4.3 山东引黄饮用水供应链水质安全风险筛查

近年来，黄河水成为山东省居民高度依赖的饮用水源，已占山东省年供水量的四分之一左右[75]，以其为水源的饮用水水质必然对山东居民的身体健康有重大影响。相对于其他饮用水，引黄饮用水涉及的供应环节更多，历时更长，潜在污染因素更多[76]。显然，从单一供水环节或因素考查饮用水安全问题难以得出合理的结论，应从黄河水源地取水到饮用（视入户水为直饮水）的全过程中评价饮用水水质、确定水质安全影响因素并追查影响根源。济南、青岛、滨州和聊城是对黄河水依赖度比较高的城市，本案例通过这四个城市的引黄饮用水全过程监测的数据，基于 KCFs 模型的分析，确定引黄饮用水面临的主要水质安全风险因子，建立水质安全影响清单，提出其安全风险预警和管理的重点目标。

4.3.1 研究对象

本次研究的对象为济南、青岛、滨州和聊城四地引黄饮用水供水系统，共设 19 个监测点（表 4.3），对水温、pH、氨氮、COD_{Mn}、总硬度、硫酸盐、氯化物、铁、锰、铜、锌、挥发酚、氟化物、氰化物、砷、汞、镉、铅、六价铬、硝酸盐、亚硝酸盐、总大肠菌群、耐热大肠菌群、色度、嗅和味及游离氯等项目进行监测。

表 4.3　监测点位及信息

序号	供应城市	监测点名称	监测日期/(月、日)	监测点性质
1	滨州	幸福水库引黄取水口	5.12	引黄渠闸口
2		幸福水库取水口	7.4	水库取水口
3		阳信城乡净水厂出水口	7.4	水厂出水口
4		恒泰家园居民	7.4	居民龙头水
5		赵集前街村居民水处	7.4	居民龙头水
6	青岛	打渔张引黄取水口	5.4	引黄渠闸口
7		棘洪滩水库取水口	7.4	水库取水口
8		仙家寨水厂出水口	7.4	水厂出水口
9		海洋大学崂山校区学生宿舍	7.4	居民龙头水
10	聊城	金水湖引黄取水口	6.12	引黄渠闸口
11		金水湖取水口	7.4	水库取水口
12		金水湖供水站出口	7.4	水厂出水口
13		朱老庄镇政府院内	7.4	居民龙头水
14	济南	玉清湖水库引黄取水口	7.24	引黄渠闸口
15		玉清水库取水口	7.24	水库取水口
16		玉清水厂出水口	7.24	水厂出水口
17		名士豪庭高区居民	7.24	居民龙头水
18		名士豪庭低区居民	7.24	居民龙头水
19		青龙小区居民	7.24	居民龙头水

以上 19 个监测点分布在 7 条饮用水供应链中（表 4.4）。每条供应链均为单源单线，即链上每一个监测点上只有单一上游来水，且全链水为单向流动。每个供应链被四个监测点分为水源地、处理系统和配水系统三个环节。

表 4.4　饮用水供应链

序号	供应城市	供应链名称	涉及监测点
I	滨州	阳信幸福–恒泰家园	1-2-3-4
II	滨州	阳信幸福-赵集前街村	1-2-3-5
III	青岛	棘洪滩水库-海大崂山	6-7-8-9
IV	聊城	谭庄水库-朱老庄镇	10-11-12-13

续表

序号	供应城市	供应链名称	涉及监测点
Ⅴ	济南	济南玉清-名士高区	14-15-16-17
Ⅵ	济南	济南玉清-名士低区	14-15-16-18
Ⅶ	济南	济南玉清–青龙小区	14-15-16-19

4.3.2　研究方法

该案例中所有源头水均为黄河水，为一次监测结果，所用供水链均为单源单线流动，因此利用 KCFs-A 分模型进行分析。

4.3.3　KCFs 模型在引黄饮用水水质安全风险筛查中的意义

引黄饮用水相对于其他饮用水进行水质安全风险筛选的工作量更大，减少复查范围的意义就更大。通过对涉及七条引黄饮用水供应链监测数据的分析，识别出整个供应链中对水质具有关键影响的关键控制元素为 7 ~ 11 个，占被分析元素的 9.72% ~15.28%，它们对水质的累积影响贡献率超过 85%。以较小工作量分析 KCFs 就可以客观准确地了解饮用水水质在供应过程中的变化，大大缩小了风险因子的调查范围。

4.3.4　引黄饮用水中的关键控制因子

1. 关键水质指标

在七条饮用水供应链中，各项水质指数涉及 KCFs 较多的分别是总大肠菌群 (15 项)、COD_{Mn} (15 项)、pH (11 项)、氟化物 (5 项)、硝酸盐 (3 项)、硫酸盐 (3 项)。如图 4.8 所示为上述指标在七条供应链中的指数变化情况。在供应链中指数变化最大的指标是总大肠菌群，黄河原水中总大肠菌群远远不能满足饮用水水质要求，经过水源地和水处理环节的净化，在水厂出厂中已无检出，满足要求。

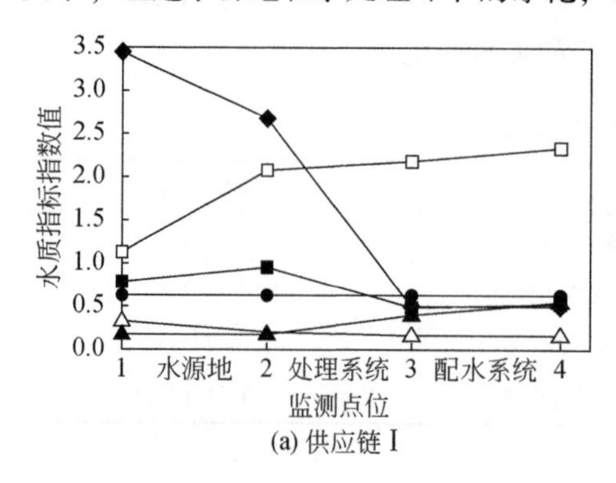

(a) 供应链 Ⅰ

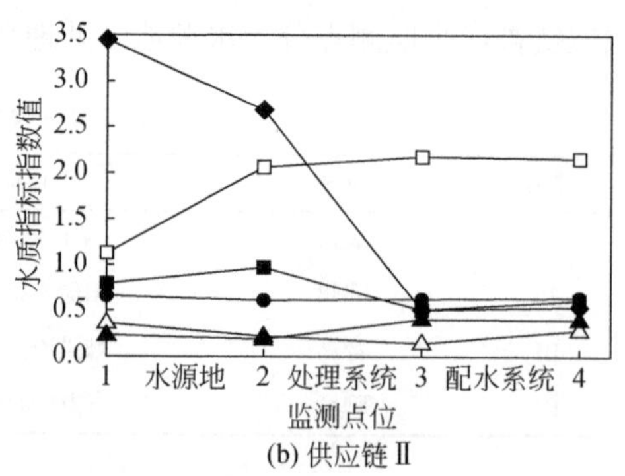

(b) 供应链 Ⅱ

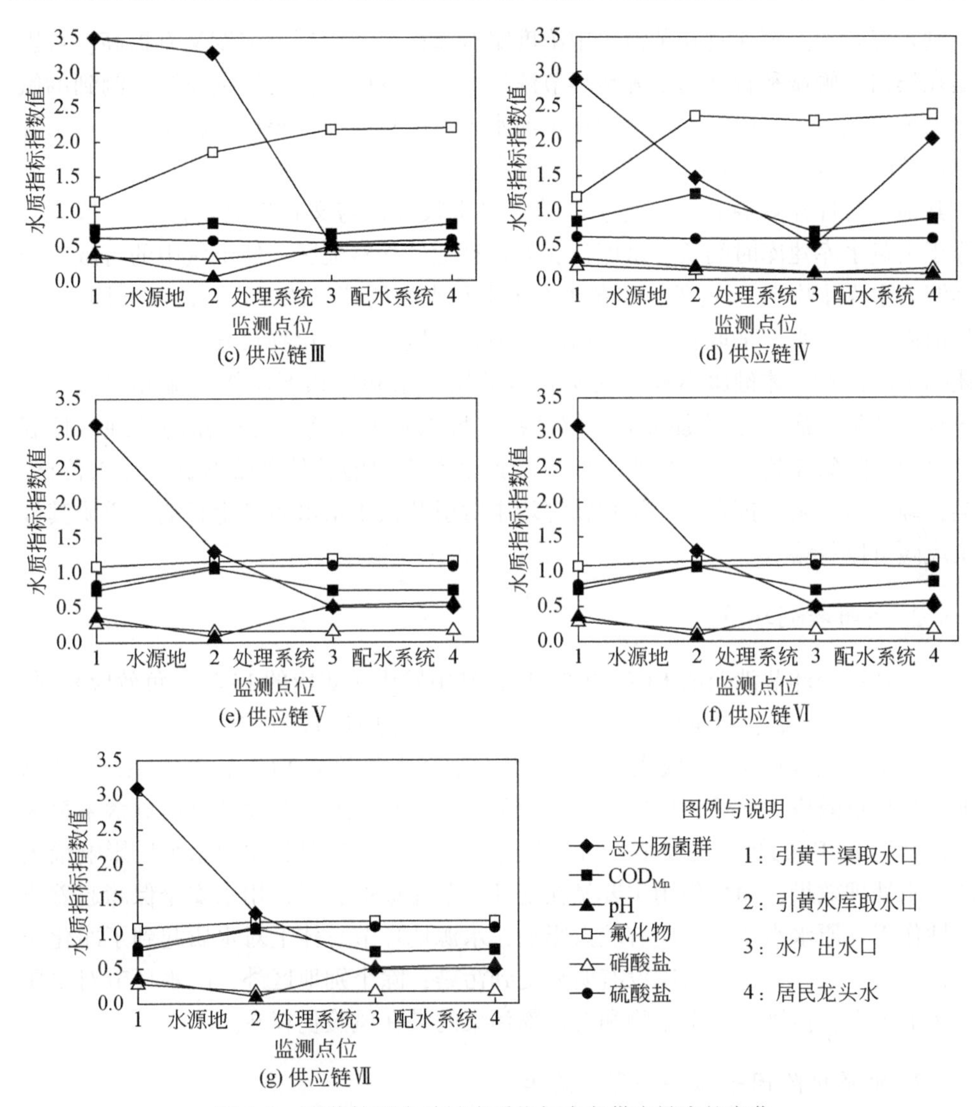

图4.8　引黄饮用水关键水质指标在各供应链中的变化

在供应链Ⅳ输送至朱老庄镇时，总大肠菌群又被检出。该处未检出游离氯，其原因应为长距离供水使余氯耗尽。这说明，微生物指标是引黄饮用水的首要安全控制指标。以COD_{Mn}为代表的有机物在水源地环节均有所上升甚至超标，这可能是黄河来水处于富营养化状态[77-79]，引黄水库经沉淀后水质清澈且水深较浅，光线充足容易引起藻类大量繁殖。经处理环节后至居民家中虽有反弹但不超标，说明各引黄水厂有机物的处理有效，管网供水造成的有机污染的风险有限。pH在整个供应链中波动比较大，但一直处于合格范围内，说明整个系统对酸碱度的控制是有效的。氟化物在黄河水中浓度略有超标，其后环节浓度又有提高；特别是在滨州、聊城和青岛的水源地环节浓度上升十分明显，使后续监测点测到的氟化物浓度超标一倍以上。硫酸盐在黄河水中浓度较高但不超标，在济南经过水源地环节时，浓度明显提高，以致处理后出水超标。除氟化物和硫酸盐外，黄河水中其他溶解性盐如氯化物、氮、磷等含量也较高，与文献报道相符[80]。这可能缘于引黄水库建库时间长、水库衬底老化且地处盐碱地区，使土壤中的苦咸离子等溶入水库水中[81]。此外，引黄水在干渠和水库的蒸发浓缩也可能是原因之一。目前尚无引黄水厂采取对应处理措施，因此硫酸盐及氟化物只升不降。考虑到上述指标超标对人体健康不利[82]并易造成管网黄水和口感不佳[80]，氟超量摄入会导致慢性氟骨症[83]，应加强对溶解性盐，特别是氟化物和硫酸盐的处理以控制其风险。除氟化物外，饮用水健康风险评价所重视的其他评价指标，如六价铬、镉、砷、铅、汞、挥发酚、氰化物等均未对引黄饮用水水质产生影响，说明其健康风险可以忽略。

2. 关键控制环节

处理系统环节涉及的 KCFs 共 23 项，其中发生正效应的 15 项，负效应 8 项，正效应 KCFs 的影响明显高于负效应 KCFs；水源地环节涉及 29 项，其中正效应 16 项，负效应 13 项，正效应 KCFs 的影响略高于负效应 KCFs；配水系统涉及 5 项，均呈负效应，但除供应链 IV 中大肠杆菌群指标在配水阶段影响贡献率最大外，其他 KCFs 的影响均较小。综合上述分析说明，对引黄饮用水水质影响最大的是水处理效果，净化作用主要是在处理环节完成的，对饮用水安全保障起着决定性作用；原水水质对水质有较大影响，水源地环节总体上对水质起到了净化作用，引黄干渠和引黄水水库没有明显受到污染；除个别地区外，配水环节对水质的影响不大，但管网中微生物和有机物污染的潜在风险仍存在。

3. 水质风险因子与安全影响清单

根据以上分析，可将引黄饮用水供应过程中的 KCFs 分类，从中调查安全风险因子及其采取的措施，形成水质安全影响清单如下。

（1）缺少控制措施的风险点：氟化物和硫酸盐，应加强引黄干渠和水库衬底维护与更新，防止盐碱地区土壤中苦咸离子溶入；在处理环节增加除氟和脱盐措施；在水源地和处理环节增加控藻和预氧化措施，进一步减少有机物的影响。

（2）有控制措施但显薄弱的风险点：虽然配水系统中有余氯保持持续消毒，但随着供水范围的扩大使配水系统不断延长，以及需要二次供水的高层建筑增多，配水系统面临的污染风险在加大。因此，当配水管路过长或有二次供水时，应考虑加强水质监测和二次处理，如补充消毒剂等措施。

(3) 依赖于现有控制措施有效性的潜在风险点：总大肠菌群涉及的 KCFs 在前两个环节有较高的正效应，这反而说明微生物指标合格强烈依赖于消毒杀菌措施，消毒作用失效是引黄饮用水最大的潜在风险。因此，应设置消毒设施失效的预警条件和替代措施。

基于山东省四地引黄饮用水供应链的沿程监测数据，利用 KCFs 模型的方法，识别出对引黄饮用水具有决定影响的 KCFs，得以从较小范围中快捷准确识别风险因子。识别出风险因子表明，虽然引黄饮用水中的微生物和有机物污染在水源地和处理系统两个环节有明显的消减，但处理措施可能失效和配水系统的污染是潜在的威胁；氟化物和硫酸盐具有明显的饮水安全风险，但对应措施缺失；处理效果对饮用水水质影响最大，其次是原水水质，除个别地区外，配水环节对水质的影响不大。根据分析结果，提出引黄饮用水安全风险清单以及应采取措施。本次案例应用验证了 KCFs 模型筛查水质安全风险的可行性。

4.4　泰安城区饮用水供应系统水质安全风险筛查

将泰安城区供水系统作为一个典型的多水源多水厂的中型供水系统，通过对其供水系统的长期监测数据，水源地取水到饮用（视入户水为直饮水）的全过程中分析该供水系统中不同水源、不同水厂运行条件下的主要水质安全风险，从而提出泰安城区的长期和突发的水质安全风险因素并追查影响根源，并为更多城市供水系统的水质安全风险筛查提供经验。

4.4.1　研究对象

1. 饮用水供应系统

泰安市市区人口 80 多万，供水服务面积 100km^2，由泰安市自来水公司的供水系统承担，供水普及率 99%，日供水能力 23 万 t。该系统以旧县地下水源地、大汶口地下水源地（东武地下水源地）、黄前水库地表水源地和东苑庄地下水源地四个水源地形成四个供水系统，如图 4.9 所示。

(1) 旧县-南关供水系统。旧县水源地位于泰城东南方邱家店镇旧县村境内，位于泰莱短线弧型盆地的南沿，汶河北岸，距南关水厂 9km。该区分布有寒武系、奥陶系石灰岩，地下水隐伏于地下 8 ~ 12m，裂隙溶岩发育，水量丰富，水质良好，储量为 68606.5m^3/d，有 11 眼水源井。旧县水源地于 1982 年建成，通过南关水厂净化消毒达到饮用水标准后向泰安城区供水。水源地设计供水规模

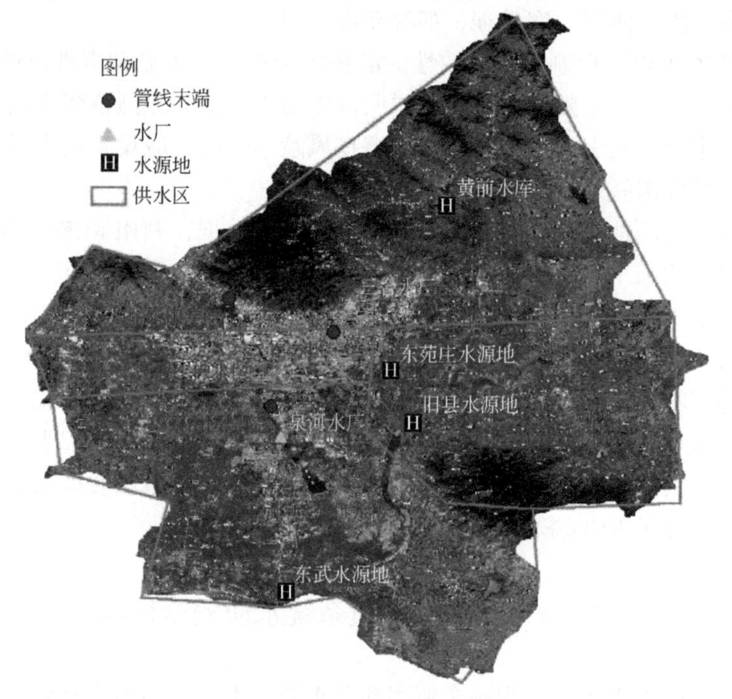

图 4.9　泰安城区供水系统供水区域与监测点位图

为 5 万 m^3/d。供水范围主要是龙潭路以东、东岳大街以南的区域。

(2) 东武-泉河供水系统。东武水源地位于泰安城区西南方大汶口镇东武村，距泰安市城区 23km。保护区范围见图 4.10，取水现场见图 4.11。东武水源地水质为一类水质。该区隐伏于第四系之下的寒武系和奥陶系，库容裂隙发育，

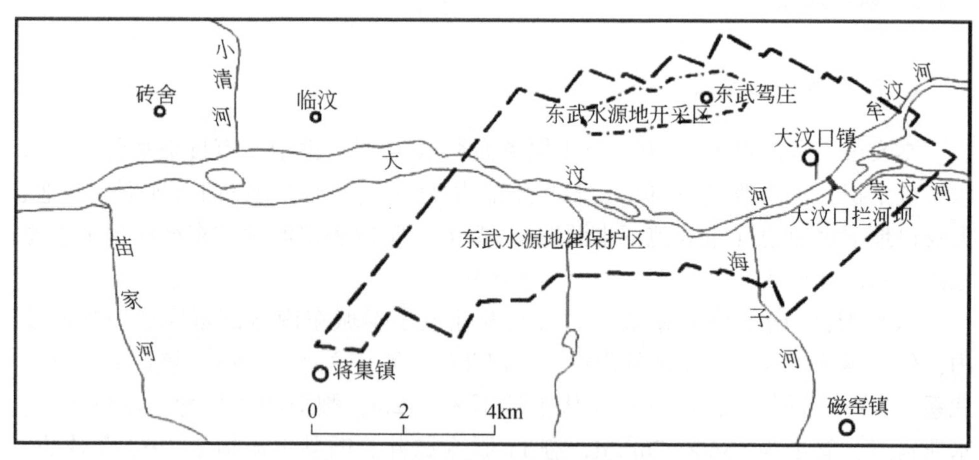

图 4.10　东武水源地保护区范围图

图 4.11 东武水源地取水现场

地下水资源丰富，天然水资源量为 100617m^3/d，允许开采量为 56000m^3/d[84,85]。有 10 眼水源井，井群总出水量 5 万 m^3/d。东武水源地出水通过泉河水厂，简单消毒经增压泵加压向泰安南部城区供水，如图 4.12 所示。

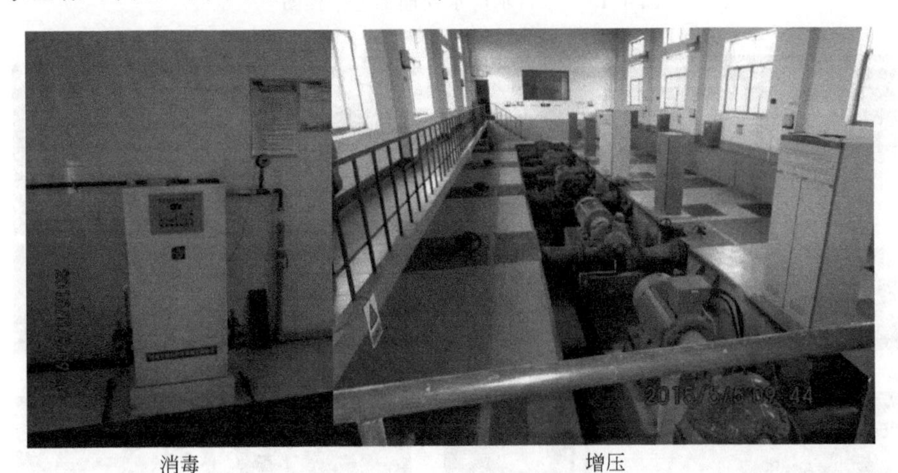

消毒　　　　增压

图 4.12 泉河水厂现场

（3）黄前–三合供水系统。黄前水库位于泰安市东北 20km 的石汶河上，流域面积 292km^2，库容 8240 万 m^3，兴利库容 6350 万 m^3，死库容 440 万 m^3，死水位标高为 190.60m。水库上游基本无污染源，水质良好，属于 II 类水质。水库可供水量为 10 万 m^3/d。黄前水库通过三合水厂净化后向泰安城区供水。三合水厂的基本水处理工艺流程为典型的净水厂处理流程，包括混凝、沉淀、超滤和消毒，详细流程见图 4.13，现场图见图 4.14。水厂出水分高压供水与低压供水。高压供水是经过水泵增压，向东岳大街以北的较高区域供水。低压供水主要是通过自流向东岳大街以南的区域，部分区域与旧县–南关供水系统和东武–泉河供水系统有接通。

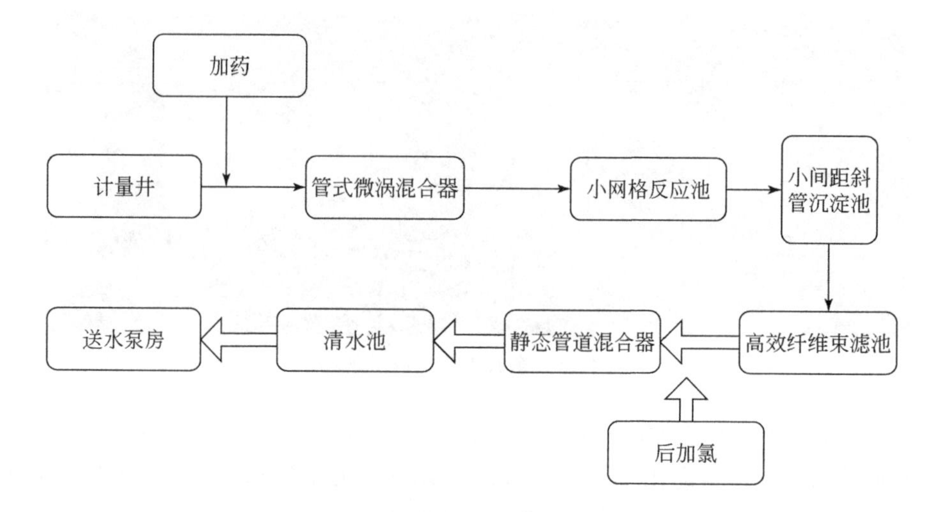

图 4.13　三合水厂水处理工艺流程图[86]

图 4.14　三合水厂水处理现场

（4）东苑直供系统。东苑庄水源地位于位于泰山区省庄镇东苑庄村以北，省庄文化路以西约 1000m 处。根据《东苑庄水源地水文地质勘探报告》，该区域基岩为石灰岩、泥质灰岩及石灰质砾岩，为强含水岩组，地下水主要赋予基岩的溶洞及岩溶裂隙中，天然状态下地下水补给来源为大气降水补给、地表水补给及人工补给[87,88]。由于汇水面积较大，区域内地下水沿构造带富集，地下水丰富。水源地现已凿井6眼，设计单井涌水量2000m^3/d，设计开采规模1.2万m^3/d，采用单井向城区直供。

2. 饮用水供应链与监测点位

黄前水库在2013—2014年作为三合水厂的水源地，担负着泰安城区用水的三分之二，东武地下水源地承担着其余大部分泰安城区用水。这里以黄前水库和东武地下水源供水形成的饮用水供应链为研究对象。分析向军分区、泰山学院和泰山医学院南校区供水的三个饮用水供应链，这三个供应链分别代表黄前-三合高压、黄前-三合低压和东武-泉河三个供水系统，以此分析泰安城区水质安全风险。泰安城区中军分区、泰山学院和泰山医学院南校区三个供水终端的供水来源相对独立和清晰，且监测数据较齐全。收集上述三个供应链中11个监测点（表4.5）2013年和2014年的每月例行数据，以pH、高锰酸盐指数（耗氧量）、氨氮、铜、锌、氟化物、硒、砷、汞、镉、六价铬、铅、氰化物、硫酸盐、氯化物、硝酸盐、铁、锰、三氯甲烷、四氯化碳、三氯乙烯、四氯乙烯、滴滴涕和林丹等水质指标的监测数据为依据进行分析。饮用水监测点位和供应链的信息分别见表4.5及表4.6，监测点位的具体位置和管网供水范围见图4.9。

表4.5　监测点位及信息

序号	监测点名称	监测点性质
1	黄前水库入水口	最初原水水质
2	黄前水库取水口	水源地取水处水质
3	东武水源地取水口	水源地取水处水质
4	三合水厂进水	净水厂进水水质
5	泉河水厂进厂	净水厂进水水质
6	三合水厂高压出水	净水厂出水水质
7	三合水厂低压出水	净水厂出水水质
8	泉河水厂出厂	净水厂出水水质
9	泰山学院	管网终端水质
10	军分区	管网终端水质
11	泰山医学院南校区	管网终端水质

表 4.6　饮用水供应链

序号	供应链名称	涉及监测点
一	黄前–三合高压–泰山学院	1-2-4-6-9
二	黄前–三合低压–军分区	1-2-4-7-10
三	东武–泉河–泰山医学院南校区	3-4-7-10

3. 供应环节的划分

利用监测点位将整个供应链划分为数个供应环节，其中供应链一和供应链二包括 5 个环节（Ⅰ、Ⅱ、Ⅲ、Ⅳ和Ⅴ）而供应链三包括 4 个环节（Ⅰ+Ⅱ、Ⅲ、Ⅳ和Ⅴ），具体信息见表 4.7。

表 4.7　饮用水供应链划分的供水环节

环节序号	供应链序号			环节性质
	一	二	三	
Ⅰ	黄前水库前集水区		东武取水井前	最初原水水质的影响
Ⅱ	黄前水库			水源地保护区的影响
Ⅲ	黄前水库至三合水厂		取水井至泉河水厂	输水管道的影响
Ⅳ	三合水厂至高压出水	三合水厂至高压出水	泉河水厂	水厂及加压泵的影响
Ⅴ	三合水厂高压至泰山学院	三合水厂低压至军分区	泉河水厂至泰山医学院南校区	配水管网的影响

4.4.2　研究方法

该案例中原水来源不同，为长期例行监测结果，所用供水链可视为单源单线流动，因此利用 KCFs-B 分模型进行分析。利用 KCFs 模型软件计算水质指标、供应环节及其组成矩阵元素的影响贡献率并识别出 KCFs。对计算出的贡献率计算结果进行单因素方析，利用 Duncan 法进行事后多重分析，当 $p<5\%$ 时认为具有显著性差异。

4.4.3　水质指标的检出情况分析

表 4.8 列出了 2013—2014 年泰安城区供水系统中水质指标的检出情况的统计结果。结果表明，三条供应链中 pH、高锰酸盐指数、氨氮、氟化物、硫酸盐、

氯化物、硝酸盐7项指标始终中检出，铜、锌、硒、砷、汞、氰化物、铁、四氯化碳、三氯乙烯、四氯乙烯、滴滴涕、林丹12项指标始终未检出。而其余5项指标在三条供应链中检出情况有差别：三氯甲烷在供应链二中始终检出，在供应链一部分检出，而在供应链三中始终未检出；锰在三个供应链中均部分检出；镉和铅在供应链一和供应链二部分检出，在供应链三中始终未检出；六价铬在供应链一和供应链二始终未检出，在供应链三中部分检出。上述结果表明，泰安城区供水系统中均被长期检出的指标都基本属于一般性化学指标，而毒理指标中氟化物会长期检出，如镉、六价铬、铅和三氯甲烷在部分供应链中的部分监测期被检出，说明泰安城区饮用水的总体健康风险较低。

表4.8 泰安城区供水系统水质指标的检出统计

检出情况	供应链一	供应链二	供应链三
始终检出的指标	pH、高锰酸盐指数、氨氮、氟化物、硫酸盐、氯化物、硝酸盐共7项	pH、高锰酸盐指数、氨氮、氟化物、硫酸盐、氯化物、硝酸盐、三氯甲烷共8项	pH、高锰酸盐指数、氨氮、氟化物、硫酸盐、氯化物、硝酸盐共7项
始终未检出的指标	铜、锌、硒、砷、汞、六价铬、氰化物、铁、四氯化碳、三氯乙烯、四氯乙烯、滴滴涕、林丹共13项	铜、锌、硒、砷、汞、六价铬、氰化物、铁、四氯化碳、三氯乙烯、四氯乙烯、滴滴涕、林丹共13项	铜、锌、硒、砷、汞、镉、铅、氰化物、铁、三氯甲烷、四氯化碳、三氯乙烯、四氯乙烯、滴滴涕、林丹共15项
部分检出的指标	镉、铅、锰、三氯甲烷共4项	镉、铅、锰共3项	六价铬、锰共2项

从表4.9可以看出，在地表水水源的供应链一和供应链二、地下水水源的供应链三中毒理指标检出情况差别较大。三氯甲烷除个别时间段外可在地表水源饮用水中长期检出，而且是在原水中未检出但在出厂水和管网水中检出。这种现象表明三氯甲烷不是来自原水而是氯气消毒的结果，泰安的地表水源水中有一定程度的DBPFP[89,90]。显然，黄前水库及来水中含有一定量的天然有机物（NOM）和藻类有机物AOM，应考虑用预氧化等方式消除其风险[91]。而地下水源饮用水中则始终未检出三氯甲烷，说明不存在该类风险。镉和铅会在地表水源饮用水中偶尔检出而在地下水源饮用水中不出现，而六价铬则相反。说明黄前水库上游有偶发的镉和铅污染而东武水源地的水源涵养区有偶发的铬污染，应排查污染的原因以防范其风险。

表 4.9 泰安城区供水系统部分检出指标的详细检出统计

指标名称	供应链一	供应链二	供应链三
镉	2013.01、2013.02、2013.03	2013.01、2013.02、2013.03	未检出
六价铬	未检出	未检出	2014.05、2014.06、2014.07
铅	2013.01、2013.02、2013.03	2013.01、2013.02、2013.03	未检出
锰	2014.07、2014.08、2014.11、2014.12	2014.07、2014.08、2014.11、2014.12	2014.10
三氯甲烷	仅 2013.03 未检出	全检出	未检出

4.4.4 长期 KCFs 的识别

1. 长期关键控制指标识别

表 4.10 列出了对泰安城区供水系统长期关键控制指标识别的结果。三个供应链分别识别出 6 个、6 个和 5 个关键控制指标，分别占参与分析总指标数的 25%、25% 和 20.83%，无疑大大提高了风险筛查效率和准确性。从关键控制指标的识别结果可以看出，关键控制指标识别的结果与始终检出指标的结果一致性比较高。相比于始终检出指标，供应链一的 KCFs 筛除了硫酸盐、氯化物，而增加了三氯甲烷；供应链二筛除了硫酸盐和氯化物；供应链三筛除了氯化物和氟化物。

表 4.10 泰安城区供水系统长期关键控制指标识别结果

排序	关键控制指标		
	供应链一	供应链二	供应链三
1	硝酸盐（24.06%）	硝酸盐（20.29%）	硝酸盐（36.50%）
2	pH（18.45%）	pH（18.69%）	硫酸盐（20.89%）
3	氟化物（12.99%）	氟化物（15.09%）	氨氮（10.35%）
4	高锰酸盐指数（11.65%）	高锰酸盐指数（12.44%）	高锰酸盐指数（9.76%）
5	氨氮（9.41%）	三氯甲烷（9.72%）	pH（9.46%）
6	三氯甲烷（8.84%）	氨氮（9.67%）	/

注：括号中为相应指标的长期贡献率均值。

以上结果表明，无论在哪个供水系统中，硝酸盐、pH、氨氮和高锰酸盐指数四个指标均对饮用水有决定性影响，而且均是硝酸盐影响贡献率最高；氯化物对水质的影响贡献较小，可不考虑其长期的安全风险；三氯甲烷在供应链一中仅有一次未检出，说明两个地表水水源的供应链在长期关键控制指标上没在太大区别；地表水源饮用水和地下水水源饮用水长期关键控制指标的区别在于前者包括氟化物和三氯甲烷两种毒性性指标，而后者还包括硫酸盐这种一般化学性指标。从这方面来看，泰安城区饮用水中，地表水源饮用水出现健康安全风险的可能性要高于地下水水源饮用水。

2. 长期关键控制指标贡献率对比

为了了解不同饮用水供应链水质指标对水质贡献的差别，图 4.15 列出三个供应链涉及的 7 个关键控制指标的贡献率及其因素方差分析的结果。

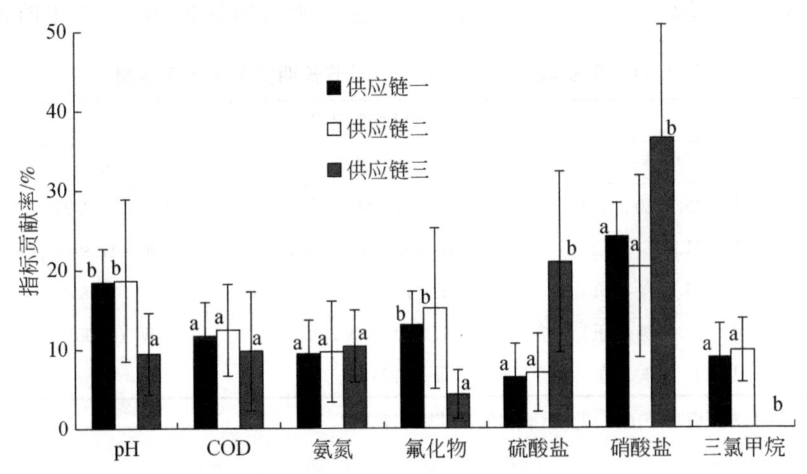

注：同一指标的柱形上相同的字母表示贡献率无显著性差异（$p<5\%$）

图 4.15　关键控制指标长期贡献率及其 ANOVA 分析结果

从图 4.15 可以看出，供应链一和供应链二在 7 个指标的贡献率上没有显著性差异。供应链三的 pH、氟化物和三氯甲烷的贡献率显著低于前两者，硫酸盐和硝酸盐的显著率显著高于前两者，氨氮和 COD 的贡献率与前两者无显著性差异。上述结果表明，对于以黄前水库–三合水厂供水系统来说，是否经过增压供水以及配水管路的差异对水质风险出现概率的影响不明显；地表水源饮用水在 pH、氟化物和三氯甲烷上的出现水质风险的概率高于出水仅经过简单消毒处理的地下水水源饮用水，而后硫酸盐和硝酸盐风险较高。

3. 长期关键控制环节识别及贡献率的对比

表 4.11 列出了对泰安城区供水系统长期关键控制环节识别的结果。如果以积累贡献率超过 85% 为识别标准，则三个供应链均只有一个环节被筛除，区分意义不大。因此，将所有供应环节纳入风险筛查的范围。图 4.16 列出了三个供

应链的贡献率及其因素方差分析的结果。结果表明，在供应链中原水水质对最终饮用水水质的影响最大。在三个供应链中，各环节对饮用水质影响性质是一致的，而对水质影响的贡献率却差别很大。环节Ⅰ+Ⅱ、环节Ⅲ和环节Ⅴ均是负面影响，而环节Ⅳ呈负面影响；供应链三的环节Ⅰ+Ⅱ和环节Ⅲ的影响率显著高于其他两条供应链，但环节Ⅳ的影响率则显著低。上述结果说明，对泰安地区饮用水影响最大的是原水水质，而地下水水源饮用水尤其如此；由于地表水水厂的处理工艺比地下水水厂复杂得多，因此水厂对地表水水源饮用水产生的正面影响比地下水水源饮用水高得多；从黄前水库至三合水厂输水管道对水质的影响很小，反而是从东武水源地到泉河水厂的较低水管道对水质的负面影响远大于前者。

表 4.11　泰安城区供水系统供水环节长期贡献率排序结果

排序	关键控制环节		
	供应链一	供应链二	供应链三
1	Ⅰ（35.63%，负）	Ⅰ（37.26%，负）	Ⅰ+Ⅱ（57.22%，负）
2	Ⅳ（31.44%，正）	Ⅳ（32.46%，正）	Ⅲ（27.94%，负）
3	Ⅴ（14.55%，负）	Ⅱ（13.00%，正）	Ⅴ（10.84%，负）
4	Ⅱ（12.28%，正）	Ⅴ（10.97%，负）	Ⅳ（4.00%，正）
5	Ⅲ（6.10%，负）	Ⅲ（6.31%，负）	/

注：括号中为相应环节的长期贡献率均值及其影响效应。

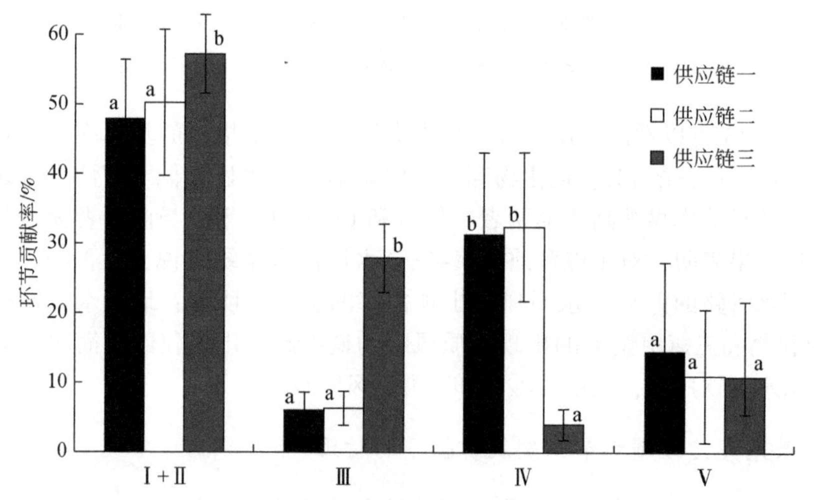

注：同一环节的柱形上相同的字母表示贡献率无显著性差异（$p<5\%$）

图 4.16　供应环节长期贡献率及其 ANOVA 分析结果

4. 长期关键控制元素识别

表 4.12 列出了对泰安城区供水系统长期关键控制元素识别的结果。三个供应链分别识别出 21 个、21 个和 14 个关键控制元素，分别占参与分析指标和环节组成矩阵元素数（24×5 或 4）的 17.5%、17.5% 和 13.54%，无疑大大缩小了风险筛查范围，提高了风险筛查效率和准确性。

表 4.12　泰安城区供水系统长期关键控制元素识别结果

排序	关键控制元素		
	供应链一	供应链二	供应链三
1	硝酸盐-Ⅴ（8.13%，负）	氟化物-Ⅰ（8.06%，负）	硝酸盐-Ⅰ+Ⅱ（25.88%，负）
2	氟化物-Ⅰ（7.28%，负）	三氯甲烷-Ⅳ（7.85%，负）	硫酸盐-Ⅰ+Ⅱ（13.26%，负）
3	三氯甲烷-Ⅳ（7.24%，负）	硝酸盐-Ⅰ（7.01%，负）	硝酸盐-Ⅲ（8.33%，正）
4	硝酸盐-Ⅰ（6.95%，负）	高锰酸盐指数-Ⅰ（6.61%，负）	氨氮-Ⅲ（7.23%，负）
5	高锰酸盐指数-Ⅰ（6.25%，负）	硝酸盐-Ⅳ（6.39%，负）	氯化物-Ⅰ+Ⅱ（5.06%，负）
6	硝酸盐-Ⅳ（6.19%，负）	pH-Ⅰ（5.86%，负）	pH-Ⅰ+Ⅱ（4.33%，负）
7	pH-Ⅰ（5.46%，负）	pH-Ⅳ（5.16%，正）	高锰酸盐指数-Ⅰ+Ⅱ（4.02%，负）
8	pH-Ⅳ（5.23%，正）	硫酸盐-Ⅰ（4.23%，负）	硫酸盐-Ⅲ（3.79%，负）
9	硫酸盐-Ⅰ（3.95%，负）	硝酸盐-Ⅴ（4.10%，负）	硫酸盐-Ⅴ（3.37%，正）
10	pH-Ⅲ（3.63%，负）	pH-Ⅲ（3.64%，负）	pH-Ⅲ（3.35%，正）
11	氟化物-Ⅳ（3.44%，正）	氟化物-Ⅳ（3.62%，正）	氟化物-Ⅰ+Ⅱ（2.79%，负）
12	氨氮-Ⅰ（3.40%，负）	氨氮-Ⅰ（3.33%，负）	高锰酸盐指数-Ⅴ（2.72%，正）
13	氨氮-Ⅳ（2.96%，负）	pH-Ⅱ（2.97%，正）	高锰酸盐指数-Ⅲ（2.44%，负）
14	pH-Ⅱ（2.69%，正）	氨氮-Ⅳ（2.86%，负）	硝酸盐-Ⅰ+Ⅱ（25.88%，负）
15	高锰酸盐指数-Ⅱ（2.63%，正）	高锰酸盐指数-Ⅱ（2.74%，正）	/
16	硝酸盐-Ⅱ（2.28%，正）	硝酸盐-Ⅱ（2.25%，正）	/
17	高锰酸盐指数-Ⅳ（2.20%，负）	高锰酸盐指数-Ⅳ（2.10%，负）	/
18	锰-Ⅳ（1.75%，正）	锰-Ⅳ（2.08%，正）	/
19	氨氮-Ⅱ（1.72%，正）	氨氮-Ⅱ（1.87%，正）	/
20	氯化物-Ⅰ（1.70%，负）	三氯甲烷-Ⅴ（1.78%，正）	/
21	硫酸盐-Ⅳ（1.57%，正）	硫酸盐-Ⅳ（1.69%，正）	/

注：括号中为相应元素的长期贡献率均值及其影响效应。

从关键控制元素的识别结果可以看出，供应链一与供应链二差别不大，识别出的关键控制元素较多且对水质的影响较为平均，没有影响率大于 10% 的元素，说明地表水水源饮用水的风险较为分散，筛查难度较大；供应链三的关键控制元素则少得多，个别元素对水质的影响较大，前两位的元素贡献率均超过了 10%，且基本在供应链的前半段，说明地下水水源饮用水的风险集中在原水和向水厂输水环节，筛查难度较小。

将关键控制元素的识别结果进行统计，还可以进一步在细节解释关键控制指标与关键控制环节识别的结果。如表 4.13 所示，三个供应链在关键控制指标外统计到的关键控制元素数量分别为 4 个、3 个和 2 个，只占关键控制元素总数的 19.05%、14.29% 和 15.38%。三个供应链关键控制元素的统计数量与水质指标的贡献率大小的线性相关系数分别为 0.89、0.92 和 0.52，前两者为高度线性相关，而后者仅为线性相关。上述结果表明，饮用水供应链中的水质安全风险高度集中在关键控制指标中，而地下水水源饮用水中的个别指标，如硝酸盐和硫酸盐对水质安全风险较地表水水源饮用水高得多。

关键控制元素在水质指标上的分布也反映了不同供应链之间的差异：水源和处理方式一致的供应链一和供应链二在关键控制元素识别的结果上大致相同，氟化物上的风险大于供应链三而三氯甲烷上的风险在供应链三中不存在。上述结果表明，泰安城区供水系统中，水源、输水系统和处理方式是影响风险分布的主要原因，而供水方式和配水系统是次要原因。

表 4.13　关键控制元素数量在水质指标中统计

指标	关键控制元素数量		
	供应链一	供应链二	供应链三
硝酸盐	4	4	3
pH	4	4	2
氟化物	2	2	1
高锰酸盐指数	3	3	3
氨氮	3	2	1
三氯甲烷	1	2	0
硫酸盐	2	3	3
氯化物	1	0	1
锰	1	1	0
总计	21	21	14

结合表 4.14 中关键控制元素数量在供应环节中统计结果与供应环节的贡献

率，两者在三个供应链中的线性相关系数分别为 0.90、0.90 和 0.94，均具有高度线性相关性。三个供应链均在原水环节识别出较多的关键控制元素，表现出较多原水水质指标对饮用水水质有决定性影响，而在其他供应环节上的分布却反映了不同供应链之间的差异。地表水水源饮用水的水质安全风险集中于原水水质和水厂中，而地表水水源饮用水集中于原水水质和输水管道上。东武-泉河的输水管道中 pH、氨氮、硫酸盐、硝酸盐和高锰酸盐指数均对水质产生了较大的负面影响，说明东武原水在输水环节面临着多种污染风险，所以该环节需要加强管理，而这种风险在黄前水库至水厂的输水管道中只表现在硝酸盐上；而在水处理环节，地下水仅经过简单处理，对水质几无影响，因此没有识别出关键控制元素，而地表水要进行相对复杂的处理过程，对很多指标会产生较大影响，因此识别出的关键控制元素多达 8 个，对水质影响极大。

表 4.14　关键控制元素数量在供应环节中统计

指标	关键控制元素数量		
	供应链一	供应链二	供应链三
Ⅰ	7	6	7
Ⅱ	4	4	
Ⅲ	1	1	5
Ⅳ	8	8	0
Ⅴ	1	2	2
总计	21	21	14

4.4.5　短期 KCFs 的识别

1. 短期关键控制指标识别

从表 4.15 可以看出，除氨氮、硫酸盐和氟化物外，其他长期关键控制指标均发现有异常突出的贡献值。这个结果说明氨氮、硫酸盐和氟化物三个指标发现偶然性水质安全风险的可能性不会明显高于长期风险。硝酸盐的贡献率在三个供应链中均出现了异常值，供应链一和供应链二集中在 2014 年下半年，其原因在于军分区和泰山学院这段时间硝酸盐指标异常升高，明显有硝酸盐污染的风险；而供应链二出现在 2014 年初，原因是此时东武原水硝酸盐含量高。pH 的贡献率也在三个供应链中均出现了异常值，供应链一和供应链二中均出现在 2014 年 1 月，供应链三则出现在 2013 年 8 月和 2014 年 2 月，pH 此时在供应链有比较大的波动。高锰酸盐指数也在三个供应链中均出现了异常值，其中供应链一和供应链二中均出现在2014年3月，其原因是此时黄前水库入口监测点有2年间最高的高锰酸盐指数，供应链三中出现在2013年8月，此时泉河水厂的高锰酸盐指数较原水明显提高。三氯甲烷则的异常贡献值只在2014年5月供应链二中出现过，而此时三氯甲烷不仅在三合水厂和后续管网上检出，而且在三合水厂低压出现的监测值远高于其他监测点，应与三合水厂低压出水前的消毒产生了较多的消毒副产物有关。以上结果表明，泰安城区在硝酸盐、pH、高锰酸盐指数和三氯甲烷上明显出现高于平时的短期水质安全风险；地表水水源饮用水中的短期高水质安全风险可能出现在管网中硝酸盐污染、整个供应链中的pH波动、水库上游的有机物污染及低压出水前产生的消毒副产物；地下水水源饮用水中的短期高水质安全风险可能出现在原水中硝酸盐污染、整个供应链中的pH波动和输水管道的有机物污染。

表4.15 短期关键控制指标的识别结果

关键控制指标	异常贡献发生的时段*		
	供应链一	供应链二	供应链三
硝酸盐	2014.10（67.62%）	2014.09（45.41%） 2014.12（45.87%）	2014.01（66.40%）
pH	2014.01（51.09%）	2014.01（47.84%）	2013.08（19.86%） 2014.02（20.38%）
氟化物	/	/	/
高锰酸盐指数	2014.03（31.46%）	2014.03（29.26%）	2013.11（30.08%）
氨氮	/	/	/
三氯甲烷	/	2014.05（18.37%）	/
硫酸盐	/	/	/

*仅列出长期关键控制指标出现的异常影响，括号外为异常影响发生的期数，括号内为该期贡献率。

2. 短期关键控制环节识别

从表4.16可以看出，供应链一和供应链二在2014年6月于环节Ⅰ出现异常高的贡献值，在环节Ⅱ未出现，说明黄前水库上游来水源水水质波动较大，个别时间出现水质安全风险的可能性很高，而黄前水库有稳定水质的作用，出现水质安全风险的可能性低；供应链一和供应链二在环节Ⅳ上的长期影响贡献率最低，因此即使在该环节上贡献率有所波动，其最高的短期贡献率也不超过10%，在不会明显影响饮用水水质；供应链一和供应链二在环节Ⅴ上异常高的贡献值出现在2014年9月和10月，此时硝酸盐和氯化物在环节Ⅴ上的分担率均很高，说明两指标是引起异常贡献的主因，在该环节具有硝酸盐和氯化物的污染风险；供应链三异常高的贡献值仅在环节Ⅲ出现，说明地下水水源饮用水的水源水质、简单处理过程和配水管道的影响比较稳定，上述环节风险发生可能随时间变化的可能性较低，而输水管道对 2013 年 8 月对水质的影响比平时异常高，此时氨氮浓度在输水管道上明显升高，有明显的氨氮污染。

表 4.16　短期关键控制环节的识别结果

关键控制环节	异常贡献发生的时段*		
	供应链一	供应链二	供应链三
Ⅰ	2014.06（51.71%）	2014.06（50.10%）/	/
Ⅱ	/	/	
Ⅲ	2013.07（11.81%）	2013.07（11.97%）	2013.08（38.36%）
Ⅳ	2014.10（5.94%）	2014.10（8.44%）	/
Ⅴ	2014.09（52.74%） 2014.10（43.61%）	2014.09（46.94%）	/

* 括号外为异常影响发生的期数，括号内为该期贡献率。

3. 短期关键控制元素识别

表 4.17 ~ 表 4.19 为三个供应链短期关键控制元素识别的结果。该结果不仅更详细地指明了泰安城区供水系统的水质安全风险所在，更在细节上解释关键控制指标与关键控制环节识别的结果。所有识别出的关键控制元素均对水质呈负效应，且三个供应链识别出的短期关键控制元素及出现的时段有所区别。供应链一的长期关键控制元素中，有 11 项在 13 个时间点上分别有异常高的贡献值，可被识别短期关键控制元素。硝酸盐在环节Ⅰ、Ⅳ和Ⅴ上均识别出短期关键控制元素，说明黄前水库上游、水厂及高压供水和至泰山学院的配水管道上环节上有偶发或短期的硝酸盐污染。高锰酸盐指数和氨氮均在环节Ⅰ和Ⅳ上识别出短期关键控制元素，说明在黄前水库上游和水厂及高压供水环节上有偶发或短期的有机物和氨氮污染。pH 在环节Ⅰ和Ⅲ上识别出短期关键控制元素，从原始数据上看，2013 年 7 月从黄前水库取水到水厂间 pH 大幅度上升，在 2014 年 1 月从黄前水库止游来水 pH 就明显偏低，说明 pH 的波动是供水系统重要的短期高风险。硫酸盐和氯化物均在环节Ⅰ上识别出短期关键控制元素，说明可溶性盐类对供水系统产生的短期高安全风险，均产生自它们在最初原水中的浓度。

表 4.17　供应链一短期关键控制元素的识别结果

关键控制元素	影响性质	异常贡献发生的时段*
硝酸盐-Ⅴ	负	2014.09（46.64%）/2014.10（40.03%）
硝酸盐-Ⅰ	负	2014.10（15.23%）
高锰酸盐指数-Ⅰ	负	2014.03（14.61%）
硝酸盐-Ⅳ	负	2013.11（19.38%）
pH-Ⅰ	负	2014.01（13.81%）
硫酸盐-Ⅰ	负	2013.12（11.05%）
pH-Ⅲ	负	2013.07（9.91%）
氨氮-Ⅰ	负	2014.06（9.52%）
氨氮-Ⅳ	负	2013.08（9.81%）
高锰酸盐指数-Ⅳ	负	2014.03（8.42%）
氯化物-Ⅰ	负	2013.02（5.67%）/2014.05（4.18%）

*仅列出长期关键控制元素出现的异常影响，括号外为异常影响发生的期数，括号内为该期贡献率。

供应链二的长期关键控制元素中，有9项分别在9个时间点上有异常高的贡献值，可被识别短期关键控制元素。硝酸盐在环节Ⅰ、Ⅳ和Ⅴ上均识别出短期关键控制元素，说明黄前水库上游、水厂及低压供水和至军分区的配水管道环节上偶发或短期的硝酸盐污染。高锰酸盐指数和氨氮在环节Ⅰ和Ⅳ上识别出短期关键控制元素，说明在黄前水库上游和水厂及低压供水环节上有偶发或短期的有机物和氨氮污染。pH在Ⅲ上识别出短期关键控制元素，从原始数据上看，2013年7月从黄前水库取水到水厂间pH大幅度上升，说明pH的波动是供水系统重要的短期高风险。硫酸盐在环节Ⅰ上识别出短期关键控制元素，说明可溶性盐类对供水系统产生的短期高安全风险，均产生自它们在最初原水中的浓度。

表 4.18　供应链二短期关键控制元素的识别结果

关键控制元素	影响性质	短期关键控制元素发生的时段*
硝酸盐-Ⅰ	负	2014.10（16.93%）
高锰酸盐指数-Ⅰ	负	2014.03（13.98%）
硝酸盐-Ⅳ	负	2013.11（20.76%）
硫酸盐-Ⅰ	负	2013.12（10.38%）
硝酸盐-Ⅴ	负	2014.09（40.90%）
pH-Ⅲ	负	2013.07（10.20%）
氨氮-Ⅰ	负	2014.06（8.04%）
氨氮-Ⅳ	负	2013.08（10.44%）
高锰酸盐指数-Ⅳ	负	2014.03（7.83%）

*仅列出长期关键控制元素出现的异常影响，括号外为异常影响发生的期数，括号内为该期贡献率。

对比供应链一与供应链二，两者短期关键控制元素识别的结果非常接近。高锰酸盐指数和氨氮均在环节Ⅳ在同一时间识别为短期关键控制元素，说明这次偶发的有机物和氨氮污染是发生在处理环节，与是否经增压水泵无关。而两供应链中硝酸盐均在环节Ⅴ识别为短期关键控制元素，说明2014年9月发生硝酸盐污染在配水系统不是局限于个别范围。

供应链三的长期关键控制元素中，有7项分别在10个时间点上有异常高的贡献值，可被识别短期关键控制元素，均在环节Ⅰ+Ⅱ和Ⅲ上，说明地下水水源饮用水的短期高水质安全风险集中高发于原水和输水管道阶段。硝酸盐、氯化物在环节Ⅰ+Ⅱ上识别出短期关键控制元素，说明东武原水中无机盐类会短期出现较高浓度。pH在环节Ⅰ+Ⅱ上识别出短期关键控制元素则是由于东武原水在2014年6月的pH偏低。氨氮、硫酸盐和高锰酸盐指数在环节Ⅲ上识别出短期关键控制元素且次数较多，意味着水原地和水厂输水的环节在某些时段污染风险明显加大。

表4.19　供应链三短期关键控制元素的识别结果

关键控制元素	影响性质	短期关键控制元素发生的时段*
硝酸盐-Ⅰ+Ⅱ	负	2014.01（45.54%）
氨氮-Ⅲ	负	2013.08（15.74%）
氯化物-Ⅰ+Ⅱ	负	2014.09（13.68%）/2014.11（14.22%）
pH-Ⅰ+Ⅱ	负	2014.06（9.09%）
硫酸盐-Ⅲ	负	2013.05（13.75%）/2013.07（13.01%）
高锰酸盐指数-Ⅲ	负	2013.08（7.65%）/2013.11（8.71%）

*仅列出长期关键控制元素出现的异常影响，括号外为异常影响发生的期数，括号内为该期贡献率。

对比识别结果后可以发现，供应链三的短期关键控制元素少于供应链一和供应链二，但发现的次数相当，说明地下水水源饮用水的短期或偶发水质安全风险不像地表水饮用水那样分布于整个供水系统，而且是集中于原水水质和输水过程中。而三个供应链中原水硝酸盐对水质的影响尤其大，说明在泰安城区供水系统中，无论是地表水水源还是地下水水源，原水中硝酸盐是最大的短期水质安全风险。

4.4.6　泰安城区饮用水供水系统水质安全风险清单

根据对FCFs识别结果的分析，列出泰安城区饮用水供水系统水质安全风险清单如下：

①泰安城区饮用水供水系统整体水质安全风险较低，但地表水水源饮用水的

风险较地下水水源饮用水风险较多且分散，前者安全风险管理和预防的难度较后者高。

②地表水水源的黄前–三合供水系统的长期水质安全风险不仅在硝酸盐、pH、氨氮和高锰酸盐指数等一般生化学指标上有体现，还涉及毒理性指标氟化物和三氯甲烷，是其长期风险防控的重点，应考虑除氟措施和低副产物产生的消毒措施；管网中硝酸盐污染、整个供应链中的 pH 波动及水库上游的有机物污染短期水质安全风险明显高于平时，是其短期风险防控的重点，应加强对它们的监控并追溯污染的来源。

③地下水水源的东武–泉河供水系统的长期水质安全风险集中于原水和向水厂输水环节，加强对水源地的保护并追溯输水过程中污染来源是其长期风险防控的重点，应考虑加强对该阶段有机物、氨氮和无机盐的监测；个别时段原水中硝酸盐对饮用水水质影响率远高于其他因子，是地下水水源饮用水的短期风险防控的重点，应加强其监测和水源涵养区的保护。

本案例利用 KCFs 模型对泰安城区供水系统 2013—2014 年长期水质监测结果进行分析，从水质指标检出情况可以看出，检出指标基本属于一般性化学指标，毒理指标中仅氟化物长期检出，镉、六价铬、铅和三氯甲烷为部分检出，说明泰安城区饮用水的总体健康风险较低。检出三氯甲烷说明地表水水源饮用水中有消毒副产物的产生。黄前水库上游有偶发的镉和铅污染而东武水源地的水源涵养区有偶发的铬污染。

从泰安城区供水系统长期 KCFs 识别结果来看，饮用水水源、输入系统及水处理方式对泰安城区供水系统长期水质安全风险的分布的影响远高于供水方式和配水系统；系统的长期水质安全风险主要集中于硝酸盐、pH、氨氮和高锰酸盐指数等一般生化学指标上，地表水水源饮用水的风险还涉及氟化物和三氯甲烷两种毒理性指标，因此出现健康安全风险的可能性要高于地下水水源饮用水，而后者在无机盐成分上的风险较高；地表水水源饮用水的水质安全风险在供水系统中的水质安全风险较分散，不像地下水水源集中于原水和向水厂输水环节。更具体地来说，无论是地下水源还是地表水源，饮用水供应系统中水质安全风险最大的阶段是原水，原水和配水管道中硝酸盐的污染风险很大；地下水源向水厂输水过程面临大得多污染风险；地表水水源饮用水的消毒副产物和氟化物带来的长期健康风险尤其应注意。

从泰安城区供水系统短期 KCFs 识别结果来看：管网中硝酸盐污染、整个供应链中的 pH 波动、水库上游的有机物污染及消毒产生的副产物均可能引起地表水源饮用水的短期高水质安全风险，而在地下水源饮用水中这种风险可能源于原水中硝酸盐污染、整个供应链中的 pH 波动和输水管道的有机物污染；由于地表水水原水质波动性大而有较复杂的水处理过程，因而在多个环节上出现了明显超出平时的短期水质安全风险，特别是在水库上游的最初原水和配水环节上；地下水水源饮用水水源水质较稳定，处理工艺简单，因此只是在向水厂输水阶段有发生短期水质安全的风险。原水中硝酸盐是供水系统最大的短期高水质安全风险，且在地表水水源饮用水供应过程中在多个环节有短期高风险，在配水系统的污染风险也不局限于个别范围。

泰安城区供水系统水质安全风险清单说明，地表水水源饮用水的风险较高，安全风险管理和预防的难度要大；黄前-三合供水系统应考虑除氟措施和低副产物产生的消毒措施降低长期水质安全风险，并通过加强对管网中硝酸盐、供应链中的 pH 及水库上游的有机物的监控并追溯污染的来源降低短期高水质安全风险；东武-泉河供水系统中应加强对水源地的保护并追溯输水过程中污染来源是长期风险防控的重点，并防范原水中硝酸盐的短期高安全风险。

利用 KCFs 模型分析泰安城区供水系统监测数据，将风险筛查范围缩小到识别出的 KCFs，达到了提高风险筛查效率与准确性的目的。这说明 KCFs 模型可以用于城市供水系统长期和短期水质安全筛查之中。

4.5　引黄济青工程集水区水质安全风险筛查

为缓解了青岛地区缺水状况，山东省建设了引黄济青工程将黄河水引向青岛，并在南水北调东线工程建成后成为其重要组成部分[92,93]。一方面，外调水源成为青岛居民的重要饮用水水源，超过青岛地区供水量的一半（图 4.17）[88]，其水质安全对保障青岛居民健康有重大意义。另一方面，跨流域调水涉及的集水区域较大，包括了自然河段、引水工程、储水水库等环节。例如引黄济青工程全长就达 290km，包括 253km 的输水明渠，途经 4 个市地、10 个县市区[93]。不仅如此，南水北调东线工程建成后，引黄济青干渠开始接纳南水北调水，使其来水情况更加复杂。漫长而环境条件变化较大的调水过程中，其水质安全必然暴露在

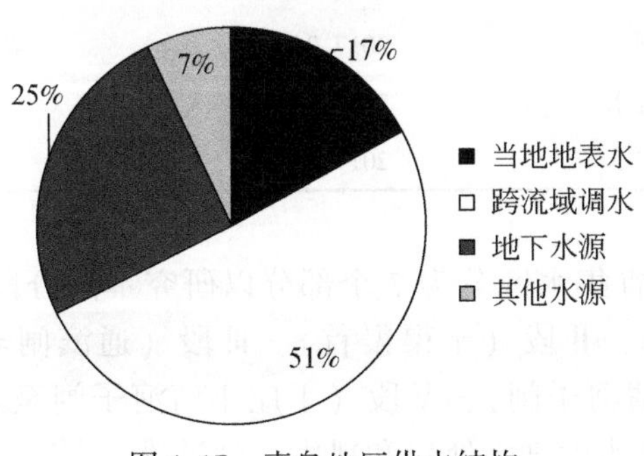

图 4.17　青岛地区供水结构

众多的风险下[94]，水质监测结果对比和影响量化也非常困难[95]，从而使水质安全风险管控的工作十分艰巨。WHO 也提出了对集水区水源进行污染风险评估的重要性[2]。因此，需要通过简单快速地风险方法来降低引黄济青水质安全管理难度并提高风险预判的准确性。

因此，为了解影响青岛地区引黄集水区的潜在安全风险，本案例以集水区沿线的水质监测数据为基础，利用 KCFs 模型筛选出对引黄水质产生决定性影响的 KCFs，并明确其对水质影响贡献大小及其正负影响效应。根据筛选出 KCFs，进一步筛查集水区水质安全风险因子，从而将最有可能引发引黄水质安全危害的区域和污染物质列入水质安全影响清单，从而为集水区水质管理提出预警和预防目标。

4.5.1 研究对象

研究对象为青岛地区引黄饮用水的原水集水区，包括黄河干流、引黄济青主干渠和棘洪滩水库。本研究在集水区共设 8 个监测点（表 4.20），其中 7 个监测点监测从黄河到棘洪滩水库出水的沿程水质，3#点陈户新村（汇水前）则为了解南水北调来水水质。监测的水质指标包括水温、pH、高锰酸盐指数、化学需氧量（COD）、五日生化需氧量（BOD_5）、氨氮、总磷（TP）、总氮（TN）、铜、锌、氟化物、硒、砷、汞、镉、六价铬、铅、氰化物、挥发酚、阴离子合成洗涤剂、硫化物、粪大肠菌群、硫酸盐、氯化物、硝酸盐、铁和锰等项目。

表 4.20　监测点位及信息

序号	监测点名称	监测日期/(年．月．日)	监测点性质
1	黄河博兴段	2017.04.05	黄河干流
2	通滨闸后	2017.04.08	引黄济青干渠渠首
3	陈户新村（汇水前）	2017.04.08	南水北调水来水
4	陈户新村（汇水前）	2017.04.08	与南水北调水混合后
5	丁庄小清河子闸	2017.04.08	小清河分洪道
6	宋庄分水闸	2017.04.09	至青岛与至烟威分水处
7	棘洪滩水库进水	2017.04.09	引黄济青干渠终点
8	棘洪滩水库出水	2017.05.02	水厂取水点

监测点将引黄济青集水区分为 7 个部分以研究不同分段对水质影响：Ⅰ段（黄河干流自然河段）、Ⅱ段（干渠渠首）、Ⅲ段（通滨闸至陈户新村）、Ⅳ段（陈户新村至丁庄小清河子闸）、Ⅴ段（丁庄小清河子闸至宋庄分水闸）、Ⅵ段（宋庄分水闸至棘洪滩水库进水处）和Ⅶ段（棘洪滩水库）。

4.5.2 研究方法

1. 引黄济青干渠 KCFs 识别

KCFs 模型是为筛查供应链中水质安全风险因子而设计的，该法显然也适用于长距离调水工程。本案例重点考查黄河原水对干渠水的影响，所用监测数据为一次监测的结果，所研究供水链均为单线流动，因此利用分模型 KCFs-B 进行分析。

2. 南北水调对干渠水的影响调查

南北水调对干渠水的影响利用通量贡献率的计算如下：为反映不同来水对混合水水质贡献，用式（4.13）计算第 l 来源污染物 i 通量贡献率 $\rho_{i,l}$：

$$\rho_{i,l}=\frac{I_{i,l}}{I_i}\times R_l \tag{4.13}$$

式中：$I_{i,l}$ 和 I_i——污染物 i 汇合前第 l 来源指数和汇合后的指数；R_l——汇合前第 l 来源水量与汇合后水量的比值。

利用式（4.14）按质量守恒法计算污染物 i 其他来源的通量贡献率 $\hat{\rho}_i$：

$$\hat{\rho}_i = 1 - \sum \rho_{i,l} \tag{4.14}$$

4.5.3 KCFs 的识别及风险分析

利用 KCFs 模型对本次监测数据进行分析，33 个关键控制元素和 7 个关键控制指标及 6 个集水区分段被识别为 KCFs。

1. 关键控制指标

如表 4.21 所示，从引黄济青集水区共识别出 7 个关键控制指标，占本次分析指标数的 28.57%，它们对水质影响的贡献率达到 85.69%；涉及关键控制元素 27 个，占识别出关键控制元素的 81.82%。说明这些关键控制指标数量虽不多，却对水质起决定性作用。

表 4.21　关键控制指标识别结果

排序	指标	贡献率/%	影响效应	关键控制元素数量
1	总磷	26.11	正	6
2	铁	20.44	负	6
3	六价铬	12.44	无	5

续表

排序	指标	贡献率/%	影响效应	关键控制元素数量
4	总氮	11.94	正	2
5	COD	5.66	正	3
6	高锰酸盐指数	5.56	正	2
7	锰	3.54	无	3
总计		85.69		27

从筛选的关键控制指标可以看出：营养元素指标 TP 和 TN 对水质的影响较大，分别位于第1位和第4位。特别是TP，涉及6个关键控制元素，说明其在集水区的6个分段中对水质产生显著的影响。另外识别出铁、六价铬和锰3个金属离子关键控制指标及COD和高锰酸盐指数2个有机物关键控制指标。上述指标中，六价铬和锰尽管在干渠的部分分段中受到了污染而指标上升，但由于自身的净化作用，在棘洪滩水库出水中恢复到最初未检出的水平；总磷、总氮、高锰酸盐指数、COD总体上指标下降，说明干渠和水库的净化作用大于污染作用；铁的指数有明显上升，说明在集水区存在明显的污染而净化作用不足以抵消污染作用，应予以重点关注。关键控制指标仅涉及六价铬1项毒理性指标，说明引黄水的毒理性指标比较容易受到控制，对人体健康的直接影响较小。

2. 关键控制分段

如表4.22所示，由于分段数量比较少而贡献率差别不大，集水区的7个分段中有6个被识别为关键控制分段。图4.18通过综合水质指数的变化反映出在集水区水质变化的趋势。

表4.22　关键控制分段识别结果

排序	分段	贡献率/%	综合水质指数的变化	影响效应	关键控制元素数量
1	Ⅰ	20.13	0.880	负	10
2	Ⅶ	19.01	-0.798	正	6
3	Ⅵ	16.67	0.670	负	3
4	Ⅱ	15.21	0.687	负	4
5	Ⅲ	11.48	-0.569	正	4
6	Ⅴ	8.81	0.028	负	2
总计		91.31			29

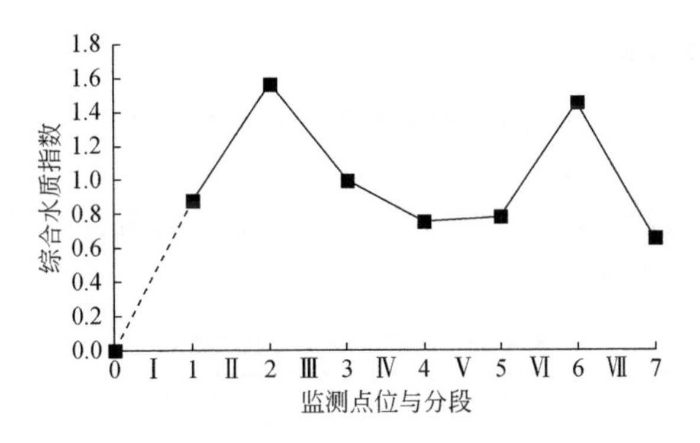

图 4.18　引黄济青集水区综合水质指数变化趋势

如图 4.18 所示，引黄集水区水质变化的总趋势是变差（Ⅰ、Ⅱ段）—好转（Ⅲ段）—平稳（Ⅳ、Ⅴ段）—变差（Ⅵ段）—好转（Ⅶ段）。Ⅰ段考虑是自然河段的水质的影响，是引黄水质的基础。因此从表 4.22 可看出，该段不仅对水质的影响最大，而且涉及的关键控制元素最多。特别是硫酸盐、氟化物和硝酸盐等可溶性盐指标仅在Ⅰ段处被筛选为关键控制元素，说明三者在调水过程中无明显变化，黄河水质对该类指标的好坏起决定性影响。Ⅵ段和Ⅱ段是两个对水质有负效应的分段，造成在通滨闸后和棘洪滩水库进水处成为整个集水区水质最差的点。Ⅵ段虽然水质明显下降，但该段只涉及 3 个关键控制元素——六价铬、铁和 TP，说明该段虽然影响的水质指标少，但影响程度大，可能存在特定的污染源。Ⅱ段是从黄河向干渠取水的环节，泵站汲水造成吸附在黄河泥沙上的污染物释出可能是该段对水质产生负效应的原因，但释出的污染物基本在随后的沉砂池和湿地系统中被除去[92,93]。Ⅶ段和Ⅲ段是两个对水质有正效应的分段。Ⅶ段不仅对水质影响的排序为第 2 位，而且除溶解氧和 TN 两个指标外，大多数指标在该段对水质呈正效应，说明水库的水质净化对保障水质安全有非常重要的意义。相对于黄河水，长江水的氮磷含量低得多[77-79,96]，进行监测的 4 月是一年中引黄干渠渠首取水中氮磷含量最高时期[92]，因而Ⅲ段中南水北调水的汇入对 TN 和 TP 的浓度下降很大的积极贡献。此外，引黄济青沉砂池被建成了一个湿地系统，张瑞丽[93]和修春海等[97]均认为引黄干渠设置湿地对 TP 有明显的去除作用。Ⅳ段陈户新村至丁庄小清河子闸是对水质贡献最小的分段，仅为 8.73%，是唯一未识别为 KCFs 的分段。Ⅴ段丁庄小清河子闸至宋庄分水闸对水质的贡献率仅比Ⅳ段略高。这说明在引黄济青的中段陈户新村到宋庄分水闸之间，既没有大的污染源，也没有明显的净化效应。

3. 关键控制元素

如表4.23所示，通过对本次监测数据进行分析，从引黄济青干渠共识别出33个关键控制元素，占本次分析元素总数的17.46%，但它们对水质影响的贡献率达到85.30%，说明基于这些关键控制元素进行原水集水区的安全风险分析目标性更强，且保证准确性。

表4.23 关键控制元素识别结果

排序	元素（指标–分段）	贡献率/%	影响效应
1	TN-Ⅰ	7.73	负
2	铁-Ⅵ	6.43	负
3	铁-Ⅶ	6.04	正
4	TP-Ⅵ	5.88	负
5	TP-Ⅶ	5.70	正
6	TP-Ⅱ	5.48	负
7	TP-Ⅲ	4.36	正
8	铁-Ⅱ	3.66	负
9	六价铬-Ⅴ	3.49	负
10	六价铬-Ⅵ	3.32	正
11	六价铬-Ⅱ	2.64	负
12	TP-Ⅳ	2.63	正
13	TN-Ⅲ	2.52	正
14	高锰酸盐指数-Ⅶ	2.12	正
15	铁-Ⅴ	2.04	正
16	COD-Ⅶ	1.80	正
17	高锰酸盐指数-Ⅰ	1.65	负
18	TP-Ⅰ	1.60	负
19	六价铬-Ⅳ	1.53	正
20	铁-Ⅲ	1.41	正
21	硫酸盐-Ⅰ	1.36	负
22	锰-Ⅲ	1.30	负
23	锰-Ⅳ	1.30	负
24	酸碱度-Ⅰ	1.28	负
25	COD-Ⅱ	1.06	负

续表

排序	元素（指标-分段）	贡献率/%	影响效应
26	氟化物-Ⅰ	0.98	负
27	锰-Ⅰ	0.93	负
28	COD-Ⅰ	0.90	负
29	铁-Ⅳ	0.90	负
30	BOD_5-Ⅶ	0.90	正
31	硝酸盐-Ⅰ	0.81	负
32	六价铬-Ⅶ	0.77	正
33	BOD_5-Ⅰ	0.76	负
总计		85.30	

总体来说，呈负效应的关键控制元素主要出现在Ⅰ段、Ⅱ段和Ⅵ段，包括营养指标 TP、TN，一般化学性金属离子指标铁、锰，有机物指标高锰酸钾指数、COD 和 BOD_5，以及仅在Ⅰ段中出现的硫酸盐、氟化物和硝酸盐，重金属指标中仅有六价铬。有 10 个水质指标在特定分段对水质的影响贡献率大于 3%，对水质产生了显著影响。其中，TN-Ⅰ和铁-Ⅱ表现为负效应，使这两个指标在黄河水引到干渠时呈现出较大风险；六价铬在Ⅴ段、TP 在Ⅵ段和Ⅱ段、铁在Ⅵ段表现为较大的负效应，说明宋庄分水闸至棘洪滩水库进水处之间的铁和磷，在丁庄小清河子闸至宋庄分水闸之间的六价铬，在取水环节的磷有明显的污染因素。特别是在Ⅵ段仅识别出 3 个关键控制元素，铁和 TP 排序比较靠前（第 2 和 4 位），均为负效应，说明磷、铁是引黄济青干渠后段水质恶化的主因，应予以重视。考虑到底泥中磷和铁释放相互影响且均受 pH 等因素制约[98-100]，该段处铁和磷污染可能是底泥短期释放的结果。至于Ⅱ段中磷的作用，应是泵站汲水造成吸附在黄河泥沙上的 P 释出的结果。不过上述三个指标在随后分段表现为程度相近的正效应，说明后继的净化作用基本抵消了污染作用。锰、铁和六价铬等金属离子净化作用可能与黄河水偏碱性及泥沙的吸附作用有关[96]。然而，一旦集水区的 pH 发生较大变化，沉积在底泥中的金属离子就有再次释放出来的风险[101,102]。在南水北调水和黄河水的引水量发生变化的时候，这些情况有可能发生。

4.5.4　南水北调水与黄河水的影响对比

引黄济青干渠以输送黄河水为主，但南水北调东线建成后，开始接纳南水北调水。黄河水和南水北调水分别从分段Ⅰ两端渠首张通滨闸和陈户新村汇入，并在陈户新村汇合。利用式（4.13）得出了黄河水、南水北调水对混合水污染物

（分段Ⅰ中KCFs涉及的指标，pH除外）的通量贡献率，并利用式（4.14）得出分段Ⅰ沿线对混合水污染物的通量贡献率（表4.24）。可以看出，黄河水在氮磷输入方面占据绝对优势，因为黄河水的氮磷含量比长江水高得多[103,104]，进行监测的4月份是一年中引黄干渠渠首取水中氮磷含量最高时期[78]；汇入的南水北调水占混合水量的38.76%，输入的TP与TN分别只占混合水通量的1.29%和10.06%；相反有机物质和硫酸盐占混合水的通量则略超50%。说明南水北调水对分段Ⅰ中营养物质浓度下降很大的积极贡献，而在有机物和硫酸盐方面有一定的不利影响。汇入干渠的黄河水和南水北调水无论在水量和各种污染物总量均较混合后的高。这说明在分段Ⅰ沿线水量有所消耗，原因是取水灌溉与下渗补给地下水；主要污染物有所消减，特别是TP的消减量达到了混合水通量的81.68%，其余污染物消减较小。该结果与张瑞丽[102]在对引黄济青干渠开端部分（进水闸至沉砂池出水闸）的分析结果相符。其原因是引黄济青沉砂池被建成了一个湿地系统[102]，对TP有明显的去除作用，但对氮和有机物的去除作用有限。

表4.24 黄河水与南水北调水对混合水污染物的通量贡献率

项目		黄河水/%	南水北调水/%	分段Ⅰ沿线/%
污染物输入通量贡献率	高锰酸盐指数	57.76	44.50	-2.26
	COD	53.06	59.28	-12.33
	TP	180.39	1.29	-81.68
	TN	103.36	10.06	-13.42
	硫酸盐	54.80	54.14	-8.94
流量比		69.38	38.76	-8.14

4.5.5 水质风险因子与安全影响清单

根据以上分析，可将青岛地区引黄识别出KCFs分类分析，列出水质风险因子及其应采取的措施，形成水质安全影响清单如下。

1. 来源水中的水质风险

黄河来水对氮磷营养物质及南水北调来水对有机物和硫酸盐的贡献较大，是明显的风险因子，应重视来源地黄河和长江相应污染物的监测与排放的控制；原水中硫酸盐、氟化物和硝酸盐等可溶性盐的浓度较高，对水质有一定的影响，并且在调水过程不易通过自然净化除去，因此应考虑在水厂增加一定的脱盐措施。

2. 调水过程中的水质风险

从黄河取水时造成泥沙中释出污染物，以及干渠后半段有明显的磷、铁和六价铬污染，是调水过程的主要风险。特别是在宋庄分水闸至棘洪滩水库进水处之间的污染是引黄济青干渠后段水质恶化的主因，应排查污染源，控制水质风险。

3. 潜在的水质风险

南水北调水的稀释和渠首沉砂池湿地的吸附去除，对控制氮磷和泥沙中释出污染物有极大贡献，因此应考虑无南水北调水汇入或湿地系统失效造成干渠水富营养化和水质恶化的风险；黄河水的高 pH 对金属离子的污染有抑制作用，但其所含泥沙会吸附相当的污染物，而南水北调水的汇入提高了干渠的 pH，应重视在汲水扰动和 pH 变化下释出的风险；棘洪滩水库对多数水质指标有明显的净化作用，是在水厂处理前水质安全的最后屏障，应加强对水质的安全管理，充分发挥其净化功能并防止其丧失净化功能。

在本案例中，KCFs 模型第一次应用在长距离调水工程中。该模型通过有效的分析，将实际影响干渠水质的 KCFs 从工程面临着诸多安全风险中识别出来，使风险因子筛查变得简单而更有针对性，从而证实了其可行性。这无疑为我国长距离调水工程的安全保障提供了新的工具。如果在更多监测数据基础上，舍弃绝大多数的无用信息的大数据信息挖掘特征将更有优势。因此，该方法在长距离调水工程风险因子筛查中有广阔的应用前景。

参考文献

[1] 王吉亮，崔志国，邵迎旭，等．青岛市供水管网安全评价理论与实践［C］．第一届中国建筑学会建筑给水排水研究分会第二次会员大会暨学术交流会，2010.
[2] World Health Organization Malta. Guidelines for Drinking-water Quality［S］. Gutenberg：2011.
[3] 刘苗，王敏，顾军农，等．“引黄入京”工程南输水线水源水质分析评价［J］．中国给水排水，2016，（7）：6-9.
[4] 殷邦才，纪玉杰．青岛市引黄济青前后饮用水卫生质量评价［J］．中国公共卫生，1995，11（zg）：548-549.
[5] 韩珀，沙净，周全，等．南水北调中线受水城市水源切换主要风险及关键应对技术［J］．给水排水，2016，52（04）：14-17.
[6] 胡洪营，杜烨，吴乾元，等．系统工程视野下的再生水饮用回用安全保障体系构建［J］．环境科学研究，2018，31（07）：1163-1173.
[7] 陈卓，吴乾元，杜烨，等．世界卫生组织《再生水饮用回用：安全饮用水生产指南》解读［J］．给水排水，2018，54（06）：7-12.
[8] Han M. Rainwater for drinking：science，technology，practice and case studies［J］. Abstracts

of Papers of the American Chemical Society, 2018: 255.

[9] Foster T, Willetts J. Multiple water source use in rural Vanuatu: are households choosing the safest option for drinking? [J]. Int J Environ Health Res, 2018: 1-11.

[10] 赵煜，杨晓艳，杨春慧. 青岛市海水淡化项目预防性卫生监督审核要点探讨 [J]. 中国卫生工程学, 2016, (01): 23-25.

[11] 崔炳勇. 青岛市开始实施海水淡化产业发展规划 [J]. 中国给水排水, 2006, (06): 64.

[12] 曹平，郭召海，王燕，等. 管网模型在多水源供水优化调度中的应用研究 [J]. 中国给水排水, 2013, 29 (19): 49-53.

[13] 胡芳，李伟，王兰，等. 黄河下游地区多水源供水系统中铝形态分布 [J]. 中国给水排水, 2016, (01): 49-53.

[14] J R, K P. Some factors of crisis management in water supply system [J]. Environment Protection Engineering, 2008, 34 (2): 57-65.

[15] B T R. Risk in water supply system crisis management [J]. Journal of Konbin, 2008, 5 (2): 175-190.

[16] 陆仁强，牛志广，张宏伟. 城市供水系统风险评价研究进展 [J]. 给水排水. 2010, 46 (S1): 4-8.

[17] Kazi T G, Arain M B, Jamali M K, et al. Assessment of water quality of polluted lake using multivariate statistical techniques: a case study [J]. Ecotoxicology and Environmental Safety, 2009, 72 (2): 301-309.

[18] Yingwang X, Xuhong Z. Multivariate statistical process monitoring based on new statistics of principal component analysis [J]. Computers and Applied Chemistry, 2016, 33 (6): 655-661.

[19] Fernández-Turiel J L, Gimeno D, Rodriguez J J, et al. Spatial and seasonal variations of water quality in a mediterranean catchment: the Llobregat River (NE Spain) [J]. Environmental Geochemistry and Health, 2003, 25 (4): 453-474.

[20] 吕清，顾俊强，徐诗琴，等. 水纹预警溯源技术在地表水水质监测的应用 [J]. 中国环境监测. 2015, 31 (1): 152-156.

[21] 周慧平，高燕，尹爱经. 水污染源解析技术与应用研究进展 [J]. 环境保护科学, 2014, 40 (06): 19-24.

[22] Morrison G, Fatoki O S, Linder S, et al. Determination of heavy metal concentrations and metal fingerprints of sewage sludge from Eastern Cape Province, South Africa by inductively coupled plasma-mass spectrometry (ICP-MS) and laser ablation-inductively coupled plasma-mass spectrometry (LA-ICP-MS) [J]. Water, Air, and Soil Pollution, 2004, 152 (1-4): 111-127.

[23] 刘乘麟. 黄河内蒙古河段泥沙来源分析 [D]. 兰州: 兰州大学, 2015.

[24] Chapraa S C, Dolanb D M, Alicedovec. Mass-balance modeling framework for simulating and managing long-term water quality for the lower Great Lakes [J]. Journal of Great Lakes Research, 2016, 42 (6): 1166-1173.

[25] Jang C, Liu C, Chen S, et al. Using a mass balance model to evaluate groundwater budget of seawater-intruded island aquifers [J]. Journal of the American Water Resources Association, 2012, 48 (1): 61-73.
[26] 王在峰，张水燕，张怀成，等．水质模型与 CMB 相耦合的河流污染源源解析技术 [J]. 环境工程，2015，33 (02): 135-139.
[27] 陈海洋，滕彦国，王金生，等．基于 NMF 与 CMB 耦合应用的水体污染源解析方法 [J]. 环境科学学报，2011，31 (02): 316-321.
[28] 郎印海，薛荔栋，刘爱霞，等．日照近岸海域表层沉积物中多环芳烃（PAHs）来源的识别和解析 [J]. 中国海洋大学学报（自然科学版），2009，39 (03): 535-542.
[29] 苏丹，唐大元，刘兰岚，等．水环境污染源解析研究进展 [J]. 生态环境学报，2009，18 (02): 749-755.
[30] Kelley D W, Nater E A. Source apnt of lake bed sediments to watersheds in an Upper Mississippi basin using a chemical mass balance method [J]. Catena, 2000, 41 (4): 277-292.
[31] Em W, Sl K. Applying a multivariate statistical analysis model to evaluate the water quality of a watershed [J]. Water Environment Research, 2012, 84 (12): 2075-2085.
[32] Belkhiri L, Narany T S. Using multivariate statistical analysis, geostatistical techniques and structural equation modeling to identify spatial variability of groundwater quality [J]. Water Resources Management, 2015, 29 (6): 2073-2089.
[33] 刘涛，邵东国，顾文权．基于层次分析法的供水风险综合评价模型 [J]. 武汉大学学报（工学版），2006，39 (04): 25-28.
[34] 陈锋，孟凡生，王业耀，等．地表水环境污染物受体模型源解析研究与应用进展 [J]. 南水北调与水利科技，2016，14 (02): 32-37.
[35] Liu W, Yu H, Chung C. Assessment of water quality in a subtropical alpine lake using multivariate statistical techniques and geostatistical mapping: a case study [J]. International Journal of Environmental Research and Public Health, 2011, 8 (4): 1126-1140.
[36] 陈锋，孟凡生，王业耀，等．多元统计模型在水环境污染物源解析中的应用 [J]. 人民黄河，2016，38 (01): 79-84.
[37] 方晓波，骆林平，李松，等．钱塘江兰溪段地表水质季节变化特征及源解析 [J]. 环境科学学报，2013，33 (07): 1980-1988.
[38] Nosrati K, Van Den Eeckhaut M. Assessment of groundwater quality using multivariate statistical techniques in Hashtgerd Plain, Iran [J]. Environmental Earth Sciences, 2012, 65 (1): 331-344.
[39] 邱瑀，卢诚，徐泽，等．湟水河流域水质时空变化特征及其污染源解析 [J]. 环境科学学报，2017，37 (08): 2829-2837.
[40] Subba Rao N, Vidyasagar G, Surya Rao P, et al. Assessment of hydrogeochemical processes in a coastal region: application of multivariate statistical model [J]. Journal of the Geological Society of India, 2014, 84 (4): 494-500.

[41] 杨敏，曲久辉．水源污染与饮用水安全［J］．环境保护，2017，381（10）：62-64.
[42] Havelaar A H. Application of HACCP to drinking water supply［J］．Food Control，1994，5（3）：145-152.
[43] Yokoi H，Embutsu I，Yoda M，et al. Study on the introduction of hazard analysis and critical control point（HACCP）concept of the water quality management in water supply systems［J］．Water Sci Technol，2006，53（4-5）：483-492.
[44] 修长昆．我国城市饮用水全过程控制法律制度研究［D］．青岛：中国海洋大学，2014.
[45] 于宏旭．供水水质全过程管理模式研究［D］．北京：清华大学，2007.
[46] Robinne F N，Bladon K D，Miller C，et al. A spatial evaluation of global wildfire-water risks to human and natural systems［J］．Sci Total Environ，2018，610-611：1193-1206.
[47] 陈仁杰，钱海雷，袁东，等．改良综合指数法及其在上海市水源水质评价中的应用［J］．环境科学学报，2010，30（2）：431-437.
[48] 林爱武．饮用水水质评价体系建立的构想［J］．中国给水排水，2016，(18)：19-22.
[49] 万福才，鄂佳．统计过程监控综述［J］．沈阳大学学报（自然科学版），2009，21（3）：101-103.
[50] 王光．基于关键性能指标的数据驱动故障检测方法研究［D］．哈尔滨：哈尔滨工业大学，2016.
[51] TchórzewskaCieślak Barbara. Risk in water supply system crisis management［J］．Journal of Konbin，2008，5（2）：175-190.
[52] Rak J，Pietrucha-Urbanik K. Some factors of crisis management in water supply system［J］．Environment Protection Engineering，2008，34（2）：57-65.
[53] 万嘉瑜．南昌水业集团基于数据仓库的数据分析研究［D］．南昌：南昌大学，2015.
[54] 袁东，陈仁杰，钱海雷，等．城市生活饮用水综合指数评价方法建立及其应用［J］．环境与职业医学，2010，27（5）：257-260.
[55] 孙傅，陈吉宁，曾思育．城市给水系统应用 HACCP 体系的研究与实践进展［J］．中国给水排水，2006，22（12）：1-5.
[56] FAO/WHO. Food standards programme，Codex alimentarius commission，food hygiene basic texts［M］．FAO/WHO Food Standards Programme@ FAO/WHO，Roma：1999.
[57] 万金保，何华燕，曾海燕，等．主成分分析法在鄱阳湖水质评价中的应用［J］．南昌大学学报（工科版），2010，32（2）：113-117.
[58] 仇茂龙，刘玲花，邹晓雯，等．国内外水源地水质评价标准与评价方法的比较［J］．中国水利水电科学研究院学报，2013，11（3）：176-182.
[59] Kazi T G，Arain M B，Jamali M K，et al. Assessment of water quality of polluted lake using multivariate statistical techniques：a case study［J］．Ecotoxicol Environ Saf，2009，72（2）：301-309.
[60] 蔡文婷，刘克强，李琛，等．太湖流域城市群水源地规划布局研究［J］．中国水利，2017，(19)：53-56.
[61] 李令鑫，翟敬栓，赵士飞，等．新乡市大东区生态水系建设之我见［J］．河南水利与南

水北调，2017，45（07）：6-7.

[62] 李朝峰，杨中宝. SPSS 主成分分析中的特征向量计算问题［J］. 统计教育，2007，(3)：10-11.

[63] 孙艺珂，王琳，祁峰. 改进综合水质指数法分析黄河水质演变特征［J］. 人民黄河，2018，40（7）：78-81.

[64] Tchórzewska Cieślak Barbara. Risk in water supply system crisis management［J］. Journal of Konbin，2008，5（2）：175-190.

[65] Rak J，Pietrucha-Urbanik K. Some factors of crisis management in water supply system［J］. Environment Protection Engineering，2008，34（2）：57-65.

[66] Senaratne H，Mobasheri A，Ali A L，et al. A review of volunteered geographic information quality assessment methods［J］. International Journal of Geographical Information Science，2017，31（1）：139-167.

[67] Guo Y，Barnes S J，Jia Q. Mining meaning from online ratings and reviews：tourist satisfaction analysis using latent dirichlet allocation［J］. Tourism Management，2017，59：467-483.

[68] 姜晓华，汤芳，孙丽娟，等. 基于 HACCP 原理的再生水粪大肠菌安全控制管理研究［J］. 中国给水排水，2015，31（14）：7-11.

[69] 唐启义. DPS 数据处理系统［M］. 第 3 版. 北京：科学出版社，2013.

[70] 张娇. 基于多源数据的洱海水华遥感监测与风险预警研究［D］. 武汉：武汉大学，2017.

[71] 邹谧. 基于大数据股价信息的证券市场操纵系统性风险监测［J］. 信息系统工程，2018，(1)：122-123，125.

[72] 张翠强，田力达，李六连，等. 基于监测数据的地铁车站混凝土早期开裂风险评估［J］. 建筑结构，2017，(s1)：939-943.

[73] 杜浸，王聚全. 基于多源数据融合算法的城市客流聚集风险监测系统研究［J］. 网络安全技术与应用，2016，(5)：37-38.

[74] Damikouka I，Katsiri A，Tzia C. Application of HACCP principles in drinking water treatment［J］. Desalination，2007，210（1-3）：138-145.

[75] 祁峰. “实施城乡居民饮用水污染防治行动”专家组调查评价报告［R］. 济南：2015.

[76] Sinclair M，O'Toole J，Gibney K，et al. Evolution of regulatory targets for drinking water quality［J］. J Water Health，2015，13（2）：413-426.

[77] Pan G，Krom M D，Zhang M，et al. Impact of suspended inorganic particles on phosphorus cycling in the Yellow River（China）［J］. Environ Sci Technol，2013，47（17）：9685-9692.

[78] Shan Baoqing，Li Jie，Zhang Wenqiang，et al. Characteristics of phosphorus components in the sediments of main rivers into the Bohai Sea［J］. Ecological Engineering，2016，97：426-433.

[79] Zhang W，Jin X，Zhu X，et al. Phosphorus characteristics，distribution，and relationship with environmental factors in surface sediments of river systems in Eastern China［J］. Environ Sci Pollut Res，2016，23（19）：19440-19449.

[80] 刘苗，王敏，顾军农，等．“引黄入京”工程南输水线水源水质分析评价［J］．中国给水排水，2016，(7)：6-9.
[81] 贾瑞宝，孙韶华，宋武昌，等．引黄供水系统水质安全现状及保障对策研究［J］．给水排水，2010，36（S1)：26-29.
[82] 丁国玉，张斌，万正茂，等．场地健康风险评估及生物可给性的应用［J］．环境科学与技术，2014，(s1)：372-376.
[83] Guissouma W，Hakami O，Al-Rajab A J. et al. Risk assessment of fluoride exposure in drinking water of Tunisia［J］. Chemosphere，2017，177：102-108.
[84] 山东省地质矿产局第九地质队．山东省泰安市大汶口东武水源地勘察报告［R］. 1999.
[85] 山东省第五地质矿产勘查院．山东省泰安市大汶口镇东武水源地开采区及周边地区环境地质调查报告［R］. 2008.
[86] 葛培玉，赵新峰，申立堂．泰安市三合自来水厂扩建工程［J］．给水排水，2004，(05)：21-24.
[87] 泰安市人民政府．泰安市市辖区地下水饮用水水源保护区划分方案．泰安：2015.
[88] 山东省地质矿产勘查开发局，第五地质大队．泰安市辖区地下水饮用水水源地保护区划分技术报告［R］.
[89] Du Y，Lv X T，Wu Q Y，et al. Formation and control of disinfection byproducts and toxicity during reclaimed water chlorination：a review［J］．J Environ Sci（China），2017，58：51-63.
[90] Qi W，Zhang H，Hu C，et al. Effect of ozonation on the characteristics of effluent organic matter fractions and subsequent associations with disinfection by-products formation［J］．Sci Total Environ，2018，610-611：1057-1064.
[91] Jiang Yanjun，Goodwill Joseph E，Tobiason John E，et al. Comparison of the effects of ferrate，ozone，and permanganate pre-oxidation on disinfection byproduct formation from chlorination，in ferrites and ferrates：chemistry and applications in sustainable energy and environmental remediation［M］．American Chemical Society，2016：421-437.
[92] 吴等等，顾锦钊，张瑞丽，等．引黄济青工程渠首水质变化研究［J］．北京水务，2013，(6)：15-18.
[93] 张瑞丽．引黄济青输水沿程水质变化及对策研究［D］．青岛：青岛理工大学，2011.
[94] Tang Caihong，Yi Yujun，Yang Zhifeng，et al. Water pollution risk simulation and prediction in the main canal of the south-to-north water transfer project［J］．Journal of Hydrology，2014，519：2111-2120.
[95] 林爱武．饮用水水质评价体系建立的构想［J］．中国给水排水，2016，(18)：19-22.
[96] 张晓琳，陈洪涛，姚庆祯，等．黄河下游水体中重金属元素的季节变化及入海通量研究［J］．中国海洋大学学报（自然科学版)，2013，43（08)：69-75.
[97] 修春海，焦盈盈，武道吉．表流人工湿地改善玉清湖入库水水质的研究［J］．中国给水排水，2008，24（13)：100-102.
[98] 马旭阳．黄河水体沉积物中铁与磷的形态分布及相关分析［D］．呼和浩特：内蒙古师

范大学，2015.

[99] Zhang Yi，He Feng，Kong Lingwei，et al. Release characteristics of sediment P in all fractions of Donghu Lake，Wuhan，China [J]. Desalination and Water Treatment，2016，57（53）：25572-25580.

[100] Ding S，Wang Y，Wang D，et al. In situ，high-resolution evidence for iron-coupled mobilization of phosphorus in sediments [J]. Sci Rep，2016，6：24341.

[101] Chou Ping-I，Ng Ding-Quan，Li I Chia，et al. Effects of dissolved oxygen，pH，salinity and humic acid on the release of metal ions from PbS，CuS and ZnS during a simulated storm event [J]. Science of the Total Environment，2018，624：1401-1410.

[102] Zang Fei，Wang Shengli，Nan Zhongren，et al. Influence of pH on the release and chemical fractionation of heavy metals in sediment from a suburban drainage stream in an arid mine-based oasis [J]. Journal of Soils and Sediments，2017，17（10）：2524-2536.

[103] 康雅，许月霞，吴新平，等．南水北调水源切换后原水水质情况对比研究 [J]. 给水排水，2016，42（08）：17-19.

[104] 陈沛沛．黄河下游与长江流域营养盐变化规律的研究 [D]. 青岛：中国海洋大学，2012.

第5章　青岛市水源水质安全评价与供水系统安全风险识别

青岛初为渔舟聚集之所，旧有居民三四百户，大都以渔为业。章高元驻兵而后，渐成为小镇市[1,2]。开埠之前当地居民的饮水以河水、泉水为主；开埠后，随着城市建设，“成千上万的劳动者从山东各地聚集青岛”[3]。德国租借后，由于人口多，井太少，先后掘了160多个，仍然不够用。另外，卫生设施不足，井水污染造成大肠伤寒流行。1899年在东镇开辟青岛市内第一处水源地——海泊河水源地，三年后告成，送水到观象山贮水池，“每日送水量四百吨”[4]。海泊河是青岛一条重要的过城河，发源于浮山山麓，向西汇入胶州湾，主河道全长7.8km。1906年，“废弃旧井建设新井，每日送水量一千吨”。如图5.1所示是海泊河水源地厂房图。

图5.1　海泊河水源地厂房图

1906年在李村河与张村河的交汇处打井建设李村河水源地，从水源地到贮水山铺筑内径400mm、长11km的输水管道，1909年在阎家山村东建成投产，当时水源丰沛、水质良好，日供水高达6000m^3，是海泊河水源地供水量的15倍，后经不断扩建，如图5.2所示。主体建筑为一座典型的德式建筑，砖石结构，花岗岩砌基。人口增加，自来水供不应求，开辟新的水源地又成为必然的趋势，经过勘测，1919年在白沙河仙家寨附近，开辟青岛市内的第三处水源地——白沙河水源地；1942年在东、西黄埠村间开辟黄埠水源地。

图 5.2　1906 年在李村河与张村河的交汇处水源地

表 5.1 为自 1915—1919 年李村河水源地水质的化验统计结果。其中由色度到绿素等项都是以百分数统计，微菌数是指 1m^3 水内所含的微菌数。

表 5.1　日管时代李村河水源地水质的化验统计结果

年份	温度/℃	味	色度	浊度	固体物	浮游物	阿母尼亚	氧气消费量	硬度	酸性	绿素	微菌数
1915		石油味	无		—	—	微现	—	—	—	—	—
1916		无	无		178.31	微量	微现	1.43	65.00	—	64.63	—
1917		无	无		203.31	无	微现	0.94	84.00	—	72.00	—
1918		无	无		218.00	无	微现	0.92	45.40	—	63.50	145.0
1919		无	无		209.99	无	微现	0.97	29.70	—	58.95	121.0
1924		无	无	15.00	168.10	微量	微现	1.47	72.05	14.98	70.29	143.0
1926	17.55	无	无	4.50	148.50	7.20	微现	1.46	52.40	36.70	—	169.0
1930	15.80	无	无	5.00	133.33	34.17	0.0177	0.78	27.42	25.59	54.67	62.0
1932	12.20	无	无	5.00	120.15	8.26	微现	0.98	32.84	31.60	44.10	64.30

* 资料来源：国立山东大学化学社．科学的青岛．1933 年．

如表 5.1 所示，从青岛市水质的温度、味、色度、浊度、固体物、浮游物、阿母尼亚、氧气消费量、硬度、酸性、绿素、微菌数等各项指标的统计数字来看，水质无色无味，有害物质如有机物、浮游物、微菌等都不太多，水的硬度也较小，只是所含的绿素稍微重些。总体而言，青岛的水质比较纯正。由于水质优良，从井里打出的水，不用机械处理，稍加沉淀就可以饮用。

当时的水质较好，并没有任何处理设施，只是“经吸水干管，接于集合井，吸水干管最高处，与其真空机相连，管中空气排尽，各井水即由唧虹作用，流于集合井，升水机吸管，直接由集合井，吸水压送至市内贮水池，然后再由配水管，分布全市”[5]。

为了涵养水源，海泊河、李村河、白沙河三处水源地附近都建造了水源涵养林。20 世纪 30 年代，白沙河水源地、海泊河水源地、李村河水源地的水源涵养林所占面积占自来水厂很大一部分，白沙河水源地分东厂和西厂，“东厂总计占地 72842. 65m^2，内分房屋占地 1348. 13m^2，其余为涵养林及花圃。西厂总计占地 8240m^2，内分房屋占地 560. 4m^2，涵养林占约 7679m^2”[6]，如图 5. 3 所示。白沙河水源地东厂涵养林占总面积的 98% 左右，西厂水源涵养林占西厂总面积的 93% 左右；海泊河水源地水源涵养林占总厂房面积的 82% 左右，李村水源地水源涵养林占总厂房面积的 99% 左右。

图 5. 3　白沙河涵养林

20 世纪 20 年代，设立专门的农林事务所负责青岛市内水源涵养林的计划和管理事务，制定了专门的保护法：《青岛市水源涵养林规则》。无论是官有林还是民有林，农林事务所将认为是必要的水源涵养地，可以向政府申请划归为水源涵养林，加以重点保护，呈请市政会议讨论通过，对划入水源涵养林的私人林地进行一定的经济补助和补偿，“民有林因为水源涵养林，致受损害者，得陈经农林事务所转呈市政府酌核补价”，“民有地为涵养水源必要时，得强迫造林，其所需种苗及人工种植等费，得由农林事务所酌量补助”[7]。

新中国成立后阎家山水源地改为第一送水厂，几经扩建，至 20 世纪 60 年代，供水量已达到334m^3/a。1979—1988年污染日益加重，河沙大量被挖，1988年李村河水源地被迫停止供水，李村河的饮用水源地的功能作用不可挽回地结束了。李村河重要的支流张村河，位于张村河中游的中韩水厂（又称第四送水厂，建于1959年）利用张村河中游良好的富水区，丰沛的潜流，源源不断地供应地下水。到20世纪90年代，严重的水污染，也废弃不用了。

1901—1949年青岛主要供水水源有海泊河水源地、李村水源地、白沙河水源地、黄埠水源地、南海路水源地、太平角水源地和浮山所水源地7处井群取水。综合供水能力为3.3万m^3/d。1949年后随着生产发展和人民生活需水量的激增，供需矛盾加剧，1957年和1960年分别在张村河、白沙河新建第四、五井群水厂，供水能力增加2.3万m^3/d。

从1958年开始，青岛开始水库建设，向青岛东部城区供水的水库主要有三座，如表5.2所示。

表5.2　青岛市区东部城区供水的主要水库

水库名称	所在河流	控制流域面积/km^2	总库容/亿m^3	兴利库容/亿m^3
产芝水库	大沽河	879	4.02	2.154
崂山水库	白沙河	99.6	0.6044	0.4798
棘洪滩水库	黄河	—	1.4529	—

崂山水库位于城阳区夏庄街道，水库控制流域面积99.6km^2，库区以上多年平均降水量950mm，多年平均径流量0.53亿m^3。总库容5601万m^3，兴利库容4798万m^3。1958年9月开工，翌年7月竣工。

大沽河水系位于胶东半岛西部，流域面积达4631km^2，是青岛市内流域范围最广、面积最大的水系，包括小沽河、流浩河、五沽河及南胶莱河等众多支流。其发源于招远市阜山，由于流域地势北高南低，从北向南依次流经青岛莱西市、平度市、即墨区、胶州市和城阳区，最终入海。大沽河流域上游先后建成产芝、尹府2座大型水库，建高格庄、黄同、堤湾、宋化泉、挪城、北墅、城子、勾山、庙埠河9座中型水库及170余座小型水库和大量塘坝工程，总蓄水量达3.7亿m^3。

产芝水库，位于莱西县韶存庄乡产芝村东北大沽河干流中上游。控制流域面积为879km^2。总库容为4.02亿m^3，兴利库容为2.154亿m^3。1958年11月动工，主、副坝，东、西输水洞，溢洪道等工程于1959年9月竣工。

棘洪滩水库位于山东省青岛市，是人造堤坝平原水库，总库容1.4529亿m^3。工程自1986年4月15日动工，1989年11月25日正式通水。

向青岛市区内供水的水厂主要有仙家寨水厂、白沙河水厂和崂山水厂三个主供水厂。其中，仙家寨水厂处理能力达 36.6 万 m^3/d，拥有青岛市首个水厂深度处理工程，对棘洪滩水库、大沽河水源地及崂山水库三大地表水源地水源进行处理；白沙河水厂与仙家寨水厂相邻，处理能力为 36 万 m^3/d，主要处理来自大沽河和崂山水库的水体；崂山水厂位于这两个水厂上游约 10km，主要接受来自崂山水库的水进行处理。由于青岛市三大水厂出水汇集于统一管网，调度中心无法分开各种水源，故采用综合调配，到达用户端的水流基本为混合水。

青岛市水厂设置位于青岛市北侧，即便水源不同的水流流出水厂后都会进入统一管网，且市区供水经常进行调配，原水量和用水量不同也会影响水厂出水量，市区绝大多数区域基本为混合水，没有流向单一不混合的供水系统，形成复杂的网状供水体系，同时提高了青岛市饮用水供水保障能力。

5.1 水源地水质安全评价

5.1.1 水质安全评价方法

综合水质污染指数法将多种污染因子的相对污染指数综合归纳为单一的污染指数，可对水体污染情况进行量化，传统的综合水质污染指数法也存在问题：一是采用单因子指数作为分项指数[8]，结果只能反映水质污染总体变化情况，不能对水质污染类别判断；二是赋权方法单一，无法同时表现污染因子的不同污染程度贡献和反映污染因子不同变化幅度的相关情况，也无法同时表达对污染因子的主观评价。为解决上述问题，采用反映水体水质类别及污染情况的水污染指数 WPI 作为分项指数，通过量化结果克服传统的综合水质指数的缺点。其次，在确定综合权重时，采用超标倍数法和主成分法反映污染因子的超标情况和变化幅度对水质影响，再结合层次分析法（AHP）确定综合权重，以反映主观评价的影响，克服等权法忽略重要程度差异的缺陷，以此构建改进的综合水质指数(WPCNAI)。

1. 水污染指数 WPI 分项指数

水污染指数（WPI）法是以单因子评价法为基础，依据水质类别与水污染指数对照表（表 5.3），通过内插法将各水质指标的表征数据量化为单个数字，以此代表相应的水质，选取最高的 WPI 值作为评价对象的最终 WPI 值的一种水质评价方法[9,10]。该方法延用单因子评价法以污染最严格的水质指标作为判断水质类别标准的思路[11]，能够对水质情况进行量化，水质评价结果更直观，量化方式可以对劣Ⅴ类水体进行判断，即便不同水质类别的水质情况也可以相互比较。

表 5.3 水质类别与水污染指数对照表

水质类别	Ⅰ	Ⅱ	Ⅲ	Ⅳ	Ⅴ	劣Ⅴ
WPI	0<WPI≤20	20<WPI≤40	40<WPI≤60	60<WPI≤80	80<WPI≤100	WPI>100

水污染指数 WPI 的确定需要进行数据的标准化处理，参照《地表水环境质量标准》（GB 3838—2002），将每个水质参数转化为 0～100 的比例[12]，其中 100 代表其最高限，WPI 数值越大代表相应的水质参数越差。

具体计算公式如下[13]：

（1）DO 污染指数的计算。DO 污染指数计算公式随 DO 浓度含量不同而发生差异，DO 是水质指标标准中递减性指标，具体公式见表 5.4。

表 5.4 溶解氧（DO）污染指数计算公式与浓度范围对应表

DO 浓度值范围/(mg/L)	DO 污染指数计算公式	编号
$C(\mathrm{DO})\leqslant 2.0$	$\mathrm{WPI_{DO}}=100+\dfrac{2.0-C(\mathrm{DO})}{2.0}\times 40$	(5.1)
$2.0<C(\mathrm{DO})\leqslant 7.5$	$\mathrm{WPI_{DO}}=\mathrm{WPI_{1DO}}+\dfrac{\mathrm{WPI_{hDO}}-\mathrm{WPI_{1DO}}}{C_1(\mathrm{DO})-C_{\mathrm{h(DO)}}}\times[C_1(\mathrm{DO})-C(\mathrm{DO})]$	(5.2)
$C(\mathrm{DO})>7.5$	20	(5.3)

式（5.1）中：$C(\mathrm{DO})$—监测浓度值，mg/L；式（5.2）中：$C_1(\mathrm{DO})$—监测值所在类别标准的下限浓度值，mg/L；$C_{\mathrm{h(DO)}}$—监测值所在类别标准的上限浓度值，mg/L；$\mathrm{WPI_{1DO}}$—监测浓度值所对应的下限指数值；$\mathrm{WPI_{hDO}}$—监测浓度值所对应的上限指数值。

（2）pH 污染指数计算公式见表 5.5。

表 5.5 pH 污染指数计算公式与浓度范围对应表

pH 范围	pH 污染指数计算公式	编号
0～6	$\mathrm{WPI_{pH}}=100+6.67\times(6-\mathrm{pH})$	(5.4)
6<pH<9	$\mathrm{WPI_{pH}}=20$	(5.5)
9～14	$\mathrm{WPI_{pH}}=100+8.00\times(\mathrm{pH}-9)$	(5.6)

（3）其他水质指标污染指数的计算。当水质指标未超过Ⅴ类水质指标限值时，水污染指数计算公式如下：

$$WPI(i)=WPI_1(i)+\frac{WPI_h(i)-WPI_1(i)}{C_h(i)-C_1(i)}\times[C(i)-C_1(i)] \quad (5.7)$$

当水质指标超过劣Ⅴ类水质指标限值时，水污染指数计算公式如下：

$$WPI(i)=100+\frac{C(i)-C_5(i)}{C_5(i)}\times 40 \quad (5.8)$$

式中：$WPI(i)$—第 i 个水质指标所对应的指数值；$WPI_1(i)$—第 i 个水质指标下限浓度所对应的指数值；$WPI_h(i)$—第 i 个水质指标上限浓度所对应的指数值；$C(i)$—第 i 个水质指标的监测浓度，mg/L；$C_1(i)$—第 i 个水质指标的下限浓度值，mg/L；$C_h(i)$—第 i 个水质指标的上限浓度值，mg/L；$C_5(i)$—第 i 个水质指标的Ⅴ类水质指标限值，mg/L；$WPI_1(i)$—第 i 个水质指标下限浓度所对应的指数值；$WPI_h(i)$—第 i 个水质指标上限浓度所对应的指数值。

2. 指标权重的确定

（1）主成分分析计算污染因子变化幅度权重 ω_i'

首先，进行主成分数量选择：为避免衡量因子的影响，筛除浓度不变的污染因子，将其权重定为0；构建由 i 项水质指标、j 个监测时段构成的样本矩阵；其次，通过 SPSS 19.0 软件进行主成分协方差分析，选择累计贡献率超过85%的前 m 种成分作为主成分，以反映原始数据的大部分信息；最后，计算污染因子变化幅度权重：

$$\omega_i'=\sum_{i=1}^{m}\left|\frac{P_i}{\sqrt{\lambda_i}}\right|\cdot A_i \quad (5.9)$$

式（5.9）中得到 λ_i、A_i 和 P_i 分别是通过 SPSS 软件分析得到的样本矩阵特征值、贡献率和成分矩阵。

（2）超标倍数法计算污染因子超标权重 ω_i''

超标倍数法常用于模糊综合评价法的权重计算，可用最大隶属原则判断水质类别，但存在评判结果出现误差的风险[14]，故多与其他权重方法并用，其用于计算超标情况的权重计算公式为[15]：

$$\omega_i''=\frac{C_i/\overline{Y_i}}{\sum_{i=1}^{r}C_i/\overline{Y_i}} \quad (5.10)$$

式中：ω_i''—污染因子超标权重；C_i—第 i 项水质指标的实测浓度值；Y_i—第 i 项水质指标的 r 种水质类别标准值的平均值。

（3）层次分析法计算污染因子主观权重 ω_i'''

以《地表水环境质量标准》（GB 3838—2002）中除水温外的23项基本项目

为决策目标，综合考虑各污染因子属性、对水质影响贡献度、水体含量[16-18]等相关情况，参考山东省水利厅水质监测项目类别及相关污染因子对水质影响相关文献[19,20]，要素层设计 4 个参数，构建水质层次结构模型，如图 5.4 所示。

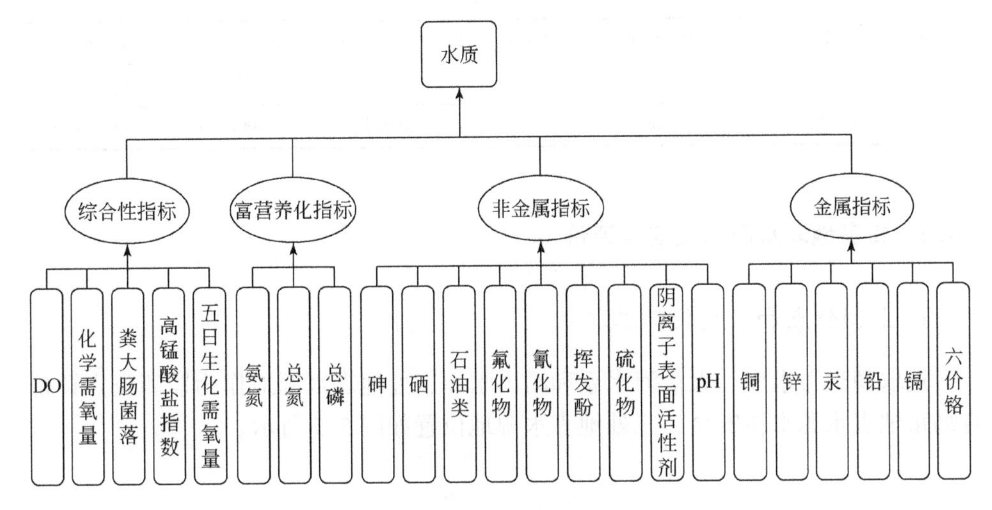

图 5.4　水质层次结构模型

(4) 综合权重

将超标倍数法、主成分分析法及层次分析法得到权重进行均值处理，得到综合权重 ω_i。

3. 水质综合指数构建

确定权重后，综合考虑各污染因子的不同贡献率，定义 WPCNAI 为改进后的综合污染指数，采用如下公式计算：

$$\mathrm{WPCNAI} = \sum_{i=1}^{n} \omega_i \mathrm{WPI}_i \tag{5.11}$$

式中：WPI_i—第 i 种水质指标对应的 WPI 值；ω_i—第 i 种水质指标对应的权重。

WPCNAI 指数不仅可以直接反映水质好坏（值越低水质越好），而且可以直接借用 WPI 分级方法进行水质分级，水质类别与 WPCNAI 指数之间的对应关系详见表 5.6。

表 5.6　水质类别与水污染指数对照表

水质类别	Ⅰ	Ⅱ	Ⅲ	Ⅳ	Ⅴ	劣Ⅴ
WPCNAI	0<WPCNAI≤20	20<WPCNAI≤40	40<WPCNAI≤60	60<WPCNAI≤80	80<WPCNAI≤100	WPCNAI>100

根据《地表水环境质量评价方法（试行）》，可依据不同水质类别的占比情况判断河流水质状况，水质定性评价分级详见表5.7。

表5.7　水质状况与水质类比占比对照表

水质类别比例						
	Ⅰ～Ⅲ类占比 P_1	$P_1 \geq 90\%$	$75\% \leq P_1 < 90\%$	$P_1 < 75\%$	$P_1 < 75\%$	$P_1 < 60\%$
	劣Ⅴ类占比 P_2	—	—	$P_2 < 20\%$	$20\% \leq P_2 < 40\%$	$P_2 \geq 40\%$
水质状况		优	良好	轻度污染	中度污染	重度污染

5.1.2　青岛地表水源水质安全评价

1. 监测位点和水质指标选取

选取棘洪滩水库、大沽河水系和崂山水库三处地表水源地作为监测位点评价青岛市地表水源水质安全，三处地表水源地位置如图5.5所示。

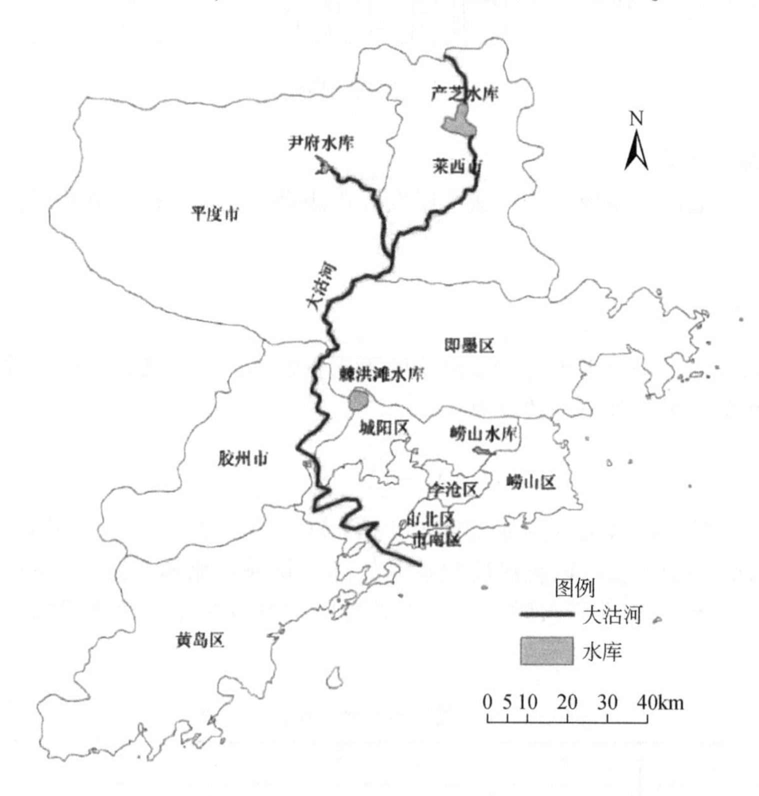

图5.5　青岛三处地表水源地位置图

综合研究区水质特点，获取每个监测位点 2015—2017 年的 pH、溶解氧（DO）、高锰酸盐指数（COD_{Mn}）、五日生化需氧量（BOD_5）、氨氮（NH_3-N）、总氮（TN）和氟化物七项指标月监测数据进行分析，除仪器故障等原因未进行监测外，共得到 32 组监测数据。

2. 地表水源水质安全评价

（1）三处地表水源不同水质监测指标赋权

以棘洪滩水库、大沽河和崂山水库 2015—2017 年的月监测数据为对象，分别采用主成分分析法、超标倍数法和层次分析法赋权。其中，在层次分析法获得主观权重时，要素层强调综合性指标重要性，其次为富营养化指标，最后为非金属指标；由于氨氮作为好氧物质，其造成水体富营养化的能力强于总氮，决策目标层将氨氮重要性提高；考虑到氟化物作为饮用水水质监测中毒性项目的代表，其毒性作用不容忽略，决策目标层也提高其重要性，其余基本同等重要。所得赋权结果如表 5.8 所示。

表 5.8　三处地表水源地水质的赋权结果

水质监测指标		pH	DO	COD_{Mn}	BOD_5	NH_3-N	TN	氟化物
棘洪滩水库	层次分析法	0.0336	0.2246	0.2246	0.2246	0.1692	0.0564	0.0671
	主成分分析法	0.0000	0.0095	0.1632	0.0042	0.0788	0.7143	0.0300
	超标倍数法	0.1624	0.3113	0.0609	0.0394	0.0157	0.3154	0.0949
	组合赋权	0.0653	0.1818	0.1496	0.0894	0.0879	0.3620	0.0640
大沽河	层次分析法	0.0336	0.2246	0.2246	0.2246	0.1692	0.0564	0.0671
	主成分分析法	0.0000	0.0053	0.0139	0.0058	0.0232	0.9513	0.0005
	超标倍数法	0.0566	0.1160	0.0188	0.0179	0.0098	0.7618	0.0192
	组合赋权	0.0301	0.1153	0.0858	0.0828	0.0674	0.5898	0.0289
崂山水库	层次分析法	0.0336	0.2246	0.2246	0.2246	0.1692	0.0564	0.0671
	主成分分析法	0.0000	0.0560	0.0132	0.1298	0.0770	0.6901	0.0339
	超标倍数法	0.1528	0.2376	0.0644	0.0520	0.0124	0.3887	0.0921
	组合赋权	0.0621	0.1727	0.1007	0.1355	0.0862	0.3784	0.0644

如表 5.8 所示，青岛三处地表水源地层次分析法赋权结果相同，并没有明显的差异。其中，反映水体污染情况的综合性指标 DO、COD_{Mn}和 BOD_5所占权重最大，为 22.46%，其次为影响水体富营养化的氨氮指标，占比 16.92%，其余指标占比均不超过 10%，对水质贡献度相对较小。

根据主成分分析法赋权结果所示，三处地表水源地 pH 监测指标的权重均为

0，表明三处水源中酸碱度变化不大，常年在 6 ~ 9 的合理范围内波动。TN 在三处水源占比均超过 60%，远大于其余六种水质指标，三年间随季节和年份波动较为明显。其中，大沽河水源地 TN 占比高达 95.13%，稳定性很差，对水质影响较大，应作为重点监测指标，其中，宋为威等[21]研究棘洪滩水库时得出总氮含量随季节性变化较大的相似结论，产生这种现象的原因主要是棘洪滩水库通常在春冬季节引水，引入较多外源性含氮物质，加之此时水温较低，水库中生物活动和代谢能力较弱，总氮消耗能力弱，夏秋季节随着水温升高，水中生物新陈代谢也随之提高，消耗增加导致水体总氮含量出现较大变化。其余指标所占权重在三处水源地表现有所差异。其中，棘洪滩水库中 COD_{Mn} 占比 16.32%，仅次于 TN，表明棘洪滩水库水体中有机物和可氧化无机物含量波动较大。陈立国等[22]对棘洪滩水库水质波动情况研究时得到 2012 年后水库水质持续波动的结论；其次占比较大的指标是影响水体富营养化的 NH_3-N，为 7.88%，其占比排序不如其他水源可能是棘洪滩水库经过较长的输水路线，水体流动性较好，水体可利用自净能力稀释、降解掉部分氨氮物质。大沽河水源地除变化幅度远大于其他水质指标的 TN 外，NH_3-N 和 COD_{Mn} 占比分别为 2.32% 和 1.39%，波动相对其他水质指标略大，可重点监测。孟春霞等[23]对大沽河地表水水质变化分析时指出 COD_{Mn} 及 NH_3-N 浓度变化与季节存在一定的相关性，枯水期 NH_3-N 浓度偏高，丰水期浓度偏低。崂山水库 BOD_5 贡献率仅次于 TN，占比为 12.98%，表明崂山水库的有机污染物变化幅度较大，是由于崂山水库附近餐饮业及畜禽养殖业旺盛[24]，造成进入水体的有机污染具有较大的波动性。

根据超标倍数法赋权结果所示，三处水源水质情况有一定的相似性。超标情况最为严重的都是 TN 和 DO，其中大沽河水源地 TN 占比高达 76.18%，是大沽河污染最为严重的水质指标，张欣等[25]研究指出大沽河水系分支广布，农业生产或工业废水等排入是造成 TN 超标的重要因素之一；张晓波等[26]指出对棘洪滩水库水质变化分析时指出 TN 浓度严重超标主要由棘洪滩水库所引原水中氮含量过高造成，陈立国等[22]研究指出 DO 是棘洪滩水库水质较差的主要因素。

（2）青岛市地表水源水质情况

以 2015—2017 年间青岛市三处地表水源地的月监测指标为基础，计算相应的改进综合水质指数 WPCNAI，并对三处水源地水质进行对比分析，不同水质类别占比如图 5.6 所示。结果表明，棘洪滩和崂山两大水库以Ⅱ ~ Ⅲ水质为主，棘洪滩水库和崂山水库的Ⅰ ~ Ⅲ水体占比 P_1 分别为 86.11% 和 80.57%，参照表 5.7，水质状况良好，基本能够满足地表水环境质量标准的Ⅲ类标准，达到集中式生活饮用水地表水源地二级保护区标准。但由于大沽河水源地 TN 含量过高，部分时段监测浓度甚至超出Ⅴ类水质标准的 10 倍，其他监测指标状况良好。本次改进的监测方法过于强调污染最严重污染因子的影响，其WPCNAI超过100情况严重，水质类别大多监测为V类和劣V类，劣V类水体占比 P_2 高达81.25%，参照表5.7，水质重度污染，应做好总氮污染因子的控制。

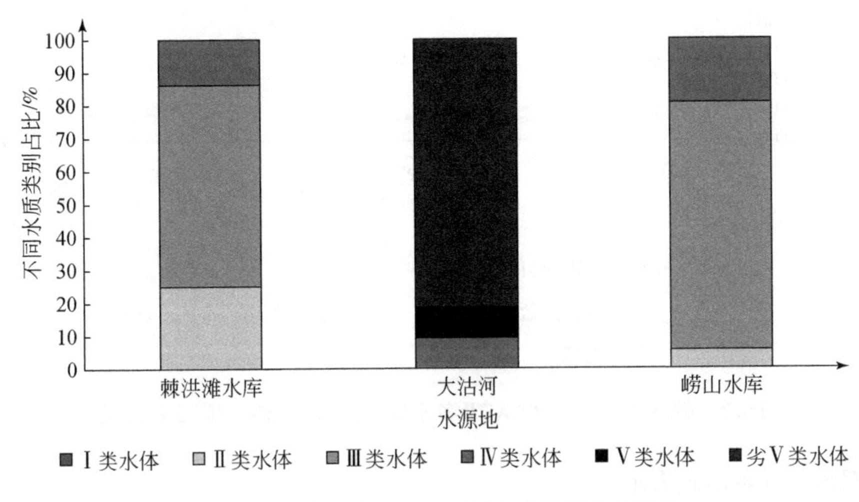

图5.6 青岛三处水源地不同水质类别占比情况

（3）青岛市三处地表水源各自水质情况

①棘洪滩水库。图5.7是以棘洪滩水库2015—2017年月监测数据的季度均值为基础，所得的WPCNAI及各水质指标WPI值随时间变化情况。从图5.7看出，棘洪滩水库WPCNAI值大多在40～60范围内，总体波动较小，以Ⅲ类水体为主，稳定性良好，变化趋势基本与TN变化情况相似，水质主要受TN的影响。总氮WPI值在监测指标中最高，且前六个季度均超过100，参照表5.6，此时水体为劣V类，张晓波等[26]在早期研究中指出来自黄河原水的营养盐过于丰富导致棘洪滩水库总氮含量过多是其水体污染的主要原因，应注意加强输水干线的水质保证。但从图5.7可看出2016年第3季度开始，TN指标得到很大程度改善，其WPI值为65.07，此后基本控制在80以下，虽然存在一定的波动性，研究时段内水质整体及TN呈好转趋势。COD_{Mn} 在研究时段内大多处于Ⅱ类水质，其WPI值呈逐渐升高趋势，在2017年第二和第三季度均超过了40，应引起重视。其余水质指标WPI值相对较低，几乎不随时间发生变化，基本可认为对水质污染没有影响，其中氟化物的WPI值虽然随时间表现出一定的上升趋势，但由于WPI值较低，认为其对水质污染没有影响。

②大沽河。图5.8是以大沽河2015—2017年月监测数据的季度均值为基础，所得的WPCNAI及各水质指标WPI值随时间变化情况。由于大沽河TN超标情况严重，图5.8中总氮WPI值及WPCNAI值与其他水质指标WPI值相差较大，故

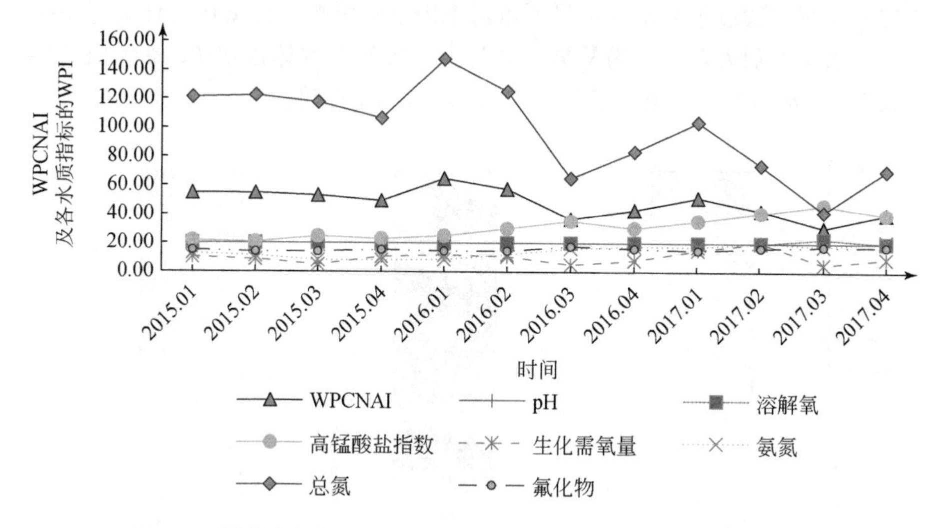

图 5.7　棘洪滩水库 WPCNAI 及各水质指标 WPI 值随时间变化情况

采用双纵坐标轴形式表示。

由图 5.8 可知，大沽河 WPCNAI 值常年大于 100，参照表 5.6，大多数时间表现为劣Ⅴ类水质，水质严重污染，不适宜作为生活饮用水水源地，研究时段内大沽河自 2015 年 9 月停止向水厂进行供水，直至 2017 年 8 月总氮含量得到一定控制后选择性向仙家寨水厂进行了少量供水。大沽河 WPCNAI 值变化趋势同 TN 表现出极高的相似性，表明大沽河流域水质受 TN 影响最大。部分学者曾在早期研究中指出大沽河流域总氮超标情况严重[27-29]，在所研究时段内总氮情况并没有得到很大的改善，分析发现其含量表现出明显的季节性变化：1、4 季度表现为阶段性上升，2、3 季度表现为阶段性下降。造成这种季节性变化可能有两方面的原因：一方面由于 2、3 季节降水较多，为河流丰水期[27]，径流量较大，水体流速快，在点源污染排入量大致相同的情况下水体的稀释作用效果更好，表现为总氮含量相对较少，而冬季降水较少，此时河流进入枯水期，径流量较少且水体流速缓慢，含氮物质在水体中浓度相对较大；另一方面由于 2、3 季度气温回暖，水体中生物活性增强，藻类植物大量繁殖[22]，微生物新陈代谢能力增强，生命活动消耗水体中无机氮含量增加，总氮含量表现出一定程度的下降，1、4 季度水温下降，水体中生命活动较弱，对水体中含氮物质的消耗能力不足。图 5.8 中 2017 年第 3 季度并没有表现出总氮含量的明显下降，主要是由于 7 月份总氮含量不同于以往地激增，高达 29.9mg/L，其中八九月份总氮含量已经表现出明显下降，依然符合总氮含量的季节性变化规律。

由图 5.8 可知，COD_{Mn} 的 WPI 值变化较小，基本稳定在Ⅰ类与Ⅱ类水质之间，但同样表现出一定的季节性规律：COD_{Mn}与 TN 表现出一定的相反性，丰水期COD_{Mn}的 WPI 值反而较高，表明大沽河流域有机物质及可氧化无机污染物主要来源于面源污染[27]。其他水质指标 WPI 值同样较低，且几乎不随时间发生变化，基本可认为对水质污染没有影响。

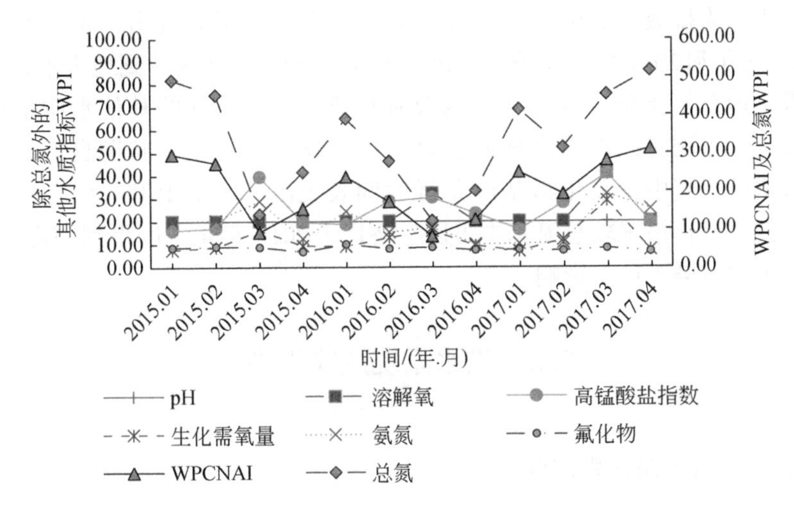

图 5.8　大沽河 WPCNAI 及各水质指标 WPI 值随时间变化情况

③崂山水库。图 5.9 是以崂山水库 2015—2017 年月监测数据的季度均值为基础，所得的 WPCNAI 及各水质指标 WPI 值随时间变化情况。由图 5.9 可知，

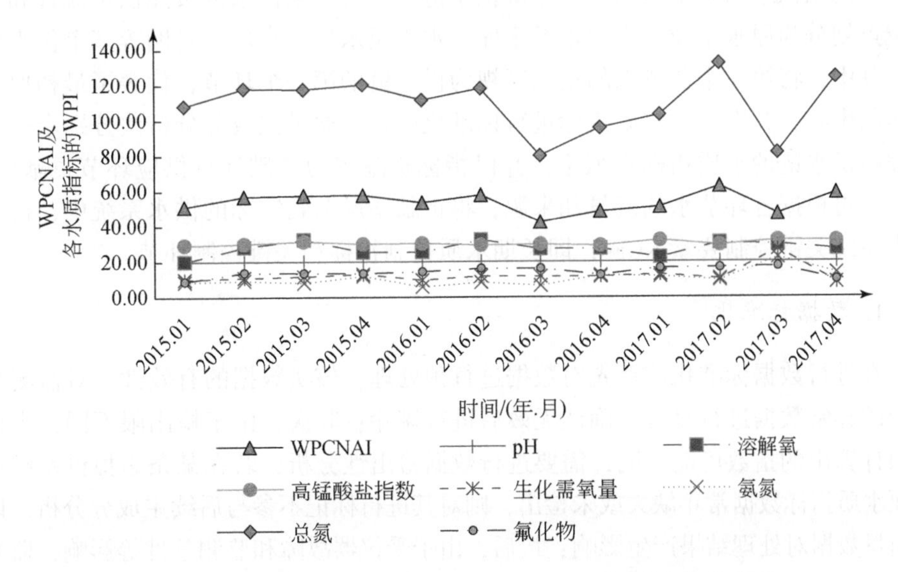

图 5.9　大沽河 WPCNAI 及各水质指标 WPI 值随时间变化情况

崂山水库水质变化规律与棘洪滩水库有一定的相似性，WPCNAI 值波动较小，集中在 50 ~ 60 之间，以Ⅲ类水体为主，其 WPCNAI 值较棘洪滩水库稍高。WPCNAI 变化趋势基本与总氮变化情况相似，水质主要受总氮影响。水库总氮含量在 2015 年超标情况严重，总氮 WPI 值超过 100，且持续性超标，不受自然降水等影响，分析原因为人为排放。2016 年开始水库水体中总氮含量表现出一定的季节性规律，在 2016 年和 2017 年第 3 季度 WPI 值均接近 80，虽然未达到地表水Ⅲ类水质标准要求，但总氮指标表现出明显的改善趋势。除总氮外的其他水质指标 WPI 值较为稳定，监测时段内值全部低于 40，基本认为其他指标状况良好，对水质污染没有贡献。其中，氟化物 WPI 值随时间表现出一定的上升趋势，但由于其 WPI 值偏低、变化情况较总氮基本可以忽略且于 2017 年 4 季度得到一定的控制，认为其对水质污染不产生影响。

5.2 供水系统风险识别

5.2.1 供水系统风险识别方法

基于对监测数据的标准化和主成分分析，建立了一套 KCFs 模型以快速识别饮用水供应系统中的关键影响指标和关键控制环节作为系统关键控制因子。该模型针对饮用水供应系统风险筛查，其基本思路是：首先，根据供水系统中水体流向，将网状供水系统虚拟为多条单源供水链，并对每条供水链按照供水流程和监测位点划分为原水水质、水源地至水库、水库至水厂、水厂至管网等多个供水环节，其中，将第一个监测点的集水区视为供应链的第一个环节，代表了最初原水水质的影响；其次，对水质指标进行标准化处理，通过主成分分析法分别求得每条虚拟供水链的水质指标贡献率，并以指标贡献率为基础计算供应环节贡献率；最后，再根据各环节水的流量和来源，将贡献率反馈到实际的供水系统中，得到供水系统关键控制要素 KCFs，即长期水质控制指标和关键控制环节。

1. 数据标准化

在进行数据标准化前首先对数据进行预处理，核实数据的有效性，对监测数据中的异常数据进行复合，确认无效后进行剔除；其次，由于检出限不同，未检出项计算出的指数可能不同，需要进行数据检出性分析，若在某条虚拟供水链中某项水质指标数据常年缺失或未检出，则对其进行标记不参与后续主成分分析，以免衡量数据对处理结果产生影响；最后，由于受仪器故障和监测条件等影响，监测数据存在部分缺失，对缺失数据按内插法进行相应填充以保证数据的连贯性。

①为进行不同指标间相互比对及处理，以《生活饮用水卫生标准》（GB 5749—2006）（以下简称《标准》）为参照，对补充完整后的数据进行标准化处理，处理方式同式（4.1）。

②《标准》中规定有浓度上下限值，指数按照式（4.2）。

③《标准》中规定不得检出类指标，如总大肠菌群数按照式（4.3）。

根据《地表水环境质量标准》（GB 3838—2002），水源地及水库用水仅监测粪大肠菌群数指标，而未监测总大肠菌群数。按《地表水环境质量标准》（GB 3838—2002）规定，集中式生活饮用水地表水源地二级保护区需满足Ⅲ类水质标准，粪大肠菌群数的标准化指数按式（4.1）计算。

2. 供水系统虚拟划分

（1）管网末端代表性监测位点的选取

对于网状供水系统，青岛市的水厂出水混合后进入同一管网进行输送，若管网末端监测位点的来水相同，水质差距主要来源于管道运输：若水质差距不大，可以某一监测位点的水质作为管网水质代表进行供水系统水质分析；若水质差距较大，可以水质最差的监测位点的水质作为管网水质代表进行供水系统水质分析，既不会忽略管网环节供水相关情况，又可减少重复的工作量。管网末端代表主要通过如下方式选取。

①对多个监测位点的不同指标进行主成分分析法赋权，得到不同水质指标的权重 ω_i'，计算每个监测位点不同时间的水质综合指数：

$$P_t = X_{ti} \cdot \omega_i' \tag{5.12}$$

式中：t—监测时间；i—水质指标；P—管网末端不同时间的水质综合指数；X—管网末端不同时间的每个指标指数；ω_i'—主成分分析法获得的不同水质指标权重。

②不同监测位点的水质差异性通过 SPSS 软件进行方差分析（Analysis of Variance，ANOVA）比较：若几个监测点在水质综合指数上无显著性差异，则可随机选取某一监测位点作为代表；若出现与其他监测位点存在显著性差异的监测点，选取水质最差的监测点作为管网末端分析位点。

（2）虚拟供水链的划分

对青岛多水源地多水厂且最终汇入统一管网的网状供水系统，按照供水流程将其划分为具体的互不交叉的单源虚拟供水链，虚拟供应链的数量等于各个环节水流向的数量的乘积。以图 5.10 所示的供水系统为例，环节 1 至环节 2 水体共有 9 个流向，环节 2 至环节 3 共有 1 个处流向，环节 Z-1 至环节 Z 共有 4 各流向（Y：用户），则共划分 9×12×…×4 条虚拟供水链。

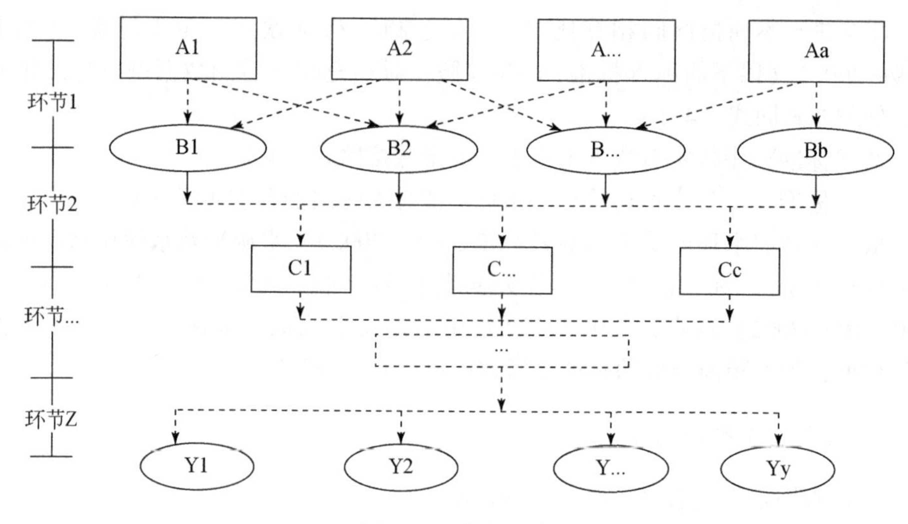

图 5. 10 供水系统

每条虚拟供水链是一个由 i 项水质指标和 p 个监测点构成的数据矩阵，每条虚拟供水链的数据矩阵如表 5. 9 所示。

表 5. 9 虚拟供水链的数据矩阵

	…	指标 i-1	指标 i	指标 i+1	…
…	…	…	…	…	…
监测点 p-1	…	…	…	…	…
监测点 p	…	…	$I_{i,p}$	…	…
监测点 p+1	…	…	…	…	…
…	…	…	…	…	…

注：$I_{i,p}$表示第 p 个监测点第 i 项水质指标标准化后的数值。

（3）供水环节的划分

以监测点位为界，可将饮用水供应链划分为原水水质、水源地至水库、水库至水厂、水厂至管网等多个供水环节，其中供应链的第一个监测位点各水质指标情况即代表原水水质情况，其余环节划分如图 5. 10 所示。

对每条虚拟供水链建立一个 $k\times i$ 的分析计算矩阵如表 5. 10。其中，k 为供应链上的环节数量，供水环节与监测位点在数值上相同，i 为筛除了痕量指标后参加分析的水质指标的数量。矩阵中位置为（k，i）的元素值为第 i 个水质指标从第一个监测点位到第 p 个监测点位的指数累积变化值 $\sum \Delta I_{i,\ k}$，在供应链的第一个监测点位各水质指标的指数累积变化值均为 0，其他监测点位的指数累积变化值计算方法如下：

$$\sum \Delta I_{k,i} = \sum_{k=1}^{p} |I_{k,i} - I_{k-1,i}| + I_{1,i} \tag{5.13}$$

式中：$I_{k,i}$—供水环节 k 监测点位水质指标 i 的指标。

表 5.10　KCFs 模型的分析计算矩阵

	…	指标 i-1	指标 i	指标 i+1	…
…	…	…	…	…	…
环节 k-1	…	…	…	…	…
环节 k	…	…	$\sum \Delta I_{k,\ i}$	…	…
环节 k+1	…	…	…	…	…
…	…	…	…	…	…

（4）指标贡献率

①虚拟供水链中各水质指标的贡献率

由于主成分分析法进行赋权可使赋权结果强调因子之间内在联系，采用主成分分析法计算每条虚拟供水链标准化后的水质指标的贡献率 ω_i'。被筛除的痕量指标对水质变化影响贡献率默认为 0。

②真实供水系统中各水质指标的贡献率

由于各虚拟供水链对真实供水系统提供水量不同，对水体影响贡献不同，故以供水水量占比作为各虚拟供水链对真实系统环节的贡献度 λ，将贡献度反映至网状供水系统中即得到各水质指标在真实供水系统中贡献率：

$$\omega_i = \sum_{i=1}^{\mathrm{nu}} \lambda \omega_i' \tag{5.14}$$

式中：ω_i—水质指标 i 在真实供水系统中贡献率；nu—虚拟供水链的数量。

（5）环节贡献率

由于供水系统中每个环节同时涉及众多水质指标，无法通过主成分分析法直接获取，首先引入环节对水质指标影响的分担率概念，之后再通过分担率反馈至环节贡献率。

①虚拟供水链中环节对水质指标的影响分担率

供水环节对水质指标影响的分担率是指饮用水在经过供应链过程中，具体水质指标受某一环节影响比重。具体来说，以水质指标 i 在供水环节 k 的变化值占其总指数积累变化值 $\sum \Delta I_i$ 的比例来计算该水质指标在不同环节对水质影响的分担率。在计算环节贡献率之前引入环节 k 对水质指标 i 的影响分担率 $\mathrm{Sh}_{i,k}$[21,30]，用于记录不同水质指标在各个环节的变化量与整体变化量的比值，即

$$\mathrm{Sh}_{i,k} = \frac{|I_{i,k} - I_{i,k-1}|}{\sum \delta |I_i|} \tag{5.15}$$

式中：$\mathrm{Sh}_{i,k}$—水质指标 i 受第 k 环节的影响比重；$I_{i,k}$，$I_{i,k-1}$—第 k 个环节的后端与前端水质指标 i 的标准值；$\sum \delta |I_i|$ —水质指标 i 在整个配水系统各环节的指标变化累计值。其中，认为供水系统第一环节的 $I_{i,0}$ 为 0。

②虚拟供水链中水质指标对供应链环节的影响贡献度

水质指标 i 在 k 环节对水质的影响贡献率 $\Psi_{i,k}$ 计算公式如下：

$$\Psi_{i,k} = \omega_i' \cdot \mathrm{Sh}_{i,k} \tag{5.16}$$

式中：ω_i'—供水系统中不同水质指标的贡献率；$\mathrm{Sh}_{i,k}$—供水系统中环节 k 对指标 i 的影响分担率。

虚拟供水链中环节 k 的最终贡献率 Ψ_k' 记为环节中各种水质指标的分担率之和，即

$$\Psi_k' = \sum_{i=1}^{m} \Psi_{i,k} \tag{5.17}$$

③真实供水系统环节贡献率

将各虚拟供水链的环节贡献率反馈到真实供水系统中各环节贡献率主要包括两方面内容。第一，由于各虚拟供水链对真实供水系统提供水量不同，对水体影响贡献不同，故以供水水量占比作为各虚拟供水链对真实系统环节的贡献度 λ；第二，将虚拟供水链中各环节整合回真实供水系统，即将上步所得的虚拟链中起点和终点相同的 Ψ_k' 相加，得到网状供水系统中各环节的真正贡献率 ψ_k。即网状供水系统环节贡献率计算公式：

$$\psi_k = \lambda \cdot \Psi_k' \tag{5.18}$$

（6）关键控制要素 KCFs 的识别

将水质指标和供水环节按贡献率大小进行降序排列，筛选累计贡献率超过前 85% 的 m 种水质指标和前 k 个供水环节作为真实供水系统的关键控制 KCFs。

（7）短期异常结果的识别

根据统计学原理，若满足以下公式即可认为该数据为异常数据。

$$|\text{数据} \pm \text{平均值}| \geq 2 \times \text{标准差} \tag{5.19}$$

5.2.2 引黄饮用水供水系统风险识别

（1）监测位点和指标选取

根据青岛市供水系统基本情况，选取黄河泺口、大沽河、棘洪滩水库、崂山水库、仙家寨水厂、白沙河水厂、崂山水厂和饮用水管网末端例行监测点共 8 个监测位点，各监测位点情况如图 5.11 所示。

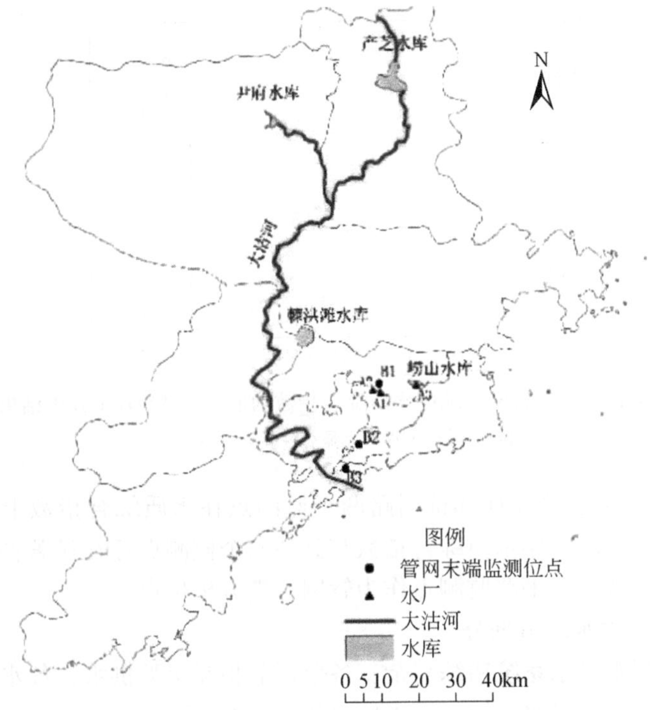

图 5.11　青岛市供水系统监测位点示意图

A_1-仙家寨水厂；A_2-白沙河水厂；A_3-崂山水厂；B_1-辛家庄监测位点；B_2-杭州路监测位点；B_3-太平路监测位点

根据各监测点水质监测情况，从《生活饮用水卫生标准》（GB 5749—2006）中共筛选出 pH、COD_{Mn}、挥发酚、汞、铅、铜、锌、氟化物、砷、硒、六价铬、氰化物、阴离子合成洗涤剂、总大肠菌群、硫酸盐、氯化物、硝酸盐、铁、锰、氨氮、三氯甲烷、三氯甲烷、四氯化碳、三溴甲烷、苯乙烯、三氯乙醛、苯、甲苯、乙苯、二甲苯和丙烯酰胺等指标。

（2）管网末端代表选取

青岛市区饮用水管网末端例行监测位点主要包括市南区辛家庄、太平路和市北区杭州路三处。考虑到青岛市饮用水供应为各水厂混合集中供水，三个监测位点的来水相同，水质差距主要来源于管道运输，管网末端代表选取：以辛家庄、杭州路和太平路 3 个监测位点 2015 年 1 月至 2017 年 12 月时段内 22 项水质指标的 2376 组月均指数为基础，进行主成分分析法赋权，得到不同水质指标的权重 ω_i' 和计算每个监测位点不同时间的水质综合指数；对辛家庄、杭州路和太平路 3 个管网末端监测位点的 3 年水质指标综合指数均值进行对比，并进行 ANOVA 分析，如图 5.12 所示。

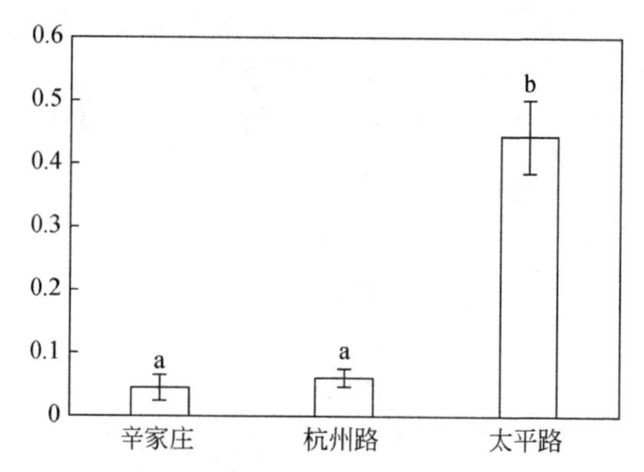

图 5.12　不同管网末端的水质综合指数均值及其 ANOVA 分析结果
[相同字母表示水质无显著性差异（$p<5\%$）]

由图 5.12 可知，辛家庄和杭州路两个监测点在水质综合指数上无显著性差异；太平路监测点的三年水质综合指数与其他两个监测点存在显著性差异，且水质最差。由此，选择太平路监测点作为管网末端分析位点。

（3）饮用水供水环节划分

青岛市饮用水供水系统错综复杂，各个环节相互交叉供水，各水库来水水源并不单一，构成网状供水系统，供水情况如图 5.13 所示。

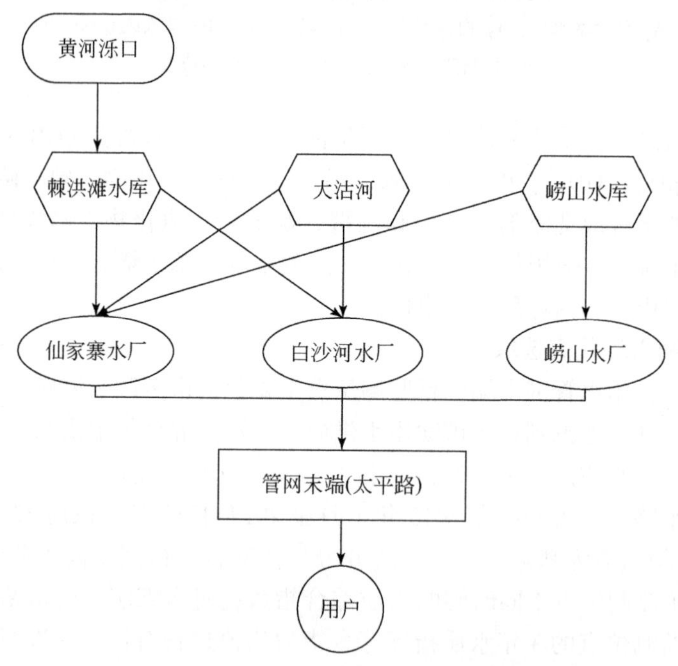

图 5.13　青岛市供水系统情况示意图

根据网状供水系统中水流流向将其划分为六条虚拟供水链，并将每条虚拟供水链划分为原水水质、水源地至水库、水库至水厂、水厂至管网等多个供水环节（表 5.11）。

表 5.11　网状供水系统的虚拟供应链划分

供应链编号	供水路径
Ⅰ	黄河泺口–棘洪滩水库–仙家寨水厂–供水管网监测点
Ⅱ	黄河泺口–棘洪滩水库–白沙河水厂–供水管网监测点
Ⅲ	大沽河–仙家寨水厂–供水管网监测点
Ⅳ	大沽河–白沙河水厂–供水管网监测点
Ⅴ	崂山水库–仙家寨水厂–供水管网监测点
Ⅵ	崂山水库–崂山水厂–供水管网监测点

将六条虚拟供水链反馈回真实的网状供水系统中，参考图 5.13 将其真实供水环节划分为 13 个环节，真实供水系统环节划分及与虚拟供水链对应关系详见表 5.12。

表 5.12　网状供水系统的实际环节划分

环节	环节起止点	环节性质	与虚拟供水链的对应关系
k1	黄河原水取水口前	黄河原水水质的影响	Ⅰ+Ⅱ黄河原水环节
k2	黄河泺口–棘洪滩水库	黄河原水至棘洪滩水库的输水环节影响	Ⅰ+Ⅱ黄河泺口–棘洪滩水库环节
k3	大沽河水源水质	大沽河原水水质的影响	Ⅲ+Ⅳ大沽河原水环节
k4	崂山水库水质	崂山水库原水水质的影响	Ⅴ+Ⅵ崂山水库原水环节
k5	棘洪滩–仙家寨	棘洪滩水库至仙家寨水厂的输水环节影响	Ⅰ棘洪滩水库–仙家寨水厂环节
k6	棘洪滩–白沙河水厂	棘洪滩水库至白沙河水厂的输水环节影响	Ⅱ棘洪滩水库–白沙河水厂环节
k7	大沽河–仙家寨	大沽河至仙家寨水厂的输水环节影响	Ⅲ大沽河–仙家寨水厂环节
k8	大沽河–白沙河	大沽河至白沙河水厂的输水环节影响	Ⅳ大沽河–白沙河水厂环节
k9	崂山水库–仙家寨	崂山水库至仙家寨水厂的输水环节影响	Ⅴ崂山水库–仙家寨水厂环节
k10	崂山水库–崂山水厂	崂山水库至崂山水厂的输水环节影响	Ⅵ崂山水库–崂山水厂环节
k11	仙家寨–管网	仙家寨水厂至管网的供水环节影响	Ⅰ+Ⅲ+Ⅴ仙家寨水厂–供水管网环节
k12	白沙河–管网	白沙河水厂至管网的供水环节影响	Ⅱ+Ⅳ白沙河水厂–供水管网环节
k13	崂山水厂–管网	崂山水厂至管网的供水环节影响	Ⅵ崂山水厂–供水管网环节

注：罗马数字代表表 5.11 中相应的虚拟供水链，即Ⅰ代表表 5.11 中虚拟供水链Ⅰ，以此类推。

5.2.3　饮用水供水系统风险识别

1. 水质指标的检出情况分析

以青岛市 2015—2017 年三年间供水系统各监测位点的月监测数据为基础，得到的供水系统各水质指标检出情况如表 5.13 所示。由表 5.13 可知，氟化物、硝酸盐、pH、氯化物、硫酸盐、COD_{Mn}、NH_3-N 7 项水质指标在监测时段内始终检出，总大肠菌群、铬、铅、汞、氰化物、三氯甲烷、四氯化碳、挥发酚、阴离子合成洗涤剂、三溴甲烷、苯乙烯、苯、甲苯、乙苯、二甲苯和丙烯酰胺等水质指标在监测时段内始终未检出；其余几项水质指标检出情况有所差异：铁、锰、砷、硒、三氯乙醛五项水质指标在大多数情况下检出，但仍有部分时段未检出；铜、锌两项指标仅检出两次，表明在青岛市供水系统中这两项水质指标对饮用水安全产生影响的概率较低。

表 5.13　供水系统水质检出性分析

水质指标			检出情况	检出时间+/未检出时间-
水质常规指标	微生物指标	总大肠菌群	×	
	毒理指标	砷	35	2017. 09-
		镉	1	2015. 01+
		铬	×	
		铅	×	
		汞	×	
		硒	21	2016. 06～2017. 07-，2017. 09-
		氰化物	×	
		氟化物	√	
		硝酸盐	√	
		三氯甲烷	×	
		四氯化碳	×	
	一般化学性指标	pH	√	
		铁	26	2015. 06-，2015. 07-，2016. 11-，2016. 12-，2017. 02-，2017. 04-，2017. 06-，2017. 07-，2017. 11-，2017. 12-
		锰	22	2015. 01-，2015. 02-，2015. 05-，2015. 07-，2015. 09-，2016. 08-，2016. 12-，2017. 03～2017. 08-，2017. 11-
		铜	2	2017. 10+，2017. 12+
		锌	2	2017. 10+，2017. 13+
		氯化物	√	
		硫酸盐	√	
		COD_{Mn}	√	
		挥发酚类	×	
		阴离子合成洗涤剂	×	

续表

水质指标			检出情况	检出时间+/未检出时间-
水质非常规指标	一般化学性指标	氨氮	√	
	毒理指标	三溴甲烷	×	
		苯乙烯	×	
		三氯乙醛	×	
		苯	×	
		甲苯	×	
		乙苯	×	
		二甲苯	×	
		丙烯酰胺	×	

注：√表示该指标监测时段内始终被检出；×表示该指标监测时段内始终未检出；+表示该指标被检出的时间；-表示该指标未被检出的时间。

整体来看，青岛市供水系统中被长期检测出的水质指标大多为水质常规性指标，但其中毒理性指标与一般化学性指标检出情况差距不大，可能会造成潜在的饮用水总体健康风险。

2. 关键水质指标识别分析

(1) 长期关键水质指标识别分析

以青岛市供水系统 2015 年 1 月至 2017 年 12 月的 31 项月均监测指标为基础，取 36 个月的指标贡献率平均值，所得关键控制指标筛选结果如表 5.14 所示。由筛选结果可知，KCFs 模型从青岛市供水系统 31 项水质指标中筛选出 8 项作为关键控制指标，占监测总指标的 25.8%，大大提高了风险筛查效率和准确性，据此筛选关键控制指标可提高供水系统长期监测的效率。

表 5.14 青岛市供水系统长期关键控制指标筛选结果

排序	水质指标	指标贡献率/%	指标累积贡献率/%
1	氯化物	15.01	15.01
2	硫酸盐	13.85	28.86
3	氟化物	12.41	41.28
4	COD_{Mn}	11.18	52.46
5	硝酸盐氮	10.98	63.44
6	pH	10.71	74.15
7	砷	8.82	82.97
8	氨氮	7.38	90.35

由表 5. 14 可知，供水系统长期关键控制指标识别结果与表 5. 13 中始终检出的水质指标具有一定的相似性，所筛选出作为 KCFs 的水质指标除砷存在一次未检出外，其余水质指标在监测时段均被全部检出。其中，氯化物和硫酸盐两项指标对供水系统水质变化的贡献率最大，二者累积贡献率接近 30%，表明这两种水质指标对青岛市供水系统水质安全产生威胁的概率最大，其中氯化物在从水源地进入水厂前经过水体的自净作用浓度有所下降，但由于水厂加氯消毒含量又有所增加，故而浓度变化较为明显，硫酸盐浓度变化也较为明显，与水体硬度有一定相关性，但由于其变化在不同虚拟链中缺少共通性，应引起足够的重视；氟化物对供水系统水质产生风险的贡献率也较大，且其作为毒理性指标，在供水系统水体中存在较大的波动性会对用水安全产生较大的影响，王玲等[31]对城市供水研究时指出受青岛市地质条件影响，大沽河水系等水源地氟化物含量偏高且青岛市水厂一期二期工程氟化物含量同样相对偏高，由于饮用水中氟含量偏高和偏低分别会引起骨质疏松和龋齿等病症。王玲等[31]提出青岛市水厂采用活性氧化铝吸附等方式改进；此外，COD_{Mn}、硝酸盐氮和氨氮同样被筛选为关键控制指标，表明供水系统中有机物变化幅度较大，其中 COD_{Mn} 和硝酸盐氮在以崂山水库为水源地的虚拟供水链中贡献率均接近 15%，表明崂山水库水源地有机物含量较高，进入水厂与其他水源地水体混合且水厂进行有效处理后有机物含量得到很大程度的降低。砷被识别为关键控制指标，主要原因在于黄河引水口处砷含量浓度较高，但经过水厂处理效果良好，保障了用水安全。

（2）长期关键水质指标年际识别情况分析

以所得的 36 个月关键水质指标结果为基础，对各种水质指标贡献率进行年均计算，得到被识别为 KCF 的关键水质指标在不同年际贡献率，如图 5. 14 所示。

由图 5. 14 可知，被识别为关键控制因子的水质指标年际变化不大，氯化物和硫酸盐贡献率基本保持不变且贡献率排名基本稳定在前三位，对青岛市供水系统饮用水风险产生威胁的概率最大，应作重点关注；水质指标中变化较为明显的为氟化物、氨氮和 COD_{Mn}，其中，氟化物指标贡献率在 2016 年提升了 5%，根据水质监测结果，认为其原因在于 2016 年引黄入口处及崂山水库氟化物含量有所增加。氨氮在 2017 年被识别为关键控制指标，由图 5. 14 可知其与 2017 年氨氮在大沽河水系浓度变化较大相关。

（3）短期关键水质指标识别分析

对监测时段内 31 项水质指标进行短期异常指标识别，识别结果如表 5. 15 所示。

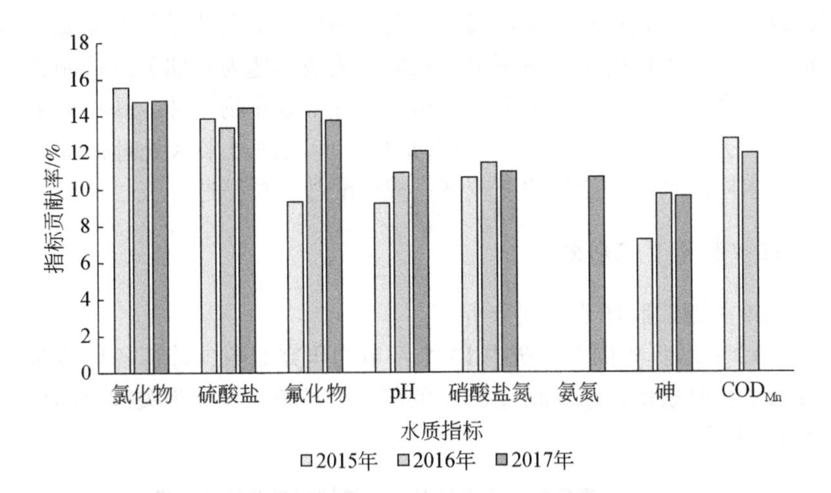

图 5.14　长期关键水质指标年际识别情况

表 5.15　短期关键控制指标的识别结果

时间/(年．月)	pH	COD_{Mn}	氟化物	砷	硝酸盐氮	铁	氨氮
2015.01							
2015.07							
2015.09							
2015.11							
2015.12							
2016.08				9.32%		12.86%	
2016.09					15.01%		
2016.10		18.70%					
2016.12			21.04%				
2017.08							14.43%
2017.09							
2017.10	27.53%						

注：数字代表该指标在相应时段的异常贡献率。

由表 5.15 可知，共识别出 7 组异常数据，涉及 5 项水质指标，表明其他 26 项水质指标出现偶然性水质安全风险的可能性不会高于长期风险。

2017 年 10 月 pH 贡献度远高于长期贡献度 10.74%，原因在于此时大沽河水系 pH 达 6.46，受酸性污染严重，与大沽河水体常年中性偏碱的情况形成较大反差；2016 年 10 月有监测时段内黄河入口监测点处最高的高锰酸盐指数和浓度最高的硒，故此时 COD_{Mn} 贡献度出现偏高情况；2017 年 8 月大沽河水系氨氮污染较平时严重，且此时水厂引用大沽河水体较多，故被筛选为短期关键控制指标；仙家寨水厂在三个水厂中入水量最大，其出水过程中氟化物、砷、铁物质浓度较高导致其被识别为相应时段内的短期异常指标，应加强自来水处理的能力；2016 年 9 月崂山水厂出水硝酸盐氮浓度较高造成硝酸盐氮被筛选。

3. 关键控制环节识别分析

（1）长期关键控制环节识别分析

以表 5.12 所示真实供水系统中 13 个环节为研究对象，计算各环节对整个供水系统贡献率，取累积贡献率超过 85% 的前 k 个环节指标作为关键控制环节，结果如表 5.16 所示。

表 5.16　青岛市供水系统长期关键控制环节筛选结果

排序	环节	环节贡献率/%	环节累积贡献率/%
1	k1	50.29	50.29
2	k2	16.75	67.05
3	k6	7.97	75.02
4	k5	6.59	81.61
5	k3	5.13	86.74

关键控制环节筛选结果表明，仅需 5 个供水环节即可反映供水系统主要水质情况，数量占总供水环节的 38.5%，有利于缩减实际工作中低效且相对无用的工作。在青岛网状供水系统中，黄河原水水质 k1 及黄河至棘洪滩水库 k2 环节的贡献率分别占 50.29% 和 16.75%，对整个供水系统影响最大，一方面与青岛市饮用水高度依赖黄河用水有关，另一方面黄河原水水质会随时间产生一定的变化[32]，也会对饮用水安全造成较大的影响。棘洪滩水库–白沙河水厂环节 k6、棘洪滩水库–仙家寨水厂 k5 环节的贡献度也较大，贡献率分别为 7.97% 和 6.59%，原因在于水厂需对水源地来水进行混凝、沉淀、过滤及消毒等水处理步骤以满足饮用水安全需要，会对水体中各种水质指标含量产生较大影响。监测时段内，大沽河仅为城市供水系统提供了 14 个月的供水，但大沽河原水水质仍被识别为关键控制环节，与大沽河水源在供水期间供水量较大且水源水质对供水系统影响较大有关。崂山水库原水水质及崂山水库至其他水厂环节均未被识别为关键控制环节，原因在于其供水量较少，大多数情况下低于供水量少于总水量的 10%。供水系统中，从各水厂至管网环节水质情况均较为稳定，认为其发生长期风险的概率不高。

(2) 长期关键控制环节年际识别情况分析

以所得的36个月关键控制环节结果为基础，对供水各环节贡献率进行年均计算，得到被识别为KCFs的关键控制环节在不同年际贡献率，如图5.15所示。

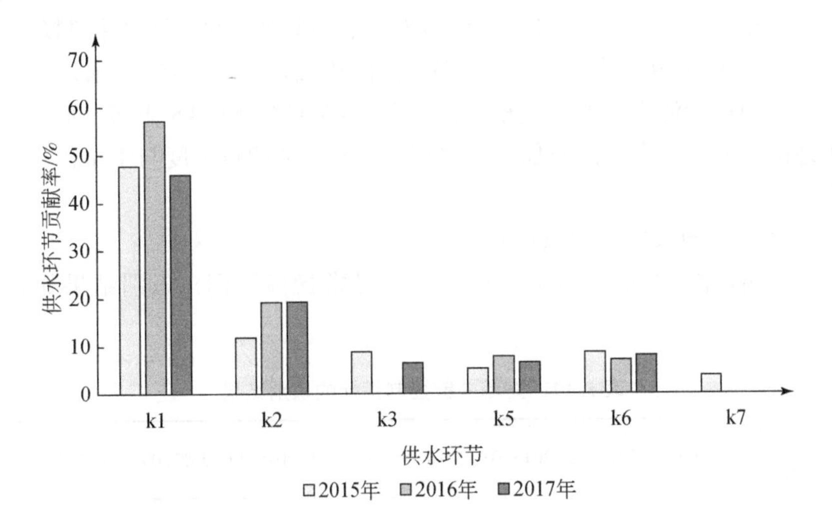

图5.15 长期关键控制环节年际识别情况

由图5.15可知，被识别的关键控制环节年际变化不大，k1～k3、k5～k7均被不同程度地识别为关键控制环节，说明这6个环节对青岛网状供水系统均有一定的影响，k4及k8～k13环节对供水系统总体影响较小。且总体来说，k1～k3作为关键控制环节的贡献率更大，说明黄河和大沽河原水水质环节对青岛市供水系统影响最大；k8～k10环节未被识别为关键控制环节，说明崂山水库原水水质对供水系统影响较小；k11～k13未被识别为关键环节，说明水厂至管网环节水质变化较小，对整个管网系统影响较小；k5～k7环节有不同程度地被筛选为关键控制环节，虽然贡献度较水源水质环节有所差距，但说明水源地至水库和水库至水厂环节对供水系统影响较大。

其中，水源水质环节的贡献度与三大不同水源供水量呈正相关。k1环节在36个月均被识别为最关键控制指标，说明供水系统中黄河原水水质对整个系统影响最大。由供水系统供水量可知，青岛市2005年1月引黄用水量占54.28%，之后占比不断上升，同年9月用水占比超95%，之后引黄用水量大多占比超过90%，故环节k1、k2较k3、k4对供水系统影响更大；k3环节被筛选为关键环节的贡献度较k4更大，是由于崂山水库作为青岛饮用水源占比很小，2015年三季度之后常年供水不足10%，故未被识别为关键控制环节，大沽河水源供水量不稳，2015年前3季度供水量从31%至11%不等，2015年四季度至2017年二季度未进入青岛市供水系统，故 2016 年 k3 环节不作为被筛选出的关键控制环节，之后渐渐恢复 20% 左右供水量，在供水期间，其作为被筛选出的关键控制环节贡献率均较大。

对水源至水厂环节而言，k5、k6、k7 三个环节被识别为关键控制环节的次数分别为 27、31 和 9，其中棘洪滩水库流向仙家寨水厂和白沙河水厂的水量不同，由于流向白沙河水厂的水量较大，识别出 k6 的次数较 k5 更多；此外，大沽河水源地的水源几乎全部流向仙家寨水厂。不同环节的贡献度与水量占比情况较为吻合。

(3) 短期关键水质指标识别分析

对监测时段内 31 项水质指标进行短期异常指标识别，识别结果如表 5. 17 所示。

表 5. 17　短期关键控制指标的识别结果

供水环节	长期环节贡献率/%	2015. 01	2015. 02	2015. 03	2016. 09	2016. 10	2016. 11	2017. 09	2017. 10	2017. 12
k1	50. 29								27. 76% *	
k3	5. 13							23. 98%		
k5	6. 59	1. 21% *								
k6	7. 97								16. 37%	
k7	2. 02		7. 93%							
k8	0. 03							0. 81%		
k9	0. 31		1. 52%	1. 86%						
k10	1. 23							2. 20%		
k11	2. 50									6. 35%
k12	1. 83				3. 62%	3. 70%	3. 56%			
k13	2. 04	5. 86%	5. 42%							

注：表中数字代表该环节在相应时段的异常贡献率，* 表示该时期环节贡献率低于长期环节贡献率。

由表 5. 17 可知，除 k2 和 k4 环节较为稳定外，其余供水环节均在不同时期被检出异常情况。其中，k1 及 k5 被检出时期的环节贡献率低于长期环节贡献率，表明供水系统中黄河原水水质及崂山水库原水水质较为稳定，黄河–棘洪滩水库–仙家寨水厂供水稳定，出现水质安全风险的可能性较低；除以上 4 个环节外，其余供水环节均存在偶然性水质安全风险的可能。

k3 环节于 2017 年 9 月出现异常高的贡献值，主要原因在于大沽河水系从 2015 年 9 月未向水厂供水，至 2017 年 8 月重新恢复供水后，次月供水量大增，占总供水量的 34%，从而大沽河水源地水质会对供水系统产生较大影响，同时段 k8 环节同理；大沽河水系仅于 2015 年前两月向白沙河水厂供水，但由于一月份供水量过少，仅 2 万 m^3，故仅 k7 环节仅被识别一次，且 2015 年 1 月和 2 月 k9 环节供水占比增加，被识别为短期关键控制环节；k6 环节异常高的贡献值出现在 2017 年 10 月，此时 COD_{Mn} 的分担率很高，说明是引起异常贡献的主因，在该环节具有污染风险；2017 年 9 月 k10 环节贡献率较高主要是由于铁的分担率过高引起；三大水厂至官网末端监测位点的环节在不同时段均有被识别，其中，仙家寨水厂至管网末端环节被识别主要是由锌元素对水质的影响比正常水平高出不少，白沙河水厂至管网末端环节被识别涉及较多水质指标，COD_{Mn}、氟化物及氨氮指标的分担率均较高，应注意监测管网老化及有机物污染等问题，崂山水库至管网末端被识别主要由氟化物引起，2015 年 9 月铁元素分担率同样过高，均是造成环节贡献率较高的原因。

5.2.4　青岛网状供水系统风险清单

根据对 FCFs 识别结果的分析，青岛市网状饮用水供水系统水质安全风险清单如下：

①青岛市供水系统来水复杂，KCFs 识别结果表明年际间变化不大，以引黄饮用水、大沽河和崂山水库三大供水来源为代表的供水系统整体风险较小，但由于对引黄饮用水的高度依赖、大沽河水系暂不能做到长期供水及崂山水库供给水较少，引黄用水的安全风险管理和预防的难度要较本地水源高。

②供水系统的长期水质安全风险不仅在体现在氯化物、硫酸盐、COD_{Mn} 和氨氮一般化学性指标上，还涉及氟化物、硝酸盐和砷等毒理性指标，是其长期风险防控的重点，应考虑除氟措施和低副产物产生的消毒措施，同时应注意控制整个供应链中的 pH 波动；系统中铁元素短期水质安全风险明显高于平时，是其短期风险防控的重点，应加强监控并追溯污染的来源，部分长期控制指标如 COD_{Mn}、硝酸盐氮及氨氮等物质也存在部分时期监测情况更加突出的问题，应重点监测。

③供水系统的长期水质安全风险集中于黄河及大沽河原水和棘洪滩水库向仙家寨、白沙河水厂输水环节，加强对水源地的保护并追溯输水过程中污染来源是其长期风险防控的重点，应考虑加强对该阶段有机物控制；个别时段水厂至供水管网的输送环节中铁、锌等金属元素及氟化物、COD_{Mn} 等对饮用水水质影响率远超平时，是短期风险防控的重点，应加强其监测和管网的保护。

5.3　主要结论

本研究以 2015—2017 年青岛市供水系统水质监测及水量供给月监测数据为

基础，尝试综合多种水质评价方法对青岛青岛市三大地表水源地进行水质评价，同时对供水系统进行风险识别，主要得到以下结论：

①青岛市三大水源地水质较为稳定，随年际变化不大。其中，棘洪滩和崂山两大水库水质优于大沽河水系。其中，棘洪滩水库和崂山水库以Ⅱ～Ⅲ水质为主且Ⅰ～Ⅲ水体占比高，水质状况良好，基本能够满足地表水环境质量标准的Ⅲ类标准，达到集中式生活饮用水地表水源地二级保护区标准。但大沽河水源地总氮含量过高且季节性变化明显，部分时段监测浓度甚至超出Ⅴ类水质标准的10倍，导致水质较差，并于2016年停止向水厂供水，直至2017年下半年重新恢复部分供水；三大水源地除总氮外其余水质指标正常且波动较小，总氮污染在三大水源地情况普遍，超标情况严重，监测时段内都出现过浓度超出Ⅴ类水质标准的现象，应做好总氮污染因子的控制。

②对青岛市供水系统进行风险识别过程中发现供水情况较为稳定，KCFs识别结果年际间差距不大。由于青岛市供水高度依赖外来水源，供水系统的长期水质安全风险集中于黄河及大沽河原水和棘洪滩水库向仙家寨、白沙河水厂输水环节。其中，黄河原水水质和黄河-棘洪滩水库供水环节的影响基本稳定在50%和20%左右，是决定供水系统安全性最关键的环节，大沽河水源地在供水期间环节贡献率基本稳定在8%，是贡献率仅次于上述两环节的关键环节，应注意加强对水源地水质的监测和保护；崂山水库原水水质及水厂出水后续环节影响较小，但水厂出水后应注意铁、锌及有机物质的监测，应注意做好管网的清理工作。

③供水系统的长期水质安全风险不仅在体现在氯化物、硫酸盐、COD_{Mn}和氨氮一般化学性指标上，还涉及氟化物、硝酸盐和砷等毒理性指标，是其长期风险防控的重点，应考虑除氟措施和低副产物产生的消毒措施，同时应注意控制整个供应链中的pH波动。

参考文献

[1] 周春燕，明清华北平原城市的民生用水，载王利华主编．中国历史上的环境与社会［M］．北京：三联书店，2007，235-258.

[2] 杜丽红．科学与权力：近代北京饮水进化史［J］．华中师范大学学报，2010，3.

[3] 余新忠．清代城市水环境问题探析：兼论相关史料的解读与运用［J］．历史研究，2013，6.

[4] 青岛市工务局自来水厂．青岛市工务局自来水厂汇纂［M］．青岛：1935.

[5] 沈观准．青岛市政调查实况［J］．中国建设，1993，7：5.

[6] 青岛市工务局．青岛名胜游览指南［M］．青岛：1935.

[7] 青岛市农林事务所．青岛农林［M］．青岛：1931.

[8] 李小丽，黎小东，敖天其．改进内梅罗指数法在西充河水质评价中的应用［J］．人民黄

河，2016，38（8）：65-68.
[9] Li R，Zou Z，An Y. Water quality assessment in Qu River based on fuzzy water pollution index method [J]. Journal of Environmental Sciences，2016，50：87-92.
[10] Sánchez E，Colmenarejoa M F，Juanvicenteb，et al. Use of the water quality index and dissolved oxygen deficit as simple indicators of watersheds pollution [J]. Ecological Indicators，2017，7（2）：315-328.
[11] 刘琰，郑丙辉，付青，等．水污染指数法在河流水质评价中的应用研究 [J]. 中国环境监测，2013，29（03）：49-55.
[12] Jonnalagadda S B，Mhere G. Water quality of the odzi river in the eastern highlands of zimbabwe [J]. Water Research，2001，35（10）：2371-2376.
[13] Ting H，Liangen Z，Yan Z，et al. Water quality comprehensive index method of eltrix river in Xin Jiang province using SPSS [J]. Procedia Earth and Planetary Science，2012，5：314-321.
[14] Liu Y，Zheng B H，Fu Q，et al. The selection of monitoring indicators for river water quality assessment [J]. Procedia Environmental Sciences，2012，13：129-139.
[15] 王琳，孙艺珂，祁峰．基于改进综合水质指数法的水库水质特征分析 [J]. 水土保持通报，2018，38（04）：174-180.
[16] 傅扬，谢捷，陈璐艳，等．基于比值法解析老城区河段氮磷污染特征 [J]. 中国环境监测，2017，33（3）：165-171.
[17] 李海云，梁籍，郭逍宇．再生水补给河道入渗区地下水水质时空变异分析 [J]. 环境工程学报，2017：1-13.
[18] 吴蕾，刘桂建，周春财，等．巢湖水体可溶态重金属时空分布及污染评价 [J]. 环境科学，2018，（02）：1-15.
[19] Zhang X F，Xiao C L，Li Y Q，et al. Water environmental quality assessment and protection strategies of the Xinlicheng Reservoir，China [J]. Applied Mechanics and Materials，2014，501-504：1863-1867.
[20] 杜川，梁秀娟，肖长来，等．鹊山水库水质因子权重分析 [J]. 节水灌溉，2013，（5）：22-25.
[21] 宋为威，逄勇．不同行政区入秦淮河污染物通量分担率研究 [J]. 水资源保护，2018，34（03）：91-95.
[22] 陈立国，宋美华，赵文竹．棘洪滩水库水质模糊评价 [J]. 山东水利，2016，（07）：51-52.
[23] 孟春霞，王成见，董少杰．大沽河青岛段地表水水质变化分析 [J]. 水资源与水工程学报，2008，19（01）：73-76.
[24] 陈芳，包慧娟．崂山水库污染源评价分析及治理对策 [J]. 渔业科学进展，2013，34（04）：104-108.
[25] 张欣，张保祥，时青，等．基于熵权多元联系数的大沽河流域地表水环境健康评价 [J]. 南水北调与水利科技，2017，15（03）：94-99.

[26] 张晓波，炳强兴，武周虎，等. 棘洪滩水库水文情势与水质变化趋势分析 [J]. 人民黄河，2012，34（11）：78-81.

[27] 孟春霞，王成见，董少杰. 大沽河青岛段地表水水质变化分析 [J]. 水资源与水工程学报，2008，19（01）：73-76.

[28] 周贵忠，张金恒，王军强，等. 利用模糊数学评价大沽河干流水质的研究 [J]. 农业环境科学学报，2010，29（S1）：191-195.

[29] 曹正梅，张韬，亓靓. 浅析大沽河流域水质状况及变化趋势 [J]. 环境科学导刊，2014，33（01）：42-44.

[30] 张扬威. 备用饮用水源主要污染因子解析及水质安全评价 [D]. 杭州：浙江大学，2016.

[31] 王玲，王晓芳，韩高超. 城市供水氟化物的去除研究 [J]. 能源与节能，2015，（10）：109-110.

[32] 孙艺珂，王琳，祁峰. 改进综合水质指数法分析黄河水质演变特征 [J]. 人民黄河，2018，40（07）：78-81.

第6章　海水淡化水纳入城市供水系统水质风险评估

青岛市水资源严重短缺，城市拥有发展海水淡化产业优越的地理位置。青岛市政府一直大力发展海水淡化产业。截至2019年，青岛市共有14个海水淡化工程，总淡化能力为235 575t/d，其中百发海水淡化工程和董家口海水淡化工程淡化能力均为100 000t/d。山东青岛黄岛电厂海水淡化试验装置和工程采取低温多效蒸馏技术（MED），青岛市其他的海水淡化工程均采用反渗透技术（RO）。青岛市海水淡化工程具体情况如表6.1所示。

表6.1　青岛市海水淡化工程具体情况

工程名称	规模/(t/d)	工艺	建成年份
山东青岛黄岛电厂海水淡化试验装置	60	MED	2003
山东青岛黄岛电厂海水淡化工程	3000	MED	2004
山东青岛新河镇海水淡化装置	60	RO	2004
山东青岛克瑞特机电公司海水淡化装置	50	RO	2004
山东青岛黄岛电厂海水淡化Ⅰ期工程	3000	RO	2006
山东青岛黄岛电厂海水淡化工程Ⅱ期	10000	RO	2007
山东青岛电厂海水淡化工程	8600	RO	2007
山东青岛碱业Ⅰ期海水淡化工程	10000	RO	2009
山东青岛即墨田横岛海水淡化工程	480	RO	2009
山东青岛大管岛海水淡化装置	5	RO	2011
山东青岛灵山岛海水淡化装置	300	RO	2012
山东青岛百发海水淡化工程	100000	RO	2013
山东青岛董家口海水淡化工程	100000	RO	2016
山东青岛大公岛海水淡化站	20	RO	2019

6.1　海水淡化水利用途径

青岛市海水淡化工程的产品水主要有两种用途，一种是作为工业用水输送到钢铁、石化、电厂等高耗水企业；另一种是作为饮用水输送到水厂和其他水源水进入供水管网。由于海水淡化水是一种非常规水源，公众认可度不高，掺混水进入管网可能会破坏管网水与水垢之间长期建立的化学平衡，目前仅作为应急水源尝试性地纳入城市管网，大部分的海水淡化水是通过点对点的方式输送到工业企业。

6.2　海水淡化供水系统概况

根据《2019 年水资源公报》，2019 年青岛总供水 9.184 亿 m^3，供水的地表水源、地下水源和其他水源（污水回用和海水淡化水）的占比分别为 69.92%、24.13%、5.95%，其中海水淡化水供水量为 0.261 亿 m^3。青岛城区（市南区、市北区、李沧区）在 2019 年总供水量为 2.7672 亿 m^3，其中其他水源供水量为 0.5022 亿 m^3，占全市其他水源总供水量的 91.8%。说明海水淡化水主要是向城区供水。

根据实地调研可知，百发海水淡化厂是青岛城区唯一的市政海水淡化工程。2016 年 4 月，百发海水淡化厂出水作为应急水源纳入青岛城区供水系统，月供水量最高可达 200 多万 m^3。供水流程为：百发海水淡化厂出水通过玻璃钢管道输送到仙家寨水厂的掺混池，与仙家寨水厂处理后出水进行掺混后纳入城区供水管网。此外，通过仙家寨水厂与白沙河水厂的连接管，海水淡化水也被输送到白沙河水厂，与白沙河水厂处理后出水进行混合后纳入管网系统。

经过多年的发展，青岛已形成了较为完善的网状供水系统。除了海水淡化水外，青岛城区供水水源有 3 个，分别是棘洪滩水库、崂山水库、大沽河流域。这些水源水向仙家寨水厂、白沙河水厂或崂山水厂供水，经过混凝、沉淀、过滤、消毒等处理达标后，进入供水管网系统。其中棘洪滩水库水体主要给仙家寨水厂和白沙河水厂供水；崂山水库水体主要供崂山水厂和仙家寨水厂；大沽河流域水供仙家寨水厂和白沙河水厂。

6.3　海水淡化水纳入城市供水系统水质风险评估

随着淡水资源的日益稀缺，海水淡化水成为保障城市供水安全的重要措施。海水淡化水进入水厂与其他不同来源水进行混合后输配到管网，由于海水淡化水水质的特殊性，进入城市现状管网，可能引起水质的安全问题，需对海水淡化水供水全过程进行水质风险评估，以避免发生供水事故，保证供水安全。

本研究以青岛城区供水系统为研究对象，以评估海水淡化水的纳入对供水系统的水质安全影响。

6.3.1　海水淡化水纳入城市供水系统水质风险评估方法

海水淡化水是一种非常规水源，纳入城市供水系统，需经过掺混、输配等环节。青岛城区供水系统具有多个水源，管网输配过程中，管网水基本实现了完全混合。对供水系统某一环节或某个因素进行风险评估，无法得知海水淡化水纳入对整个供水系统的水质安全的影响，需要对供水全过程水质风险进行评估。选用关键控制因子识别法，通过该方法可筛选供水全过程的关键控制指标和关键控制环节。

1. 评估方法

关键控制因子识别法是基于改进的数据标准化方法和主成分分析，筛选供水全过程关键控制指标和关键控制环节，主要应用于单源供水链。由于海水淡化水纳入供水系统的水量相对于其他来源水过小，故无法将其简化成水源—水厂—管网的单源供水链，因此以整个供水系统为研究对象，评估整个供水系统的水质风险，通过溯源分析，获取海水淡化水纳入供水系统对现状供水系统造成的水质风险。

评估青岛城区多水源网状供水系统，需对关键控制因子识别方法进行改进，引入虚拟供水链的概念，将网状供水系统根据供水流向划分为多个单源虚拟供水链。根据监测点的位置，将单源虚拟供水链划分为多个供水环节，其中第一个监测点的水质情况代表原水水质情况。以各水质指标在虚拟供水链各环节的积累变化率为分析矩阵，进行主成分分析，得到各虚拟供水链水质指标贡献率。计算水质指标在各供水环节的变化值，即环节影响承担率。相加各水质指标贡献率与对应的环节承担率的乘积即可得虚拟供水链各环节的贡献率。最后根据各供水环节的供水量，将贡献率反馈到实际网状供水系统中。

将实际水质指标贡献率与实际环节贡献率降序排列，筛选累积贡献率大于85%的水质指标和供水环节作为关键控制因子，对关键控制因子进行溯源分析，从中筛选出海水淡化水纳入城市供水系统造成水质风险的关键因子。

2. 水质监测数据处理

为进行不同指标间相互比对及处理，以《生活饮用水卫生标准》（GB 5749—2006）（以下简称为《标准》）为参照，对补充完整后的数据进行标准化处理，处理方式同式（4.1）：

①《标准》中规定有浓度上下限值，指数按照式（4.2）。

②《标准》中规定不得检出类指标，如总大肠菌群数按照式（4.3）。

根据《地表水环境质量标准》(GB 3838—2002),水源地及水库用水仅监测粪大肠菌群数指标,而未监测总大肠菌群数。按《地表水环境质量标准》(GB 3838—2002)规定,集中式生活饮用水地表水源地二级保护区需满足Ⅲ类水质标准,粪大肠菌群的标准化指数按式(4.1)计算[1-62]。

3. 供水系统的划分

(1)选取管道末端

海水淡化水在自来水厂掺混池与自来水厂出水进行充分混合后,进入网状供水系统,为了减少评估工作量,对不同管网监测点的水质进行综合评价,从多个监测点中选取水质最差的监测点作为管网末端点。这里采取综合指数法对不同监测点的管网水进行水质综合评价,具体方法如下。

参考袁东等[63]的研究,将水质指标分为5大类,并对其赋予权重。具体分类结果如表6.2所示。

表6.2 水质指标分类及赋权情况

分类	具体的水质指标	权重
肠道传染性指标	细菌总数	0.23
有机污染指标	硫酸盐、耗氧量	0.15
致癌指标	砷、六价铬、汞、硝酸盐氮、氯化物、三氯甲烷、四氯化碳	0.32
一般毒性指标	砷、六价铬、汞、硝酸盐氮、氯化物、三氯甲烷、四氯化碳、氰化物	0.20
感官与一般化学性状指标	浑浊度、硫酸盐、氯化物、总硬度、pH、铝、铁、阴离子合成剂	0.10

(2)类综合指数的计算

对人体健康具有较大危害的指标,例如致癌指标、有机污染指标、一般毒性指标、肠道传染性指标,采用最差因子判别法,以突出最差因子的影响。计算公式为式(6.1):

$$\mathrm{WQ}I_i = I_{i,\max} \tag{6.1}$$

式中:$\mathrm{WQ}I_i$—类综合指数;$I_{i,\max}$—该类水质指标指数的最大值。

对人体健康产生危害较小的感官与一般化学性状指标,采用内梅罗指数法。该方法取水质指标指数的平均值和最差因子的指数进行计算,综合考虑所有指标对水质影响的同时又突出最差因子的影响。计算公式如式(6.2):

$$\mathrm{WQ}I_i = \sqrt{\frac{I_{i,\mathrm{average}}^2 + I_{i,\max}^2}{2}} \tag{6.2}$$

式中:$I_{i,\mathrm{average}}$—各类水质指标指数的平均值。

(3) 综合指数的计算

将类综合指数与对应类别权重相乘再相加即可得水质综合指数，计算公式如式 (6.3)：

$$\mathrm{WQI} = \sum \mathrm{WQ}I_i \times \omega_i \tag{6.3}$$

式中：WQI—水质综合指数；ω_i—各类水质指标的权重值。

(4) 统计方法

在 Excel 中输入监测数据并计算各监测点每月水质综合指数。通过 SPSS 软件对不同监测点的水质综合指数进行方差分析，得出不同监测点的水质是否具有差异性。

(5) 管网末端的选取原则

管网末端选取主要依据以下两个原则：

①监测点的水质综合指数越大其水质越差，对人体危害也就越大，故取水质综合指数最大的管网监测点为管网末端点。

②若监测点水质无明显差异，则可任选一监测点作为管网末端点；若某监测点水质与其他监测点有明显差异，通过水质综合指数计算结果分析，若该管网监测点的水质比其他监测点差，则取该监测点作为管网末端点。

(6) 建立虚拟供水链

此处虚拟供水链的构建与第 5 章一致，根据供水系统中水的流向将其简化为多个单源虚拟供水链。根据监测点位置将每个虚拟供水链划分为原水环节、处理环节和配水环节等多个供水环节。其中第一个监测点的水质情况代表原水环节水质情况、水源地-水厂为处理环节、水厂-管网末端为配水环节，供水环节的数量与监测点数量一致。

以图 6.1 为例，供水环节 1 为原水环节，供水环节 2 有 10 个供水流向，供水环节 3 有 12 个供水流向，供水环节 Z 有 4 个供水流向，故该供水系统可划分为 10×12×…×4 条单源虚拟供水链。

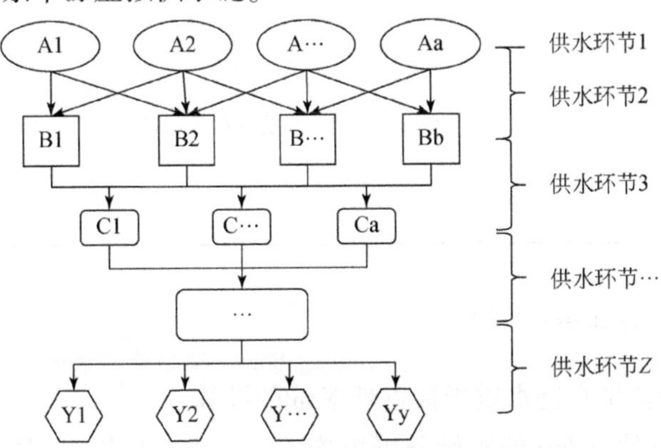

图 6.1　虚拟供水链的建立及环节划分

每个单源虚拟供水链建立一个 $p\times i$ 的原始数据矩阵，其中 p 为监测点的数量，i 为水质监测指标的数量，矩阵中的元素为水质指标在监测点的指数值 $I_{i,p}$。单源虚拟供水链原始数据矩阵的建立如表 6.3 所示。

表 6.3　单源虚拟供水链原始数据矩阵的建立

	…	水质指标 $i-1$	水质指标 i	水质指标 $i+1$	…
…	…	…	…	…	…
监测点 $p-1$	…	…	…	…	…
监测点 p	…	…	$I_{i,p}$	…	…
监测点 $p+1$	…	…	…	…	…
…	…	…	…	…	…

（7）供水环节的划分

根据 $p\times i$ 的原始数据矩阵建立 $k\times i$ 的原始分析矩阵，其中 k 为每条虚拟供水链的供水环节数量，矩阵中的元素为水质指标在供水环节中的累积变化值 $\sum \Delta I_{i,k}$。其中原水环节的各水质指标的累积变化值为第一个监测点的数值，第二个环节各水质指标的累积变化值为该环节各指标末端监测值减去首端监测值再加上第一环节的累积变化值，以此类推即可得各环节所有水质指标的累积变化值。单源虚拟供水链除原水环节外，各环节水质指标累积变化值的具体计算公式如式（6.4）：

$$\sum \Delta I_{i,k} = \sum_{p=2}^{k} \left| I_{i,p} - I_{i,p-1} \right| + I_{i,1} \tag{6.4}$$

$k\times i$ 的原始分析矩阵的构建情况如表 6.4 所示。

表 6.4　原始分析矩阵的构建

	…	水质指标 $i-1$	水质指标 i	水质指标 $i+1$	…
…	…	…	…	…	…
供水环节 $k-1$	…	…	…	…	…
供水环节 k	…	…	$\sum \Delta I_{i,k}$	…	…
供水环节 $k+1$	…	…	…	…	…
…	…	…	…	…	…

4. 水质指标贡献率

（1）单源虚拟供水链水质指标贡献率 ω_i' 的计算

借助 SPSS 软件对 $k\times i$ 的原始分析矩阵进行主成分分析得到成分矩阵 C_i、特

征值 λ_i 及累积方差贡献率 A_i。将成分矩阵 C_i 除以相应的特征值 λ_i 得到特征向量 U_i，如式（6.5）：

$$U_i = \frac{C_i}{\sqrt{\lambda_i}} \tag{6.5}$$

各水质指标权重 ω_i^* 为特征向量 U_i 与相应的累积方差贡献率 A_i 的乘积之和[64]，如式（6.6）：

$$\omega_i^* = \sum |U_i| \times A_i \tag{6.6}$$

将各水质指标权重 ω_i^* 归一化处理得到单源虚拟供水链各水质指标贡献率 ω_i'，如式（6.7）：

$$\omega_i' = \frac{\omega_i^*}{\sum \omega_i^*} \tag{6.7}$$

（2）水质指标实际贡献率 ω_i 的计算

每条单源虚拟供水链的供水量不同，导致各水质指标在实际供水系统中的贡献率相对于单源虚拟供水链各水质指标贡献率 ω_i'会有所不同，需要用单源虚拟供水链的供水量占实际供水系统总供水量的比重 ρ 对其进行修正。将单源虚拟供水链水质指标贡献率 ω_i'与对应虚拟供水链的 ρ 相乘再相加，即可得到各水质指标实际贡献率 ω_i，如式（6.8）：

$$\omega_i = \sum_{i=1}^{\mathrm{nu}} (\omega'_i \times \rho) \tag{6.8}$$

式中：nu—单源虚拟供水链的总数。

5. 供水环节贡献率的计算

（1）环节影响分担率 $\mathrm{sh}_{i,k}$的计算

水质指标在每个供水环节都会产生相应的变化。为了确定每个供水环节对整个供水系统的水质贡献率，需先计算在该环节过程中各水质指标的变化率，即环节影响分担率 $\mathrm{sh}_{i,k}$。计算公式如式（6.9）：

$$\mathrm{sh}_{i,k} = \frac{\Delta I_{i,k}}{\sum \Delta I_{i,\theta k}} \tag{6.9}$$

式中：$\sum \Delta I_{i,\theta k}$—水质指标 i 在单源虚拟供水链全过程中水质指标累积变化率，且默认 $I_{i,o}=0$；$\Delta I_{i,k}$—水质指标 i 在 k 环节的变化值。

（2）单源虚拟供水链供水环节贡献率 ψ_k'的计算

各水质指标的环节影响分担率 $\mathrm{sh}_{i,k}$与虚拟供水链中相应水质指标贡献率 ω_i'的乘积之和即为虚拟供水链中该供水环节的贡献率 ψ_k'，如式（6.10）：

$$\psi'_k = \sum_{i=1}^{q} \mathrm{sh}_{i,k} \times \omega'_i \tag{6.10}$$

式中：q—监测的水质指标总数。

(3) 供水环节实际贡献率 ψ_k 的计算

每个环节供水量不同，导致水质指标贡献率和环节影响分担率会与供水系统的实际情况有所不同，故计算供水环节实际贡献率 ψ_k 时需将虚拟供水链供水环节贡献率 ψ'_k 乘以虚拟供水链的供水量占实际供水系统总供水量的比重 ρ 加以修正。另外，在单源虚拟供水链划分供水环节时存在起点与终点都相同的环节，对于该类环节应相加它们的贡献率 ψ'_k 即可得供水系统中该环节的实际贡献率 ψ_k。

6. 关键控制指标与环节的确定

将水质指标实际贡献率 ω_i 和供水环节实际贡献率 ψ_k 分别进行降序排列。累积贡献率达到 85% 的水质指标和供水环节即为关键控制指标和关键控制环节。

如某一次的水质监测数据满足式（6.11），则该水质监测数据被认定为短期异常数据。

$$|I_i - I_{i,\mathrm{average}}| > 2 \times \sigma_i \tag{6.11}$$

式中：$I_{i,\mathrm{average}}$—水质指标 i 全部监测值的平均数；σ_i—水质指标 i 全部监测值的标准差。

6.3.2 海水淡化水纳入城市供水系统水质风险筛选与分析

1. 监测点和指标的选取

青岛城区供水系统主要由水源、水厂、管网系统三大部分构成，其中水源主要包括百发海水淡化厂出厂水、大沽河流域、棘洪滩水库及崂山水库，自来水厂有崂山水厂、仙家寨水厂和白沙河水厂，管网末端例行监测点有辛家庄、太平路和杭州路。选取以上 10 个监测点，位置如图 6.2 所示。

根据各监测点每月水质指标的监测情况，选取如下水质指标进行评估：总大肠菌群、砷、镉、六价铬、铅、汞、硒、氰化物、氟化物、硝酸盐、三氯甲烷、pH、四氯化碳、铜、锌、铝、锰、氯化物、铁、硫酸盐、挥发酚、氨氮、阴离子合成剂、耗氧量 COD_{Mn}、三溴甲烷、丙烯酰胺、苯、二甲苯、三氯乙醛、甲苯、乙苯、苯乙烯。

2. 管道末端点的选取

青岛城区主要有太平路、辛家庄和杭州路 3 个管网监测点。这里收集了 2016—2017 年 3 个管网监测点的月监测数据，从中选取了 17 个具有一定代表性

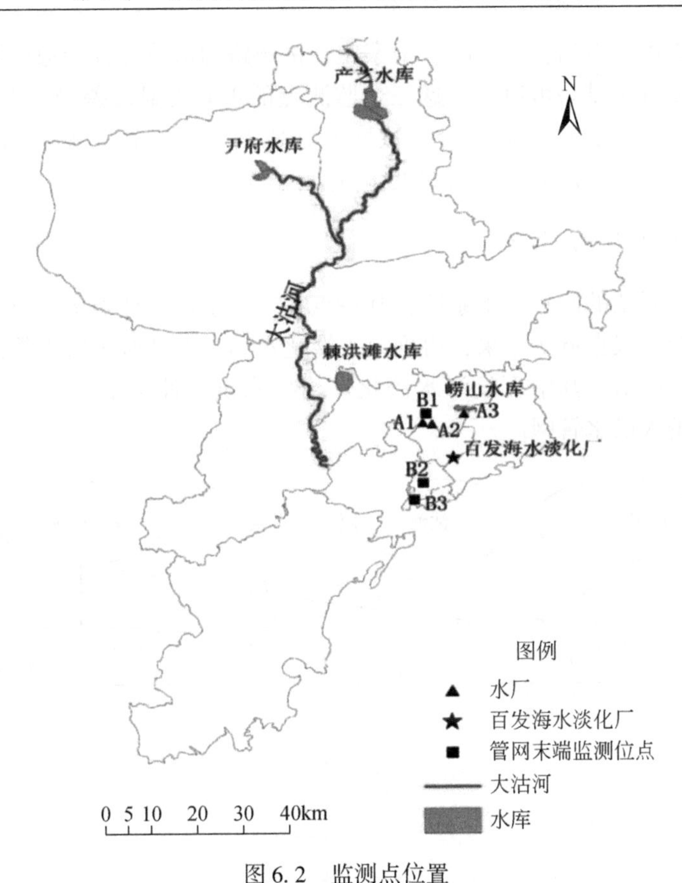

图 6.2　监测点位置

A1 ~ A3 分别为仙家寨水厂、白沙河水厂和崂山水厂；B1 ~ B3 分别为辛家庄监测点、杭州路监测点和太平路监测点。

的水质指标作为评价参数：细菌总数、硫酸盐、耗氧量、砷、六价铬、汞、硝酸盐氮、氯化物、三氯甲烷、四氯化碳、氰化物、浑浊度、总硬度、pH、铝、铁、阴离子合成剂。采用袁东等[63]建立的饮用水水质综合指数法得到太平路、辛家庄和杭州路每月的水质综合指数，并借助 SPSS 软件对水质综合指数进行方差分析，结果如表 6.5 所示。

表 6.5　不同管网监测点水质综合指数计算结果与方差分析结果

类别	WQI 范围	$\overline{\text{WQI}}\pm s$	F	P
辛家庄	0.4168 ~ 0.8011	0.5287±0.08		
太平路	0.4163 ~ 0.6179	0.5313±0.06	0.348	0.707
杭州路	0.4327 ~ 0.6034	0.5161±0.05		

从表 6.5 可以看出，太平路、辛家庄、杭州路的水质综合指数的均值相差不大，通过方差分析结果可以得出这三个监测点的水质无显著差异（$F=0.348$，$P>0.05$），由于太平路的水质综合指数均值略高于另外两个监测点，故选取太平路作为管网末端点，以减少评估的工作量。

3. 虚拟供水链的划分

青岛市有复杂的网状供水系统，其特点在于原水水源种类多，且在管网中进行了充分混合。根据调研结果，得到海水淡化水纳入青岛城区供水管网的具体流程，如图 6.3 所示。其中百发海水淡化厂出厂水供入仙家寨水厂或者白沙河水厂，掺混后纳入供水管网。

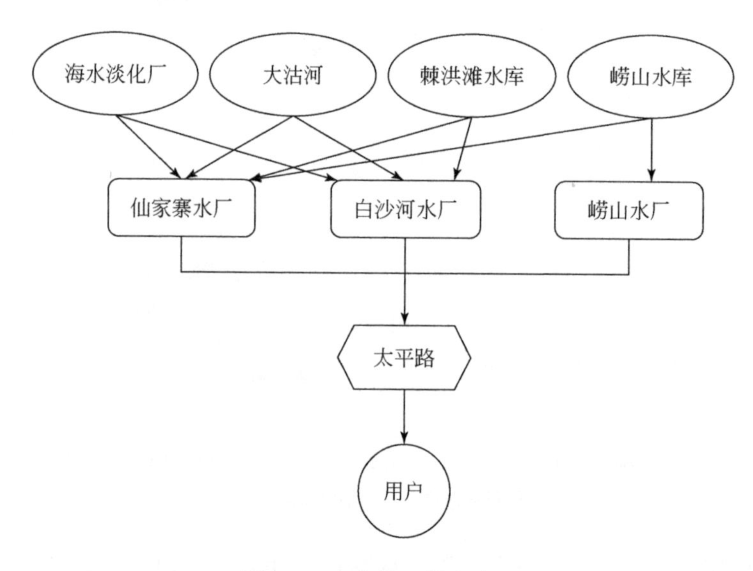

图 6.3　青岛城区供水流程

根据青岛供水系统供水流程，按照供水流向将网状供水系统划分为 8 个虚拟供水链，其中Ⅰ和Ⅱ为以海水淡化水为水源的虚拟供水链；Ⅲ和Ⅳ为以大沽河为水源的虚拟供水链；Ⅴ和Ⅵ为以棘洪滩水库为水源的虚拟供水链；Ⅶ和Ⅷ为以崂山水库为水源的虚拟供水链。具体划分情况如表 6.6 所示。

表 6.6　虚拟供水链划分的具体情况

虚拟供水链名称	供水路径
Ⅰ	海水淡化厂–仙家寨水厂–太平路
Ⅱ	海水淡化厂–白沙河水厂–太平路

续表

虚拟供水链名称	供水路径
Ⅲ	大沽河–仙家寨水厂–太平路
Ⅳ	大沽河–白沙河水厂–太平路
Ⅴ	棘洪滩水库–仙家寨水厂–太平路
Ⅵ	棘洪滩水库–白沙河水厂–太平路
Ⅶ	崂山水库–仙家寨水厂–太平路
Ⅷ	崂山水库–崂山水厂–太平路

将虚拟供水链划分为原水环节、原水到水厂的处理环节及水厂到管网的配水环节。并将其反馈到实际的供水系统，以研究各实际供水环节对整个供水系统造成的安全影响。共划分出 15 个实际供水环节，如表 6.7 所示。

表 6.7　实际供水环节的划分情况

实际供水环节	起止点	环节性质	与虚拟供水链的供水环节对应关系
K1	海水淡化厂出水水质	海水淡化水水质的影响	Ⅰ+Ⅱ海水淡化水原水环节
K2	大沽河水质	大沽河水质的影响	Ⅲ+Ⅳ大沽河原水环节
K3	棘洪滩水库水质	棘洪滩水库水质的影响	Ⅴ+Ⅵ棘洪滩水库原水环节
K4	崂山水库水质	崂山水库水质的影响	Ⅶ+Ⅷ崂山水库原水环节
K5	海水淡化厂–仙家寨水厂	海水淡化厂到仙家寨水厂的处理环节影响	Ⅰ海水淡化厂–仙家寨水厂的处理环节
K6	海水淡化厂–白沙河水厂	海水淡化厂到白沙河水厂的处理环节影响	Ⅱ海水淡化厂–白沙河水厂的处理环节
K7	大沽河–仙家寨水厂	大沽河到仙家寨水厂的处理环节影响	Ⅲ大沽河–仙家寨水厂的处理环节
K8	大沽河–白沙河水厂	大沽河到白沙河水厂的处理环节影响	Ⅳ大沽河–白沙河水厂的处理环节
K9	棘洪滩水库–仙家寨水厂	棘洪滩水库到仙家寨水厂的处理环节影响	Ⅴ棘洪滩水库–仙家寨水厂的处理环节
K10	棘洪滩水库–白沙河水厂	棘洪滩水库到白沙河水厂的处理环节影响	Ⅵ棘洪滩水库–白沙河水厂的处理环节
K11	崂山水库–仙家寨水厂	崂山水库到仙家寨水厂的处理环节影响	Ⅶ崂山水库–仙家寨水厂的处理环节
K12	崂山水库–崂山水厂	崂山水库到崂山水厂的处理环节影响	Ⅷ崂山水库–崂山水厂的处理环节

续表

实际供水环节	起止点	环节性质	与虚拟供水链的供水环节对应关系
K13	仙家寨水厂–太平路	仙家寨水厂到太平路的配水环节影响	Ⅰ+Ⅲ+Ⅴ+Ⅶ仙家寨水厂–太平路的配水环节
K14	白沙河水厂–太平路	白沙河水厂到太平路的配水环节影响	Ⅱ+Ⅳ+Ⅵ白沙河水厂–太平路的配水环节
K15	崂山水厂–太平路	崂山水厂到太平路的配水环节影响	Ⅷ崂山水厂–太平路的配水环节

注：表中罗马数字对应表6.6中的虚拟供水链，如Ⅰ代表虚拟供水链Ⅰ。

4. 供水系统关键控制指标

(1) 长期关键控制指标的筛选与分析

海水淡化水在2016年4月纳入青岛城区供水系统，故收集2016年4月—2017年12月该供水系统的水质监测指标，通过改进的关键控制因子识别法计算这20个月水质指标贡献率的平均值，从32个水质指标中共筛选出8个关键控制指标，且筛选出的关键控制指标累积贡献率高达90.87%，表明这8个水质指标涵盖了水质的绝大部分信息，基本决定了青岛城区自来水水质的质量。关键控制指标具体情况如表6.8所示。

表6.8 关键控制指标的具体情况

关键控制指标	贡献率/%	累积贡献率/%
COD_{Mn}	14.07	14.07
氨氮	13.69	27.76
pH	12.71	40.47
铝	11.45	51.92
三溴甲烷	11.38	63.3
氟化物	10.13	73.43
氯化物	9.18	82.61
硫酸盐	8.26	90.87

从表6.8可以看出，有机物指标COD_{Mn}和氨氮的贡献率最大，其贡献率总共达到27.76%，表明有机物在供水全过程中变化幅度较大。幅度变化较大一部分归因于海水淡化水中有机物含量低，经过水厂与其他来源水混合后，导致有机物含量增加。此外，COD_{Mn}和氨氮在崂山水库、棘洪滩水库和大沽河等原水环节指数偏高。尤其是棘洪滩水库，COD_{Mn}甚至存在超标现象，这可能是黄河来水存在

富营养化现象，导致藻类大量繁殖的结果[64-67]。经过水厂的处理，COD_{Mn}和氨氮含量明显降低，虽在管网输配过程中略有上升，仍符合饮用水标准。pH 在供水系统的波动也较大，虽在供水全过程一直处于达标状态，但由于海水淡化水缓冲能力比较弱，pH 大幅度变化可能会导致腐蚀产物在管网累积[68]，故供水时应严格控制全过程的酸碱度。铝离子在以海水淡化水为水源的虚拟供水链Ⅰ和Ⅱ中贡献率均是其他供水链中的两倍左右，在水厂絮凝环节，由于加了含铝的絮凝剂，铝的含量上升较多，进入管网后有一部分发生沉积，饮用水中铝的含量在管网输配过程中会略有降低，但当海水淡化水进入供水系统流量较大时，水厂到管网环节会出现铝含量增多的现象，说明海水淡化水纳入城市供水系统会导致部分管段发生腐蚀现象，使原来沉积在管网上的铝溶解进入供水中。其他成果表明，饮水中铝含量过大将会导致神经系统疾病[69]。该供水系统中铝含量虽均低于现行的饮用水标准规定的 0.2 mg/L，但应控制海水淡化水的供水量，以防管垢大量溶解造成水质的二次污染。三溴甲烷被筛选为关键控制指标，主要是管网输配过程中其含量上升较多，这可能是因为海水淡化水在消毒剂的作用下生成次溴酸，次溴酸取代活性强，在管网中与其他来源水中的有机物发生反应生成较多以三溴甲烷为主的消毒副产物[70]。氟化物被筛选成关键控制指标主要有两个原因，一是海水淡化水源水中氟化物含量较低，二是崂山水库和棘洪滩水库水中氟含量偏高，这与王玲等[71]的研究结果相符。氟化物是毒理指标，饮用水中氟化物含量过低和过高分别会引起慢性氟骨症和龋齿[72-73]，故对其在供水系统的变化情况应重点关注。海水淡化水和崂山水库水中氯化物含量较低，各水源水在水厂需经过氯化消毒，导致氯化物在供水全过程中变化幅度较大。海水淡化水相对于其他水源水，硫酸盐的含量极低，在水厂与其他水源水混合后得到了极大地增加，因此硫酸盐被筛选为关键控制指标。

（2）短期异常指标筛选与分析

对 2016 年 4 月—2017 年 12 月每月的水质指标贡献率进行短期异常数据的筛选，共得出 10 个异常指标，11 个异常数据。具体情况如表 6.9 所示。

表 6.9　短期异常指标的筛选情况

异常时间/(年．月)	总大肠菌群	四氯化碳	pH	铝	铜	硫酸盐	阴离子合成剂
2016.08		11.27%					
2017.07			13.35%	13.58%	14.79%	15.58%	
2017.08	15.38%						
2017.11							0.36%
2017.12							0.43%

2017 年 8 月大沽河微生物污染与其他月份相比较为严重，该月大沽河纳入供

水系统的水量较多，故此时总大肠菌群的贡献率较大。四氯化碳在2016年8月被筛选为短期异常指标，是因为仙家寨水厂的氯化消毒导致较多的消毒副产物产生，该月海水淡化水纳入该水厂的水量是该水厂总水量的11.61%，在全部监测月份中占比最大，说明海水淡化水在水厂与常规水源水掺混比例过大会产生较多的消毒副产物。pH、铝、铜和硫酸盐均在2017年7月被筛选成短期异常指标。其中硫酸盐被筛选为短期异常指标是因为该月其在海水淡化水中浓度极低，经过水厂掺混得到了极大的提高；相对于其他月份，铝的贡献率增大是因为在供水系统输配过程中其变化幅度较大，需要引起高度重视；铜在以海水淡化水为水源的供应链变化较大，且崂山水厂出厂水中铜含量偏高，因此被筛选成短期异常指标。pH在全部虚拟供水链中波动较大，难以发现其变化的主要原因。通过分析海水淡化水供水量的月监测数据，发现在2017年7月海水淡化水纳入城市供水系统水量占比与其他月份相比最大，这可能与上述指标被筛选成短期异常指标存在一定相关性，因此在海水淡化水纳入城市供水系统时，应严格控制上述指标在整个供水系统的变化和海水淡化水纳入供水系统的供水量。阴离子合成剂在2017年11月和2017年12月被筛选成短期异常指标是由于这两月大沽河中阴离子合成剂含量较多。

（3）长期关键控制指标年度筛选情况对比分析

分别计算2016年4月—2016年12月和2017年1月—2017年12月的水质指标贡献率的平均值，通过筛选获得2016年和2017年的关键控制指标。长期关键控制指标年度筛选情况如图6.4所示。

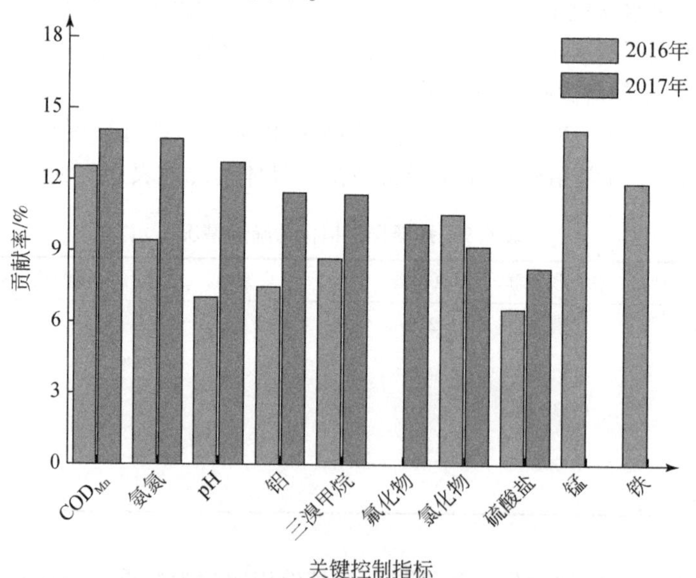

图6.4　长期关键控制指标年度筛选情况

由图6.4可以看出，COD_{Mn}、氨氮、pH、铝、三溴甲烷、氯化物、硫酸盐在2016年和2017年均被筛选为关键控制指标，故在供水系统管理中应长期监测这7个水质指标的变化。将2016年、2017年筛选出的关键控制指标与长期关键控制指标的筛选结果对比，发现2016年关键控制指标的筛选中多了锰、铁两个指标，且这两个指标的贡献率均大于12%。通过对2016年铁、锰在供水系统各环节变化值的分析，发现铁、锰主要是在管网运输环节变化较多，尤其是在以海水淡化水为水源的两条虚拟供水链中，且在2016年4月海水淡化水刚纳入城市供水管网后，因此推测是水源切换导致管网腐蚀溶解较严重。氟化物在2016年未被筛选为关键控制指标是由于铁、锰的贡献率较大，故导致相对氟化物贡献率下降。

5. 供水系统关键控制环节

(1) 长期关键控制环节的筛选与分析

收集2016年4月—2017年12月青岛城区供水系统的水质监测指标，通过改进的关键控制因子识别法计算这20个月各供水环节贡献率的平均值，从15个供水环节中筛选了5个关键控制环节，其累积贡献率达到87.40%。说明这5个供水环节很大程度影响了供水系统的出水水质，关键控制环节筛选，如表6.10所示。

表6.10　关键控制环节筛选的具体情况

环节	环节起止点	贡献率/%	累积贡献率/%
K3	棘洪滩水库	33.60	33.60
K10	棘洪滩水库–白沙河水厂	23.91	57.51
K9	棘洪滩水库–仙家寨水厂	20.11	77.62
K14	白沙河水厂–太平路	5.19	82.82
K13	仙家寨水厂–太平路	4.58	87.40

由表6.10可知，K3、K10和K9环节的贡献率比较大，其累积贡献率高达77.62%，说明这三个环节对供水系统水质的影响较大。在全部监测月份中棘洪滩水库供水量占比一直都较大，其中供水量最大可达2250万m^3/月。此外，棘洪滩水库来源水黄河水质变化大[74]也是其被筛选成关键控制环节的原因之一。K10和K9的贡献率大主要是由于水厂的过滤、絮凝、沉淀、生物反应等一系列水处理措施使得水质发生较大的改变。K14与K13贡献率虽远远低于前三个环节，但也被筛选为关键控制环节，这表明管网输配过程的水质风险也不容忽视。其中筛选出的长期关键控制指标中铝和三溴甲烷在输配过程中有较为明显的波

动，且当海水淡化水供水量较大时，铜、铝、pH、硫酸盐均为筛选为短期异常指标，故认为海水淡化水纳入城市供水系统时产生了以三溴甲烷为主的消毒副产物，同时腐蚀了部分管道，使得输配过程中水质发生较大的变化，从而导致K14与K13被筛选为关键控制环节。大沽河水源水质及大沽河到水厂环节均未被筛选为长期关键控制环节主要是因为在监测时段大沽河只供水五个月。崂山水库水源水质、海水淡化水水质、崂山水库–水厂、崂山水厂–太平路及海水淡化水–水厂均未被筛选为关键控制环节，主要是因为崂山水库和海水淡化水的每月供水量太少，两者供水量与供水系统总供水量的比值均低于10%。

（2）短期异常环节筛选与分析

对2016年4月—2017年12月各供水环节的贡献率进行短期异常数据的筛选，共有14个供水环节出现异常现象，17个异常数据。具体情况如表6.11所示。

表6.11　短期异常环节筛选的具体情况

环节	长期贡献率/%	2016.08	2016.09	2017.07	2017.09	2017.11	2017.12
K1	0.88			2.29%			
K2	2.49				17.27%	12.98%	
K3	33.60				19.06%		
K4	2.03					3.95%	
K5	1.17	2.82%					
K6	0.70			2.33%			
K7	1.88				12.42%	10.02%	
K8	0.06				1.28%		
K9	20.11				5.19%		
K10	23.91						
K11	0.21					1.38%	
K12	2.46				4.37%		
K13	4.58				2.85%		6.49%
K14	5.19		7.62%				
K15	0.72						1.66%

由表6.11可知，K10环节的贡献率未存在异常现象，表明棘洪滩水库到白沙河水厂供水稳定。其他环节的贡献率都出现过一次或两次的异常现象。其中K3、K9、K13环节在2017年9月的贡献率低于其长期贡献率，表明棘洪滩水库

供水水质稳定，棘洪滩水库-仙家寨水厂-太平路供水稳定。除了上述供水环节，饮用水在经过其他环节时都有可能出现偶然的水质大幅度波动。

K2、K7 和 K8 环节在 2017 年 9 月均被筛选为短期异常供水环节，主要是因为大沽河是 2017 年 8 月才开始供水，故这三个环节在 2017 年 8 月之前贡献值为 0，且 2017 年 9 月大沽河供水量在整个供水系统中的占比高达 32.86%，故上述三个供水环节被筛选出来，表明 K2、K7 和 K8 环节在 2017 年 9 月对供水系统的水质安全具有很大的影响。同理，K2、K7 在 2017 年 11 月也被筛选为异常供水环节，由于该月未向白沙河水厂供水，故 K8 未被筛选为异常供水环节。2017 年 7 月海水淡化水纳入城市供水系统总水量占比与其他月份相比最大，其中供入白沙河水厂的水量占白沙河总供水量的 9.85%，比以往都多，故 K1 和 K6 环节被筛选为短期异常环节。相同，2016 年 8 月，海水淡化水供入仙家寨水厂的水量占仙家寨总供水量的 11.61%，比以往多，故 K5 环节被筛选为短期异常环节。表明当海水淡化水在水厂的掺混比较大时，海水淡化水源水环节和海水淡化水-水厂环节对供水系统的安全影响需要重点关注。K12 环节在 2017 年 9 月被筛选为短期异常环节，主要是由于铁在该环节的分担率偏大。K4、K11 环节在 2017 年 11 月的贡献率比长期贡献率略高些，其中 K4 环节贡献率偏高是因为崂山水库水源水中该月硝酸盐污染较严重，K11 环节贡献率偏高是因为在该环节中出现了六价铬污染，虽仙家寨水厂出厂水中六价铬浓度不高，六价铬是毒理指标，若波动过大，将会严重影响饮用水的安全。仙家寨水厂-太平路、白沙河水厂-太平路、崂山水厂-太平路这三个输配环节均有一次贡献率高于长期贡献率而被筛选出来。这三个环节被筛选出来的主要原因分别是：K13 环节是铜的变化幅度比其他月份时大；K14 环节是三氯甲烷、氨氮、铁的波动比其他月份要大；K15 环节是铝、铜的变化幅度较大。进一步认定输配环节存在管道腐蚀和有机物风险。

（3）长期关键控制环节年度筛选情况对比分析

分别计算 2016 年 4 月—2016 年 12 月和 2017 年 1 月—2017 年 12 月供水环节贡献率的平均值，通过筛选获得 2016 年和 2017 年的关键控制环节。长期关键控制环节年度筛选情况如图 6.5 所示。

由图 6.5 可知，K3、K10、K9、K14、K13 在 2016 年和 2017 年均被筛选为关键控制指标，说明这 5 个环节对供水系统水质的影响极大，尤其是 K3、K10、K9 环节，应引起高度重视，与上述长期关键控制环节的筛选结果有所不同，2017 年 K2 环节也被筛选为关键控制环节，通过对供水系统的供水情况分析可知，这是因为大沽河只在 2017 年 8 月—2017 年 12 月期间开始进行供水。虽只供水 5 个月，但 K2 仍被筛选为 2017 年关键控制环节，表明大沽河供水时，大沽河水源水环节对供水系统的影响很大，应对大沽河水质进行严格控制。

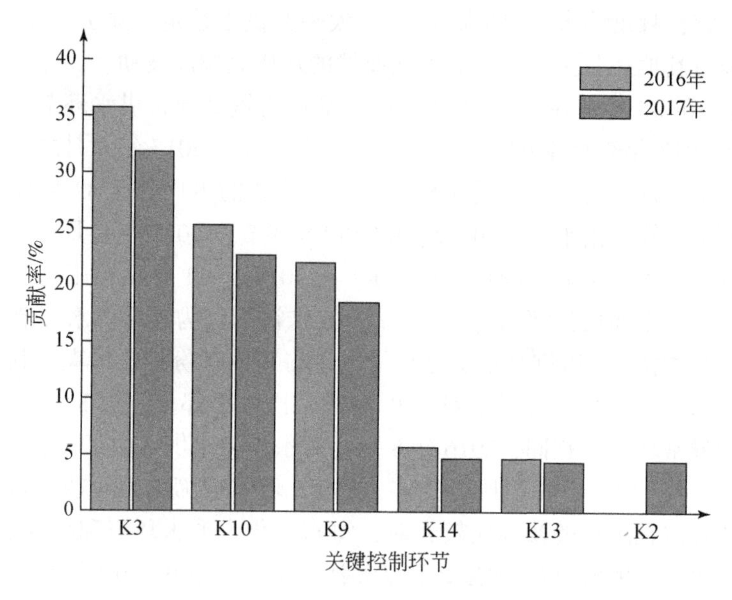

图 6.5　长期关键控制环节年度筛选情况

通过关键控制环节的筛选可发现，能否被筛选为关键控制环节与环节供水量在整个供水系统的占比有极大的关联度。通过对评估期间每月关键控制环节的筛选结果分析，发现 K3、K9、K10 每月都被筛选为关键控制环节，且贡献率远远高于其他环节，这是由于棘洪滩水库是青岛城区供水系统最主要的水源，其供水量占比最高时可达 96%，最低时也有 53%。大沽河在 2017 年 8 月—2017 年 12 月开始供水，其供水量占比在 14% ~33%，相比于崂山水库和海水淡化水要略高一点，故在其供水期间 K2、K7 均被筛选为关键控制环节。从水厂到太平路环节中，K14 和 K13 的贡献率差距不大，其中 K14 有 14 个月被筛选为关键控制环节，K13 有 8 个月被筛选为关键控制环节。结合供水量占比可知，K14 供水量占比大于 K13，则贡献率也会相应略大一些，反之亦然。K12 在 2017 年 9 月和 10 月被筛选为关键控制环节，此时该环节的供水量占比接近 10%，比其他月份都高。由此可知，环节供水量占比与其贡献率的大小呈正相关。

6.3.3　海水淡化水纳入城市供水系统水质风险清单

基于上述关键控制指标和关键控制环节的筛选结果分析，对海水淡化水纳入城市供水系统对原有供水系统造成的水质风险分类，提取相关的水质风险因子，形成海水淡化水纳入城市供水系统水质风险清单。

管道腐蚀风险：铝作为长期关键控制指标，其风险需要长期重点防控。当海水淡化水供水量较大时，pH、铝、铜和硫酸盐均筛选为短期异常指标，是短期水质风险防控的重点。海水淡化水在纳入供水系统初期，铁、锰的贡献率极高，在海水淡化水刚纳入城市供水系统时，应重点监测管道中铁、锰的含量。为了有效避免管道腐蚀风险，建议采取两种措施，一是在水厂与其他来源水掺混时采取合适的掺混比例，二是控制供水全过程 pH 的波动。

消毒副产物风险：海水淡化水中有机物含量低，但通过消毒和掺混过程后，会产生较多的消毒副产物，其中三溴甲烷更是被筛选为长期关键控制环节，需要重点关注。当海水淡化水在水厂的掺混比例过高时，四氯化碳被筛选为短期异常指标，应加以关注。通过提取海水淡化水中的溴元素、改善水厂的消毒方法等措施降低消毒副产物风险。

氟化物风险：氟化物被筛选成关键控制指标，表明在供水过程中氟化物变化较大。海水淡化水中氟化物含量极低，通过掺混可使其浓度得到提高，但是氟化物浓度过低或过高都会对人体健康形成风险，故对于氟化物的变化需要重点关注[75-83]。

参考文献

[1] 方宏达，陈锦芳，段金明，等. 中国近岸海域海水水质及海水淡化利用的研究进展 [J]. 工业水处理，2015，35 (4)：5-10.

[2] Qiu Z, Tan Y, Zeng H, et al. Multi-generational drinking of bottled low mineral water impairs bone quality in female [J]. Rats. PLoS ONE, 2015, 10 (3): e0121995. https://doi.org/10.1371/journal.pone.0121995.

[3] 李阳，张荣. 淡化海水与人体健康研究进展 [J]. 环境卫生学杂志，2019，9 (4)：391-395.

[4] Duan L, Zhang L X, Zhang S P, et al. Potential effects of desalinated seawater on arteriosclerosis in rats [J]. Biomed Environ Sci, 2017, 30 (10): 762-766.

[5] 熊习昆，谢晓萍，蔡玟，等. 饮用不同水质水与健康关系的动物实验研究 [J]. 环境与职业医学，2004，21 (2)：141-144，156.

[6] 张照英，舒为群. 长期饮用纯净水对血脂、钙镁离子、丙二醛、一氧化氮和血浆内皮素含量的影响 [J]. 中国动脉硬化杂志，2003，11 (4)：367-368.

[7] 刘柳，张岚，李琳，等. 健康风险评估研究进展 [J]. 首都公共卫生，2013，6 (7)：264-268.

[8] Wang Y, G Zhu, B Engel. Health risk assessment of trihalomethanes in water treatment plants in Jiangsu province, China [J]. Ecotoxicology and Environmental Safety, 2019, 170: 346-354.

[9] Nadali, Azam R, Alireza A, et al. The assessment of trihalomethanes concentrations in drinking water of Hamadan andTuyserkan cities, Western Iran and its health risk on the exposed population [J]. Journal of Research in Health Sciences, 2019, 19: e00441.

[10] 李阳. 浙江某海岛县海水淡化水使用现状与健康风险研究 [D]. 北京：中国疾病预防

控制中心，2019.

[11] 孔畅，杨林生，虞江萍，等．内蒙古某地区饮用水砷含量与人体暴露及致癌风险分析[J]．生态与农村环境学报，2018，34（5）：456-462.

[12] Shlezinger M，Amitai Y，Goldenberg I，et al. Desalinated seawater supply and all-cause mortality in hospitalized acute myocardial infarction patients from the Acute Coronary Syndrome Israeli Survey 2002-2013 [J]．International Journal of Cardiology，2016，220：544-550.

[13] 周密康，陈阿荀，郭常义，等．淡化海水对嵊泗居民消化系统健康状况的影响[J]．中国农村卫生事业管理，2010，30（4）：304-305.

[14] 杨晓雄，路凯．海水淡化海水饮用典型地区高脂血症患病现状调查及影响因素分析[J]．环境与健康杂志，2016，33（3）：220-222.

[15] Huang Y J，Wang J，Tan Y，et al. Low-mineral direct drinking water in school may retard height growth and increase dental caries in schoolchildren in China [J]．Environ Int，2018，115：104-109.

[16] 张秀菊，郝梦茹，罗柏明．河流型水源地安全评价及供水风险研究[J]．人民黄河，2017，39（5）：55-59.

[17] 张月珍，董平国．2013年武威市集中式饮用水源地水质综合评价[J]．水资源保护，2016，32（1）：91-96.

[18] 廖文娥，蒋勇军，邱述兰，等．重庆典型岩溶槽谷区饮用水水源水质评价与分析[J]．西南师范大学学报（自然科学版），2012，37（10）：178-184.

[19] 童祯恭，方菊，谌贻胜．供水管网水质评价方法的探讨及其应用[J]．环境科学与技术，2011，34（9）：201-204.

[20] 王俊良，李娜娜，高金良，等．基于SOM网络模型的供水管网水质综合评价[J]．中国给水排水，2010，26（11）：116-119.

[21] 赵欣，徐赐贤，张淼，等．海岛海水淡化水水质的卫生学调查[J]．环境与健康杂志，2013，30（4）：335-338.

[22] 张永利，姜智海，袁东，等．嵊泗县海岛海水淡化饮用水水质监测分析[J]．中国公共卫生，2008，(10)：1160.

[23] 蔡朝锦．基于危害分析与关键点控制的职业卫生监管模式研究[J]．中国安全生产科学技术，2016，12（S1）：225-230.

[24] 董克锋，郑建立，岳清华，等．大棚蓝莓绿色生产危害分析和关键点控制技术[J]．北方园艺，2014，(13)：215-217.

[25] 惠俊爱，刘念．板栗仁冻干加工工艺的危害分析及关键点控制[J]．食品工业，2013，34（05）：32-34.

[26] 蔡廓，邱燕翔，杨琼，等．HACCP系统在肉类提取物生产中的应用[J]．食品科学，2002，23（1）：152-154.

[27] 邱春江，郑伟，周倩，等．坛紫菜干品加工过程中危害分析与关键点控制研究[J]．中国调味品，2019，44（6）：147-149，156.

[28] Havelaar A H. Application of HACCP to drinking water supply [J]．Food Control，1994，5：

145-152.

[29] 姜凡晓，李洪兴，张荣．饮水安全计划在城市供水系统中应用效果评价［J］．中国公共卫生，2008，24（7）：860-861.

[30] 赵伟霞，叶春明，蔡云龙．浅谈供水风险系统管理流程［J］．管理观察，2011，452（33）：196-198.

[31] 王琳，祁峰，孙艺珂，等．KCFs 识别法筛查引黄济青集水区水质安全风险［J］．中国给水排水，2019，35（13）：72-77.

[32] 祁峰，王琳，孙艺珂．KCFs 识别法的建立及其在引黄饮用水中的应用［J］．中国给水排水，2019，35（3）：38-43.

[33] 祁峰，王琳，孙艺珂．关键控制因子识别法筛查引黄济青干渠水质安全风险［J］．水土保持通报，2018，38（5）：347-352.

[34] 柳婧．厦门市海水淡化厂选址研究［J］．福建建筑，2017，233（11）：100-103.

[35] 胡海燕．潍坊市海水淡化厂选址研究［D］．济南：山东大学，2011.

[36] 李丹．物流配送中心选址［J］．东南大学学报（哲学社会科学版），2015，17（S2）：83-84，98.

[37] 邓洪波，王中翊，王林元，等．基于动态规划法与重心法的气田消防中心站选址研究［J］．中国安全生产科学技术，2016，12（8）：99-103.

[38] 钟翠萍，靖常峰，杜明义，等．GIS 和免疫算法的垃圾楼选址优化［J］．测绘科学，2021. https://kns. cnki. net/kcms/detail/11. 4415. P. 20210126. 1236. 026. html.

[39] Yi W，Ozdamar L. A dynamic logistic coordination model for evacuation and support in disaster response activities［J］. European Journal of Operational Research，2005，179（3）：1177-1193.

[40] 徐东洋，李航，王利娟．城市地下垃圾中转站选址及两级转运联合最优方案研究［J］．重庆师范大学学报（自然科学版），2021-1-10［2021-03-10］．http://kns. cnki. net/kcms/detail/50. 1165. N. 20210310. 1309. 018. html.

[41] 郝文斌，谢明洋，谢波，等．基于自适应遗传算法的分布式电源优化配置［J］．四川电力技术，2020，43（6）：2-5，20.

[42] Yang LL，Jones B F，Yang S H. A fuzzy multi-objective programming for optimization of fire station locations through genetic algorithms［J］. European Journal of Operational Research，2007，181（2）：903-915.

[43] 王振浩，李文文，陈继开，等．基于改进自适应遗传算法的分布式电源优化配置［J］．电测与仪表，2015，52（5）：30-34.

[44] 吴雨，王育飞，张宇，等．基于改进免疫克隆选择算法的电动汽车充电站选址定容方法［J］．电力系统自动化，2021-1-11［2021-03-11］．http://kns. cnki. net/kcms/detail/32. 1180. TP. 20210104. 1200. 018. html.

[45] 李景文，俞娜，姜建武，等．改进的遗传神经网络优化选址方法［J］．计算机工程与设计，2021，42（1）：150-155.

[46] 李杨，窦站，潘世豪．基于安全防护的危险化学品储存设施选址技术研究［J］．安全与

环境学报，2019，19（4）：1213-1222.
[47] 王恒．国家海洋公园选址研究——以大连长山群岛为例［J］．自然资源学报，2013，28（3）：492-503.
[48] 钱恒，张韧．北极西北航道海洋风能选址建模与评估［J］．极地研究，2020，32（4）：544-554.
[49] 董新明．基于消防安全评估及GIS技术的城市消防规划研究［D］．合肥：中国科学技术大学，2018.
[50] 胡文，范强，史月．基于AHP和GIS的垃圾中转站选址研究［J］．测绘与空间地理信息，2020，43（8）：102-105.
[51] 王浩程，王琳，卫宝立，等．基于GIS技术的污水处理厂选址规划研究［J］．中国给水排水，2020，36（11）：63-68.
[52] Nega W，Hunie Y，Tenaw M，et al. Demand-driven suitable sites for public toilets：a case study for GIS-based site selection in Debre Markos town，Ethiopia［J］．GeoJournal，2021. https://doi. org/10. 1007/s10708-020-10360-8.
[53] Ibrahim B，Dragan P，Ljubomir G，et al. Optimal site selection for sitting a solar park using a novel GIS-SWA' TEL model：a case study in Libya［J］．International Journal of Green Energy，2021，18（4）：336-350.
[54] 尹志军，李丽慧，王雪芳，等．基于GIS的天津市应急避难场所选址评价［J］．震灾防御技术，2020，15（3）：571-580.
[55] 温包谦，王涛，成坤，等．基于GIS与模糊评价法的防空雷达阵地选址［J］．火力与指挥控制，2020，45（10）：48-53.
[56] 徐昕吟．城市供水方案优化研究［D］．杭州：浙江大学，2014.
[57] 杨雅军．滨海新区水资源优化配置及供水模式研究［D］．天津：天津大学，2014.
[58] 程思，熊广量．分质供水系统的应用［J］．四川建筑，2019，39（4）：266-269.
[59] 李霞，韩笑，孙莹，等．天津市分质供水模式的现状与建议［J］．市政技术，2014，32（3）：122-124.
[60] 涂峰，罗相国，童斐．袍江工业区分质供水规划模式探索［J］．给水排水，2011，47（10）：58-61.
[61] 张鹏．城市低质水利用模式及经济分析［D］．武汉：武汉大学，2005.
[62] 田林莉．城市分质供水系统研究［D］．重庆：重庆大学，2007.
[63] 袁东，陈仁杰，钱海雷，等．城市生活饮用水综合指数评价方法建立及其应用［J］．环境与职业医学，2010，27（5）：257-260.
[64] 孙艺珂，王琳，祁峰．改进综合水质指数法分析黄河水质演变特征［J］．人民黄河，2018，40（7）：78-81，87.
[65] Pan G，Krom M D，Zhang M，et al. Impact of suspended inorganic particles on phosphorus cycling in the Yellow river（China）［J］．Environ Sci Technol，2013，47（17）：9685-9692.
[66] Shan B Q，Li J，Zhang W Q，et al. Characteristics of phosphorus components in the sediments of main rivers into the Bohai Sea［J］．Ecol Eng，2016，97：426-433.

[67] Zhang W, Jin X, Zhu X, et al. Phosphorus characteristics, distribution, and relationship with environmental factors in surface sediments of river systems in Eastern China [J]. Environ Sci Pollut Res, 2016, 23 (19): 19440-19449.

[68] 魏成吉，张宇菲，吴绍全，等. 自来水与淡化海水掺混合调质对城市供水管网腐蚀性研究 [J]. 水处理技术，2016，42（12）：60-63，67.

[69] 王晓波，孔繁增. 铝对人体健康研究新进展 [J]. 环境与健康杂志，1997，14（4）：184-186.

[70] 杨哲，孙迎雪，石娜，等. 海水淡化超滤-反渗透工艺沿程溴代消毒副产物变化规律 [J]. 环境科学，2015，36（10）：3706-3714.

[71] 王玲，王晓芳，韩高超. 城市供水氟化物的去除研究 [J]. 能源与节能，2015，（10）：109-110.

[72] Guissouma W, Hakami, Al-Rajab A J, et al. Risk assessment of fluoride exposure in drinking water of Tunisia [J]. Chemosphere, 2017, 177: 102-108.

[73] 赵明，沈娜，何文杰. 淡化水作为城市供水时的水质问题与对策 [J]. 水处理技术，2011，37（10）：1-3.

[74] 孙艺珂，王琳，祁峰. 改进综合水质指数法分析黄河水质演变特征 [J]. 人民黄河，2018，40（7）：78-81.

[75] 自然资源部海洋战略规划与经济司. 2018 年全国海水利用报告：000019174/2020-00055 [R]. 北京：自然资源部，2020.

[76] 自然资源部. HY/T 074—2018. 反渗透海水淡化工程设计规范 [S]. 北京：中国标准出版社，2018.

[77] 王淑嫱，胡婉薇，卢仲兴. 基于 AHP 与 GIS 技术的 PC 构件厂选址——以武汉市汉南区为例 [J]. 土木工程与管理学报，2020，37（2）：115-121.

[78] 青岛市海洋与渔业局. 2017 年青岛市海洋环境公报 [EB/OL].（2018-3-21）[2020-10-26]. http://ocean.qingdao.gov.cn/n12479801/n32205288/180321100520491850.html.

[79] 黄岛区自然资源局. 黄岛区土地利用总体规划（2006-2020）[EB/OL].（2018-5-30）[2020-10-26]. www.huangdao.gov.cn/n10/n27/n98/n112/n330/180530151938985221.html.

[80] 程成. ZTJN 集团公司黄岛铁路物流园区项目选址方案设计 [D]. 昆明：云南师范大学，2018.

[81] 魏斌. 基于 GIS 和 RS 的城市空间扩展研究分析——以青岛市为例 [D]. 烟台：鲁东大学，2014.

[82] 陈学刚. 黄岛区海域主导功能分析与海域使用管理对策研究 [D]. 青岛：中国海洋大学，2009.

[83] 刘安青. 城市多水源供水优化配置的研究 [D]. 天津：天津大学，2007.